工学结合·基于工作过程导向的项目化创新系列教材
国家示范性高等职业教育土建类"十三五"规划教材

U0278593

钢筋
混凝土结构

GANGJIN
HUNNINGTU JIEGOU

主　审	张颂娟	
主　编	侯献语	傅鸣春
	查湘义	
副主编	徐雪枫	曹迎春
	武　斌	白金婷
	薛忠泉	徐　敏
	唐　文	

华中科技大学出版社
http://www.hustp.com
中国·武汉

内 容 简 介

　　全书以高职高专土木工程类专业培养实用型、应用型高技能人才为目标,注重职业岗位能力的培养,理论知识以"必需、够用"为度,以注重实际应用为原则,以高职学生职业生涯可持续发展为目标对教学内容进行统筹和组织。全书以结构设计的基本概念和构造措施为重点,注重对钢筋混凝土结构构件的受力特点及设计原理进行分析,剔除部分偏难的理论公式推导和结构计算等内容,着重讲解结构施工图及在实际工程施工中遇到的有关结构知识。

　　全书共分十一章,主要内容包括绪论、钢筋混凝土材料的力学性能、结构设计的原则和方法、受弯构件承载能力状态设计、构件正常使用极限状态设计、受扭构件承载力设计、受压构件承载力设计、预应力混凝土构件、钢筋混凝土楼(屋)盖、多层及高层钢筋混凝土房屋结构以及钢筋混凝土结构抗震设计等。

　　为了方便教学,本书还配有课件等教学资源包,任课教师和学生可以登录"我们爱读书"网(www.ibook4us.com)免费注册并浏览,或者发邮件至 husttujian@163.com 索取。

图书在版编目(CIP)数据

钢筋混凝土结构/侯献语,傅鸣春,查湘义主编. —武汉:华中科技大学出版社,2018.8
(2024.1 重印)
国家示范性高等职业教育土建类"十三五"规划教材
ISBN 978-7-5680-4352-6

Ⅰ.①钢…　Ⅱ.①侯…　②傅…　③查…　Ⅲ.①钢筋混凝土结构-高等职业教育-教材　Ⅳ.①TU375

中国版本图书馆 CIP 数据核字(2018)第 190123 号

钢筋混凝土结构　　　　　　　　　　　　　　　　　　侯献语　傅鸣春　查湘义　主编
Gangjin Hunningtu Jiegou

策划编辑:康　序
责任编辑:康　序
责任监印:朱　玢
出版发行:华中科技大学出版社(中国·武汉)　　　电话:(027)81321913
　　　　　武汉市东湖新技术开发区华工科技园　　　邮编:430223
录　　排:武汉正风天下文化发展有限公司
印　　刷:武汉市籍缘印刷厂
开　　本:787mm×1092mm　1/16
印　　张:16.5
字　　数:422 千字
版　　次:2024 年 1 月第 1 版第 3 次印刷
定　　价:38.00 元

前言

    "钢筋混凝土结构"课程是土木工程相关专业的主要专业课之一,在培养学生独立分析和综合运用土木工程专业知识、基本能力方面起着重要作用。全书共分十一章,主要内容包括绪论、钢筋混凝土材料的力学性能、结构设计的原则和方法、受弯构件承载能力状态设计、构件正常使用极限状态设计、受扭构件承载力设计、受压构件承载力设计、预应力混凝土构件、钢筋混凝土楼(屋)盖、多层及高层钢筋混凝土房屋结构以及钢筋混凝土结构抗震设计等。本书依据我国现行的最新规范和标准编写而成,其内容涉及《混凝土结构设计规范》(GB 50010—2010)、《建筑结构荷载规范》(GB 50009—2012)、《高层建筑混凝土结构技术规程》(JGJ 3—2010)、《建筑抗震设计规范》(GB 50011—2010)、《建筑结构可靠度设计统一标准》(GB 50068—2001)等。

    全书以为高职高专土木工程类专业培养实用型、应用型高技能人才为目标,注重职业岗位能力的培养,理论知识以"必需、够用"为度,以注重实际应用为原则,以高职学生职业生涯可持续发展为目标,对教学内容进行统筹和组织。全书以结构设计的基本概念和构造措施为重点,注重对钢筋混凝土结构构件的受力特点及设计原理进行分析,剔除部分偏难的理论公式推导和结构计算等内容,着重讲解结构施工图及在实际工程施工中遇到的有关结构知识。

    本书主要特色如下。

    (1)注重职业岗位相应能力的培养,在编写过程中进行了大量的调研,内容的选取以"实用、够用"为原则,理论结合实际。相关章节列举了一些工程实例的文字介绍和图片,突出结构设计的工程实际应用,体现高等职业教育的特色。

    (2)内容精练、概念清楚、由浅入深、循序渐进。对复杂公式的理论推导进行精简,直接给出应用结果,突出学生对基本知识的掌握。

    (3)为了加深读者对理论知识的理解,使读者对结构设计的掌握更加系统化、形象化,本书中各类型例题均给出了详细的计算步骤。为引导学生对基本概念、基本内容的深入思考及巩固提高,本书每章后面都附有小结、思考题及习题等内容。

    本书由辽宁省交通高等专科学校张颂娟担任主审,对全书进行审阅;由辽宁省交通高等专科学校侯献语、傅鸣春、查湘义担任主编;由九江职业大学徐雪枫,辽宁省交通高等专科学校曹迎春、武斌、白金婷、薛忠泉,安徽国防科技职业学院徐敏,湖南有色金属职业技术学院唐文担任副主编;全书由侯献语统稿。具体编写分工为:侯献语编写绪论,学习情境1、3、8、10;傅鸣春编写学习情境6;查湘义编写学习情境7;徐雪枫编写学习情境2;曹迎春、武斌编写学习情境4;白金婷、薛忠泉编写学习情境5;徐敏、唐文编写学习情境9和附录。

    本书可作为高职高专土木工程类相关专业的教材,也可作为工程技术人员及相关人员学习的参考书,还可作为土木工程技术人员学习理解新规范的参考书。

本书编写过程中参考和引用了国内外近年正式出版的有关混凝土结构的设计规范、教材及论著等,在此谨向有关作者表示感谢。限于编者的水平和经验,书中难免有不妥之处,恳请广大读者和同行专家批评指正。

为了方便教学,本书还配有课件等教学资源包,任课教师和学生可以登录"我们爱读书"网(www.ibook4us.com)免费注册并浏览,或者发邮件至 husttujian@163.com 索取。

编 者
2018 年 3 月

目录

● ● ●

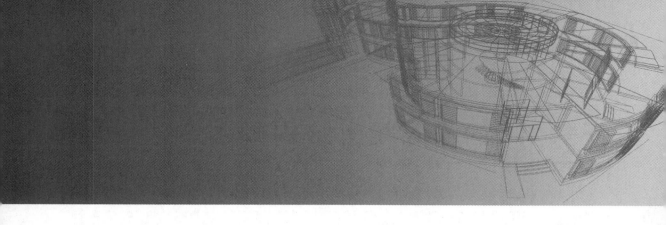

绪　　论

学习目标
○ ○ ○ ○

（1）熟悉建筑结构的组成和钢筋混凝土结构的基本概念、优缺点。

（2）理解并掌握混凝土与钢筋共同工作的基础。

（3）了解混凝土结构的发展概况、工程应用、计算理论、本课程的特点及学习方法。

新课导入

我们在日常生活中,随处可见钢筋混凝土结构的房屋、桥梁等。目前世界上已建成的最高的钢筋混凝土大厦是哈利法塔,共162层,高828 m。这样的大厦是如何设计和施工的? 为什么采用钢筋和混凝土这两种材料,这种结构的优缺点是什么?

任务 1 钢筋混凝土结构概述

一、建筑结构的组成

建筑是建筑物和构筑物的总称。其中,供人们生产、生活和进行其他活动的房屋或场所称为建筑物,如住宅、学校、办公楼、地铁车站等,习惯上称之为建筑;而人们不在其中生产、生活的建筑,称为构筑物,如水坝、烟囱等。建筑物是人类在自然空间里建造的人工空间,有稳固的人工空间才能保证人类的正常活动。为了在各种自然和人为作用下,保证自身处于工作状态、形成具有足够抵抗能力的空间骨架,建筑物必须具有相应的受力、传力体系,这些体系构成了建筑物的承重骨架,称为建筑结构,简称为结构,如图 0-1 所示。

图 0-1　建筑结构

板、梁、墙(或柱)、基础等基本构件组成了建筑结构,它们是建筑物的承重构件。

(1)板。板是水平承重构件,承受施加在本层楼板上的全部荷载(含楼板、粉刷层自重和楼面上人群、家具、设备等的荷载)。板的长、宽两方向的尺寸远大于其高度(也称为厚度)。板是典型的受弯构件。

(2)梁。梁是水平承重构件,承受板传来的荷载及自身的重量。梁的截面宽度和高度远小于其长度。梁所承受的荷载的作用方向与梁轴线垂直,其作用效应主要为使梁发生剪切和弯曲。

(3)墙。墙是竖向承重构件,用以支承水平承重构件及承受水平荷载(如风荷载)。墙受荷载作用后表现为压缩(当荷载作用于墙的截面形心线上时),有时还可能表现为弯曲(当荷载偏离墙的截面形心线时)。

（4）柱。柱是竖向承重构件，承受梁、板传来的竖向荷载及自身的重量。柱的截面尺寸远小于其高度。当荷载作用于柱截面形心时为轴心受压；当荷载偏离柱截面形心时为偏心受压。

（5）基础。基础是埋在地面以下的建筑物底部的承重构件，承受墙、柱传来的上部建筑物的全部荷载，并将其扩散到地基土层或岩石层中。

二、钢筋混凝土结构的基本概念

普通混凝土是由水泥、砂、石和水组成的，钢筋混凝土是指在混凝土中配上一些钢筋，经过一段时间的养护，以达到设计所需要的强度。

钢筋和混凝土是两种完全不同的建筑材料，混凝土抗压强度较高，而抗拉强度却很低，钢筋的抗拉和抗压强度都很高，为了充分发挥材料的性能，把钢筋和混凝土这两种材料按照合理的方式结合在一起共同工作，使钢筋主要承受拉力，混凝土主要承受压力，这就组成了钢筋混凝土结构。

如图 0-2 所示，两根截面尺寸、跨度和混凝土强度等级（C20）完全相同的简支梁，一根为素混凝土梁，另一根为钢筋混凝土梁。试验结果表明，当加荷至 $F=8$ kN 时，素混凝土梁便由于受拉区混凝土断裂而破坏，并且破坏是突然发生的，无明显预兆。但如果在梁的受拉区配置适量钢筋，做成钢筋混凝土梁，当荷载增加到一定数值时，受拉区混凝土仍会开裂，但钢筋可以代替开裂的混凝土承受拉力，因而裂缝不会迅速发展，可以继续向梁增加荷载。此时钢筋混凝土梁破坏前的变形和裂缝都发展得很充分，呈现出明显的破坏预兆，并且破坏荷载提高到 $F=36$ kN。因此，在混凝土内配置受力钢筋，不仅大大提高了构件的承载能力，而且也提高了钢筋混凝土梁的抗变形能力。

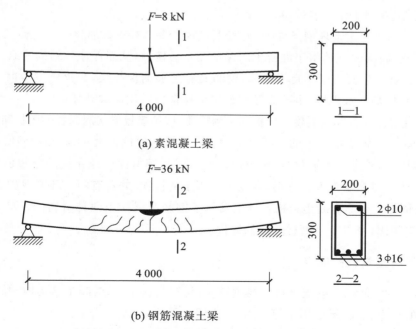

(a) 素混凝土梁

(b) 钢筋混凝土梁

图 0-2 素混凝土梁与钢筋混凝土梁的破坏情况

钢筋和混凝土是两种力学性能不同的材料,它们能够有效地结合在一起共同工作的主要原因有以下几点。

(1)二者具有良好的黏结力。混凝土硬化后,水泥浆的化学胶着力、混凝土硬化收缩的握裹力、钢筋表面凹凸不平产生的机械咬合力等都能很好地传递应力,使构件受力后变形一致,不产生相对滑移。这是钢筋和混凝土能够共同工作的基础。

(2)二者具有相近的温度膨胀系数,钢筋的温度膨胀系数为 $1.2 \times 10^{-5}/℃$,混凝土的温度膨胀系数为 $(1.0 \sim 1.5) \times 10^{-5}/℃$。当温度变化时,二者不会产生过大的相对变形而破坏它们之间的黏结。

(3)防止钢筋锈蚀。在钢筋的外部,应按构造要求设置一定厚度的混凝土保护层,钢筋包裹在混凝土之中,受到了混凝土的固定和保护作用,并且混凝土具有弱碱性,以防止钢筋生锈,保证了结构的耐久性;同时,在遭遇火灾时,钢筋的耐火性能较差,而混凝土的耐火性能较好,不致于使钢筋软化而导致结构的整体倒塌。

三、钢筋混凝土结构的特点

1. 钢筋混凝土结构的优点

钢筋混凝土结构在土木工程结构中得以广泛应用,主要是因为与其他结构相比,它具有如下优点。

(1)整体性强。钢筋混凝土结构特别是现浇结构有很好的整体性,并且通过合适的配筋,可获得较好的延性,有利于结构的抗震、抗爆。

(2)耐久性好。在正常环境条件下,混凝土材料本身具有很好的化学稳定性,其强度随时间的增加会有所提高;同时钢筋由于混凝土的保护而不易锈蚀,从而保证了结构的耐久性。

(3)耐火性好。混凝土是不良导热体,钢筋又有足够的保护层,当火灾发生时,钢筋混凝土结构不会像木结构那样被点燃,也不会像钢结构那样很快软化而被破坏。

(4)可模性好。新拌和的混凝土可根据工程需要,按照模板形状制成各种形状和尺寸的构件。

(5)就地取材。钢筋混凝土的主要材料中,砂、石所占比例很大,水泥和钢筋所占比例较小。砂和石的产地广泛,易于就地取材,经济方便。而水泥和钢材的产地在我国分布也较广。另外,也可以利用工业废料来制作人工骨料,以改善混凝土的性能,并且有利于环境保护。

(6)节约钢材。钢筋混凝土结构合理地发挥了钢筋和混凝土两种材料的性能,具有较高的强度,与钢结构相比,可以节约钢材并降低造价。

2. 钢筋混凝土结构的缺点

(1)自重大。钢筋和混凝土材料的容重较大,与钢结构相比,混凝土结构构件的截面尺寸较大,因此结构的自重较大,不适用于建造高层、大跨度结构。

(2)抗裂性差。由于混凝土材料的抗拉性能很差,混凝土结构很容易出现裂缝,所以普通混凝土结构在正常使用阶段往往是带裂缝工作的。在工作条件较差的环境,会影响结构的耐久性。

（3）施工环节多、工期长。钢筋混凝土结构的建造需要经过支模板、绑钢筋、浇筑、养护、拆模等多道施工工序，工期长，施工质量和进度等易受环境条件的影响。

不过随着科学技术的不断发展，这些缺点已在一定程度上得到了克服和改善。例如，采用轻质高强的混凝土可以减轻结构自重；采用预应力混凝土可以提高构件的抗裂性能；采用预制构件可以减小模板用量，以及缩短工期等。

任务 2　混凝土结构的发展概况及工程应用

一、钢筋混凝土结构的发展趋势

钢筋混凝土结构是一种出现较晚的结构形式，迄今只有 150 多年的历史。早期的钢筋混凝土结构所用的钢筋与混凝土强度都很低，主要用于小型钢筋混凝土梁、板、柱和基础等构件。随着时代的变迁、技术的进步，各国都在积极发展应用高强混凝土和高强钢筋材料。目前，国内常用的混凝土强度等级为 C20～C50，个别工程已经应用到 C80，C100 以上的混凝土也在研制中；美国已制成 C200 的混凝土；高强钢筋的强度可达 400～600 N/mm²，且已在工程中应用。

各种不同的外加剂（如早强剂、防冻剂、减水剂、微泡剂等）在改变着混凝土的性质。例如：轻骨料浮石、陶粒的采用，减轻了混凝土的自重；带有环氧树脂涂层的热轧钢筋在某些有特殊防腐要求的工程中使用，提高了钢筋的防腐性；不同的新兴配筋材料（如纤维增强塑料筋、碳纤维筋等）、新型配筋形式（如预应力混凝土、钢骨混凝土、钢管混凝土等）以及各种高强度纤维材料与混凝土搅拌形成的纤维混凝土（如高强度纤维混凝土、高强度塑料纤维混凝土等）已经先后面世，以上种种都极大地提高了混凝土结构的抗压、抗拉、抗剪、抗裂等性能，减轻了自重，增加了延性。

预应力技术的完善，使土木工程结构（梁、板）、桥梁等的跨度普遍增大。1999 年建成的江阴长江大桥，主跨度为 1385 m，是当时我国跨度最大的钢筋混凝土桥塔和钢悬索组成的特大桥。2009 年建成的长江三峡水利枢纽工程，大坝高 185 m，坝体混凝土用量达 1 527 万立方米，是现今世界上规模最大的水利工程。

二、钢筋混凝土结构的工程应用

钢筋混凝土结构已经发展成为国民经济所在领域的工程建设中不可缺少的结构形式，我国建筑业每年消耗 20 多亿立方米混凝土、8 000 万吨钢材，几乎占全世界的1/3。钢筋混凝土结构主要应用于以下工程。

（1）房屋工程。包括单层、多层房屋、高层建筑、大跨屋盖结构。

（2）地下建筑工程。如矿井和巷道、铁路隧道和道路隧道、地下铁道和水底隧道、地下仓库和油库,以及各种用途的输水和其他的水工隧洞等,都采用了混凝土材料。

（3）桥梁工程。其主要包括板梁桥、刚构桥、拱桥、桁架桥和桁架拱桥、索桥、斜拉桥、悬索桥、应力板带桥及倒桁架桥、立交桥和高架桥。道路和桥梁工程中,钢筋混凝土结构主要用于中小跨径桥、涵洞、挡土墙以及其他中小型构件。

（4）水利工程。其主要包括防洪、农田水利、水力发电、航运工程等。水利工程的坝、水电站、拦洪坝、引水渡槽、船闸、船坞、码头、污水池、港口、排灌管等均采用钢筋混凝土结构。

（5）特种工程结构。它是指一般工程结构之外,具有特种用途的工程结构,包括高耸结构、海洋工程结构、管道结构和容器结构等。特种结构中的烟囱、冷却塔、水池、筒仓、料斗、料仓和储罐、塔桅结构、电视塔等也多采用了钢筋混凝土结构。

钢筋混凝土结构已广泛应用在高层建筑中。图 0-3(a)所示为阿联酋的哈利法塔,原名迪拜塔,又称迪拜大厦,哈利法塔是世界上已建成的最高的高层建筑,共 162 层,高 828 m,共使用 33 万立方米混凝土、3.9 万吨钢材及 14.2 万平方米玻璃,采用钢筋混凝土结构和钢结构的混合结构。其建筑设计采用了一种具有挑战性的单式结构,由连为一体的管状多塔组成,具有太空时代风格的外形,基座周围采用了富有伊斯兰建筑风格的几何图形——六瓣的沙漠之花。

图 0-3(b)所示为上海中心大厦,位于陆家嘴,地上 118 层,高度 632 m,被称为中国第一高楼,世界第三高楼。图 0-3(c)所示为台北 101 大厦,位于我国台湾省台北市信义区,由建筑师李祖原设计,KTRT 团队建造,保持了世界纪录协会多项世界纪录。地上 101 层,地下 5 层,高 508 m,2010 年以前,台北 101 是世界第一高楼(但不是世界最高建筑,当时的世界最高建筑是加拿大的多伦多国家电视塔)。

(a)哈利法塔　　　　　　　(b)上海中心大厦　　　　　　　(c)台北101大厦

图 0-3　世界著名高层建筑

任务 3 本课程的特点及学习方法

本课程按内容的性质可分为结构的基本构件和结构设计两大部分。根据受力与变形特点的不同,结构的基本构件可归纳为受弯构件、受压构件、受拉构件和受扭构件。通过学习本课程,学生可以掌握必要的结构概念,了解钢筋混凝土结构的基本设计原理,了解钢筋混凝土材料的力学性能,掌握梁、板、柱等基本构件的受力特点,掌握简单结构构件的设计方法,理解结构设计的有关构造要求,正确识读建筑结构施工图,并处理建筑施工中的一般结构问题,以逐步培养和提高学生理论联系实际的综合能力。

学习本课程时应注意以下几方面。

(1) 研究对象材料的特殊性。钢筋混凝土结构是由钢筋和混凝土两种不同材料构成的,因此,在工程力学中对匀质的弹性材料讨论过的公式和计算方法在本课程中将不再完全适用。但工程力学中通过几何、物理和平衡关系建立基本方程来解决问题的思路与本课程是一样的,故本课程一般在学完工程制图、工程力学、建筑材料等课程之后,才能开始学习。

(2) 公式多、符号多。许多计算公式都是在大量试验资料的基础上用统计分析得出的半理论半经验公式。因此,在学习过程中不能死记硬背,要理解建立公式时的基本假定、计算简图,注意公式适用的范围和限制条件。同时注意结合课后的习题(设计),往往答案不是唯一的,没有正确与否,只有合理与否,这也是与以往课程所不同的。

(3) 重视构造措施。所谓构造措施,是对结构计算中未能详细考虑或难以定量计算的因素所采取的技术措施,是长期工程实践经验的总结,钢筋的位置、锚固等在工程中必须按照构造要求设置,构造和计算同等重要。

(4) 学规范、用规范。本课程的内容是遵照我国相关规范编写的。从开始学习本专业课,就要建立对规范的认识。规范是已经成熟的、经过很多的科学试验和长期生产实践证明了的客观规律的总结,再经过国家专门部门批准的正式文件,是从事专业技术工作的法律。

本课程直接依据的规范有《建筑结构可靠度设计统一标准》(GB 50068—2001)、《混凝土结构设计规范》(GB 50010—2010)、《建筑结构荷载规范》(GB 50009—2012)等。规范条文尤其是强制性条文是设计、施工等工程技术人员必须遵守的文件。熟悉并学会应用有关规范和标准,是学习本课程的重要任务之一。

(5) 努力参加工程实践,做到理论联系实际。结构课是实践性很强的课程,这不仅体现在它的计算理论依托于大量的试验结果和丰富的工程经验,而且本课程还在实践中不断发展和完善。因此学习本课程时,除课堂教学外,还应加强实践性的教学环节,应有计划、有针对性地到施工现场,通过实习、参观等各种渠道,增加感性认识,积累工程经验。同时,还要加强阅读施工图纸等基本技能的训练,为综合应用能力的培养打下基础。

学习情境 1

钢筋混凝土材料的力学性能

学习目标

（1）掌握混凝土的力学性能及各种强度指标。

（2）了解混凝土的变形性能及混凝土材料耐久性的规定。

（3）了解钢筋的品种与形式，熟悉钢筋的力学性能，明确钢筋混凝土结构对钢筋性能的要求。

（4）理解钢筋与混凝土共同工作的原理及保证黏结强度的构造措施。

▌新课导入

　　钢筋混凝土结构是由钢筋和混凝土两种性质不同的材料组成的，熟悉和掌握两种材料的力学性能（包括强度和变形两方面），是合理选择结构形式、正确进行结构设计、确定构造措施的基础，也是获得良好经济效果的前提。本学习情境主要介绍混凝土和钢筋两种材料的强度和变形特性以及钢筋和混凝土之间的黏结措施。

任务 1 混凝土

一、混凝土的强度

混凝土是用水泥、水、细骨料(如砂子)、粗骨料(如碎石、卵石)等原料按一定配合比例拌和,需要时掺入外加剂和矿物混合材料,经过均匀搅拌后入模浇筑,并经养护硬化后制成的人工石材。

混凝土强度的大小不仅与组成材料的质量和配合比有关,而且与混凝土试件的形状、尺寸、龄期和试验方法等因素有关。因此,在确定混凝土的强度指标时必须以统一规定的标准试验方法为依据。

1. 混凝土的立方体抗压强度和强度等级

混凝土的立方体抗压强度是衡量混凝土强度大小的基本指标,是评价混凝土强度等级的标准。我国《混凝土结构设计规范》(GB 50010—2010,以下简称《规范》)中规定:以边长为150 mm的立方体试件,按标准方法制作,在标准条件下(温度在 20 ℃±3 ℃,相对湿度≥90%)养护 28天后,按照标准试验方法进行加载试压,测得的具有 95% 保证率的抗压强度作为混凝土的立方体抗压强度标准值,用符号 $f_{cu,k}$ 表示,其单位为 N/mm²。

我国《规范》规定的混凝土强度等级,是根据混凝土立方体抗压强度标准值确定的,用符号 C表示,共分为 14 个强度等级,分别以 C15、C20、C25、C30、C35、C40、C45、C50、C55、C60、C65、C70、C75、C80 表示。符号 C 后面的数字表示以 N/mm² 为单位的立方体抗压强度标准值。例如,C30 表示混凝土立方体抗压强度的标准值 $f_{cu,k}=30$ N/mm²。《规范》规定钢筋混凝土结构中混凝土强度等级不应低于 C20;当采用强度等级 400 MPa 及以上的钢筋时,混凝土强度等级不应低于 C25;预应力混凝土结构的混凝土强度等级不宜低于 C40 级,且不应低于 C30 级。

试验表明,影响混凝土抗压强度的因素很多,不仅与水泥标号、水灰比、养护条件、试件尺寸等有关,而且与试验方法有直接关系。

试验表明混凝土的立方体尺寸越小,测得的抗压强度越高。实际工程中如采用边长200 mm或 100 mm 的立方体试块时,需将其立方体抗压强度实测值分别乘以换算系数 1.05 或0.95,换算成标准试件的立方体抗压强度标准值。

试验方法对立方体抗压强度有较大影响,如试件表面是否涂润滑剂等。不涂润滑剂时强度高,其主要原因是垫板通过接触面上的摩擦力约束混凝土试块的横向变形,形成"套箍"作用。而涂润滑剂后试件与压力板之间的摩擦力将大大减小,使抗压强度降低,而且两种情况的破坏形态也不一样,如图 1-1 所示。我国规定的标准试验方法是不涂润滑剂。此外,加载速度对立方体抗压强度也有影响,加载速度越快,测得的强度越高,通常加载速度约每秒 0.3 N/mm²～0.8 N/mm²。

2. 混凝土的轴心抗压强度

在实际工程中,钢筋混凝土构件的长度常比其横截面尺寸大得多。为了更好地反映混凝土

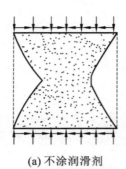 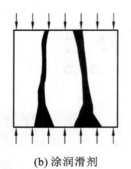

(a) 不涂润滑剂　　　　　　　(b) 涂润滑剂

图 1-1　混凝土立方体试块的破坏情况

在实际构件中的受力情况,可采用混凝土的棱柱体试件测定其轴心抗压能力,所对应的抗压强度称为混凝土的轴心抗压强度,也称棱柱体抗压强度,用符号 f_c 表示。在钢筋混凝土结构中,进行受弯构件、受压构件的承载力计算时,采用混凝土的轴心抗压强度作为设计指标。

混凝土轴心抗压强度实验采用 150 mm×150 mm×300 mm 的棱柱体作为标准试件。测试的方法与立方体抗压强度的测试方法相同。大量的试验数据表明,混凝土的轴心抗压强度与其立方体抗压强度之间存在一定的关系。根据试验结果分析,混凝土的轴心抗压强度标准值与其立方体抗压强度标准值的关系可按下式确定:

$$f_{ck} = 0.88\alpha_{c1}\alpha_{c2}f_{cu,k} \tag{1-1}$$

式中:α_{c1} 为棱柱体抗压强度与立方体抗压强度之比,对于 C50 及以下强度等级的混凝土取 $\alpha_{c1} = 0.76$,对于 C80 混凝土,取 $\alpha_{c1} = 0.82$,中间按线性规律变化;α_{c2} 为考虑 C40 以上混凝土脆性的折减系数,对于 C40 混凝土取 $\alpha_{c2} = 1.00$,对于 C80 混凝土取 $\alpha_{c2} = 0.87$,中间按线性规律变化;0.88 为考虑实际结构中混凝土强度与试件混凝土强度之间的差异等因素而确定的修正系数。

3. 混凝土的轴心抗拉强度

混凝土的轴心抗拉强度也是混凝土的一个基本强度指标,用符号 f_t 表示。混凝土的抗拉强度远小于其抗压强度,一般只有抗压强度的 1/18～1/9。混凝土的轴心抗拉强度是计算钢筋混凝土及预应力混凝土构件的抗裂度和裂缝宽度以及构件斜截面承载力的主要强度指标。测定混凝土抗拉强度的方法有两种,一种是直接测定法,另一种是间接测定法。

直接测定法试件采用 100 mm×100 mm×500 mm 棱柱体(见图 1-2(a)),两端对中预埋钢筋(每端选用长度为 150 mm,直径为 16 mm 的变形钢筋),试验机夹住两端伸出的钢筋进行拉伸,直到试件中部产生横向裂缝破坏,试件破坏时截面的平均拉应力即为混凝土的轴心抗拉强度。但由于直接测试法的对中比较困难,加之混凝土内部的不均匀性,使得所测结果的离散程度较大。

目前,混凝土的轴心抗拉强度常采用如图 1-2(b)所示的间接测试法——劈裂法测试。劈裂试验对立方体或平放的圆柱体试件通过垫条施加线荷载,在试件中间垂直截面上,除在加载点附近很小的范围内出现压应力外,截面大部分区域将产生均匀的拉应力。当拉应力达到混凝土的抗拉强度时,试件沿中间垂直截面劈裂成两半。

根据大量的试验数据并考虑实际构件与试件的差异,《规范》确定混凝土轴心抗拉强度标准值与立方体强度之间的关系为:

$$f_{tk} = 0.88 \times 0.395 f_{cu,k}^{0.55} (1-1.645\delta)^{0.45} \times \alpha_{c2} \tag{1-2}$$

式中,δ 为混凝土强度变异系数。

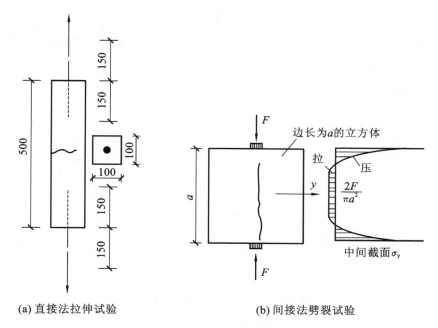

(a) 直接法拉伸试验　　　　　(b) 间接法劈裂试验

图 1-2　混凝土的抗拉强度试验

在实际工程中,施工单位检验混凝土强度时,进行轴心抗压试验和轴心抗拉试验一般都比较困难,数据精确度较低,根据两种强度与立方体抗压强度之间的关系,在实际工作中可仅进行立方体抗压强度试验,换算出其他强度指标。

4. 复合应力状态下混凝土的强度

在实际混凝土结构构件中,混凝土很少处于单向受拉或受压状态,而往往承受弯矩、剪力、轴向力及扭矩的多种组合作用,大多是处于双向或三向的复合应力状态。

1) 双向应力状态下的强度

双向应力状态下,即在两个互相垂直的平面上作用着法向应力 σ_1 和 σ_2,第三个平面上应力为零时,混凝土强度的变化曲线如图 1-3 所示。

从图中可看出,双向受压时(图中第三象限),混凝土的强度比单向受压时的强度有所提高;双向受拉时(图中第一象限),混凝土其中一向的抗拉强度基本与另一向拉应力的大小无关,即双向受拉的强度与单向受拉的强度基本相同;在拉压组合情况下(图中第二、四象限),混凝土的抗压强度随另一向的拉应力的增加而降低,或者说混凝土的抗拉强度随另一向的压应力的增加而降低。

2) 三向应力状态下的强度

如图 1-4 所示为一组混凝土三向受压的试验曲线。在三个相互垂直的方向受压时,混凝土任一

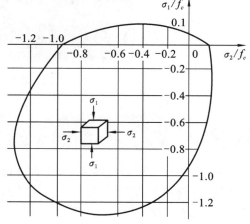

图 1-3　混凝土双向应力状态下的强度曲线

向的抗压强度随另两向压应力的增加而提高,同时混凝土的极限应变也得以大大提高。这是由于侧向压应力的存在,约束了混凝土的横向变形,从而抑制了混凝土内部裂缝的产生和发展,这也使混凝土的延性有明显提高。

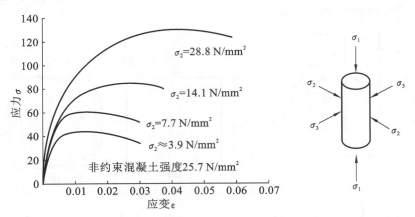

图 1-4　混凝土三向受压试验曲线

　　实际工程中可以利用约束混凝土的横向变形来提高混凝土的抗压强度。在工程中可将受压构件做成"约束混凝土",如螺旋箍筋柱、钢管混凝土柱(如图 1-5 所示)等。例如,钢管混凝土柱受压后,钢管约束了内部混凝土的横向变形,形成了所谓的"约束混凝土",从而提高了混凝土的抗压强度和变形能力。

图 1-5　钢管混凝土柱

二、混凝土的变形

　　混凝土的变形可分为两类,一类为荷载作用引起的受力变形,包括一次短期荷载、长期荷载和重复荷载作用下的变形;另一类为非外力因素引起的体积变形,主要为混凝土的收缩和温度变化产生的变形等。

1．混凝土在一次短期荷载作用下的变形性能

1）混凝土受压时的应力-应变曲线

混凝土的应力-应变关系是混凝土力学性能的一个基本理论，揭示的是混凝土强度与变形的本构关系；应力-应变曲线反映了混凝土受力的全过程，是混凝土构件应力分析、承载力和变形计算理论所必不可少的依据。特别是近代采用计算机对钢筋混凝土结构进行非线性分析时，混凝土的应力-应变关系已成为数学物理模型研究的重要依据。

通常采用棱柱体试件来测定混凝土受压时的应力-应变关系，其关系曲线如图 1-6 所示。曲线分为上升段、下降段两部分。上升段（OC）又可分为三段：在 OA 段（$\sigma \leqslant 0.3f_c$），混凝土处于弹性工作阶段，应力-应变为线性关系，A 点为比例极限。此阶段可将混凝土视为理想的弹性体，其内部的微裂缝尚未发展，水泥凝胶体的黏性流动很小，主要是骨料和水泥石受压后的弹性变形。在 AB 段（$0.3f_c < \sigma < 0.8f_c$），混凝土塑性变形增大，曲线弯曲，应变增长比应力增长速度快，内部的微裂缝开始发展但仍处于稳定状态。在 BC 段（$0.8f_c < \sigma < f_c$），塑性变形急剧增大，裂缝发展进入不稳定阶段。C 点的应力达到峰值应力，即轴心抗压强度 f_c，所对应的应变 ε_0 称为峰值应变，其值在 $0.0015 \sim 0.0025$ 之间波动，常取 $\varepsilon_0 = 0.002$。

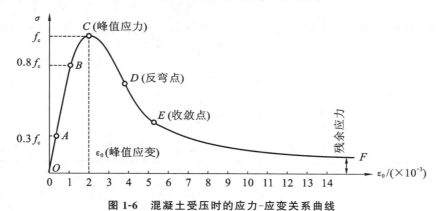

图 1-6　混凝土受压时的应力-应变关系曲线

下降段 CD，曲线到达峰值应力点 C 后，曲线进入下降段，而混凝土的强度并不会完全消失，随着应力 σ 的减少（卸载），应变仍然增加，曲线下降坡度较陡，混凝土表面裂缝逐渐贯通，内部结构的整体性受到越来越严重的破坏。当曲线下降到拐点 D 后，应变仍不断增大，而应力下降的速率减慢，趋于稳定的残余应力。残余应力主要是由于表面纵向裂缝把混凝土棱柱体分成若干个小柱，外载力由裂缝处的摩擦咬合力及小柱体的残余强度所承受。在拐点 D 之后 σ-ε 曲线中曲率最大点 E 称为收敛点，EF 为收敛段。E 点以后主裂缝已很宽，对于没有侧向约束的混凝土，收敛段已经没有实际意义。应力-应变曲线中相应于收敛点 E 的应变为构件破坏时的最大压应变，称为混凝土的极限压应变 ε_{cu}，其值为 $(3.0 \sim 5.0) \times 10^{-3}$，《规范》对非均匀受压时的中低强度混凝土的极限压应变 ε_{cu} 取 0.0033。

由混凝土的 σ-ε 曲线图可以看出，混凝土的应力-应变关系不是直线，这说明它不是弹性材料，而是弹塑性材料。实验表明，随着混凝土强度等级的提高，混凝土的极限压应变 ε_{cu} 却明显减少，说明混凝土强度越高，其脆性越明显，延性也就越差。混凝土受拉时的应力-应变曲线的形状与受压时相似，只是其峰值应力及极限拉应变均较受压时小得多。

2）混凝土的弹性模量和变形模量

（1）弹性模量。在结构计算中，当计算钢筋混凝土构件的变形、预应力混凝土构件的截面预压应力值、结构由于温度变化和支座沉降产生的内力时，都需用混凝土的弹性模量。弹性材料的弹性模量是一个常数。而混凝土的应力-应变的比值并非一个常数，是随着混凝土的应力变化而变化的，所以混凝土弹性模量的取值比钢材复杂得多。

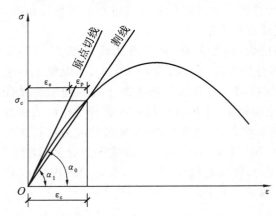

图 1-7　混凝土的弹性模量及变形模量的表示方法

在混凝土应力-应变关系曲线上，过原点 O 作切线（见图 1-7），该切线的斜率称为原点弹性模量，也即混凝土的弹性模量，以 E_c 表示。

$$E_c = \tan\alpha_0 \tag{1-3}$$

式中，α_0 为混凝土应力-应变曲线在原点处的切线与横坐标的夹角。

在混凝土一次短期加荷的应力-应变曲线上作原点的切线，求得的 E_c 是不准确的。根据重复荷载作用下混凝土应力-应变关系曲线的特点，可以比较容易找到混凝土的弹性模量。

根据试验结果分析，混凝土的弹性模量与立方体抗压强度有关。《规范》规定混凝土的弹性模量按下式计算：

$$E_c = \frac{10^5}{2.2 + \dfrac{34.7}{f_{cu,k}}} \tag{1-4}$$

《规范》给出不同强度等级混凝土的弹性模量，见表 1-1。

表 1-1　混凝土强度标准值、设计值和弹性模量　　　　单位：N/mm²

强度种类与弹性模量		混凝土强度等级												
		C15	C20	C25	C30	C35	C40	C45	C50	C55	C60	C65	C70	C75	C80
强度标准值	轴心抗压 f_{ck}	10.0	13.4	16.7	20.1	23.4	26.8	29.6	32.4	35.5	38.5	41.5	44.5	47.4	50.2
	轴心抗拉 f_{tk}	1.27	1.54	1.78	2.01	2.20	2.39	2.51	2.64	2.74	2.85	2.93	2.99	3.05	3.11
强度设计值	轴心抗压 f_c		7.2	9.6	11.9	14.3	16.7	19.1	21.1	23.1	25.3	27.5	29.7	31.8	33.8	35.9
	轴心抗拉 f_t		0.91	1.10	1.27	1.43	1.57	1.71	1.80	1.89	1.96	2.04	2.09	2.14	2.18	2.22
弹性模量 $E_c/(\times 10^4)$		2.20	2.55	2.80	3.00	3.15	3.25	3.35	3.45	3.55	3.60	3.65	3.70	3.75	3.80

混凝土受拉时的应力-应变曲线与受压时相似，所以在计算中，受拉弹性模量与受压弹性模量可取为相同值。

（2）变形模量（或割线模量）。当混凝土压应力 σ 较大（超过 $0.5f_c$）时，弹性模量 E_c 已不能

反映这时的 σ 和 ε 的关系,为此,要用到变形模量的概念。

在图 1-7 中,连接原点 O 与 $\sigma-\varepsilon$ 曲线上任一点 C 的割线的斜率,称为混凝土的变形模量或割线模量,以 E'_c 表示。

$$E'_c = \tan\alpha_1 = \frac{\sigma_c}{\varepsilon_c} \tag{1-5}$$

式中,ε_c 为混凝土应力为 σ_c 时的总应变,即 $\varepsilon_c = \varepsilon_e + \varepsilon_p$;$\varepsilon_e$ 为混凝土的弹性应变;ε_p 为混凝土的塑性应变。

混凝土的弹性模量与变形模量的关系为:

$$E'_c = \frac{\varepsilon_e}{\varepsilon_c} E_c = \nu E_c \tag{1-6}$$

式中,ν 为混凝土受压时的弹性系数,等于混凝土弹性应变与总应变之比。在应力较小时,处于弹性阶段,可取 $\nu = 1$;应力增大,处于弹塑性阶段,$\nu < 1$;当应力接近 f_c 时,$\nu = 0.4 \sim 0.7$。

2. 混凝土在多次重复荷载作用下的变形性能

混凝土在重复荷载作用下会发生疲劳破坏。例如,工业厂房的吊车运行时,钢筋混凝土吊车梁承受吊车施加的重复荷载作用,钢筋混凝土桥梁结构受到车辆振动影响的重复荷载等。混凝土在重复荷载作用下,其强度和变形性能都有重要变化。

对棱柱体混凝土试件经过一次短期加荷,应力达到 A 点时,卸载至零,曲线为 OAB,如图 1-8(a)所示。若停留一段时间,变形会恢复一部分到达 B' 点,恢复变形 BB' 为弹性后效,而应变 $B'O$ 不能恢复称为残余应变。

对棱柱体试件经多次加载、卸载,当加载的应力 σ_1 小于混凝土的疲劳强度时,应力-应变曲线越来越闭合,最终闭合为一直线(见图 1-8(b)),此直线和混凝土一次短期加载应力应变曲线原点的切线平行,直线的斜率既是混凝土的弹性模量,实际中采用此方法来测定混凝土的弹性模量;当应力超过疲劳强度时,在重复荷载作用下曲线由凸向应力轴变为凹向应力轴,曲线不再形成环状,如图 1-8(c)所示,标志混凝土即将破坏。混凝土由于荷载重复作用而引起的破坏称为疲劳破坏。根据试验研究,混凝土的疲劳强度值用混凝土强度乘以相应的疲劳强度修正系数确定,具体参见《规范》。

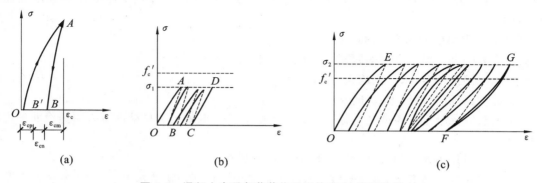

图 1-8　混凝土在重复荷载作用下的应力-应变曲线

3. 混凝土在长期荷载作用下的变形——徐变

混凝土在长期不变荷载作用下,变形随时间不断增长的现象称为混凝土的徐变。

如图 1-9 所示为混凝土棱柱体试件加载至 $\sigma=0.5f_c$ 后维持荷载不变测得的徐变与时间的关系曲线。图中，ε_{ce} 是在加载瞬间所产生的变形，称为瞬时应变，ε_{cr} 即为随时间增长的混凝土的徐变应变。随着加荷作用时间的增加，应变随之增长，这就是混凝土的徐变应变 E_{cr}。从图 1-9 中可以看出，前期徐变增长较快，6 个月可完成最终徐变的 70%～80%，以后徐变增长逐渐缓慢，2～3 年后趋于稳定。卸荷后产生瞬时恢复应变，卸荷后大约 20 天才能恢复的应变称为弹性后效，不能恢复的变形称为残余变形。

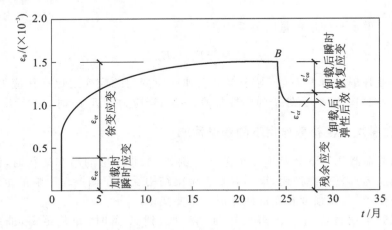

图 1-9 混凝土的徐变-时间关系曲线

混凝土的徐变对钢筋混凝土结构的影响，在大多数情况下是不利的，徐变会使构件的变形大大增加。对于长细比较大的偏心受压构件，徐变会使偏心距增大而降低构件的承载力；在预应力混凝土构件中，徐变会造成预应力损失，尤其是构件长期处于高应力状态下，对结构的安全不利，徐变的急剧增加会导致混凝土的最终破坏。徐变对结构的有利影响包括会使结构或构件产生内力重分布，降低截面上的应力集中，可减小温度或结构支承的不均匀沉降所引起的应力。

产生徐变的原因，目前研究得尚不够充分。一般认为，产生的原因有两方面：一是在应力不太大时（$\sigma<0.5f_c$），由混凝土中一部分尚未形成结晶体的水泥凝胶体的黏性流动而产生的塑性变形；二是在应力较大时（$\sigma\geqslant0.5f_c$），由混凝土内部微裂缝在荷载作用下不断发展和增加而导致应变的增加。

影响混凝土徐变的因素具体如下。

（1）应力的大小是最主要的因素，应力越大，徐变也越大。

（2）水泥用量越多，水灰比越大，徐变越大。

（3）养护温度高、湿度大、时间长，则徐变小。

（4）加载时混凝土的龄期越短徐变越大。加强养护使混凝土尽早结硬或采用蒸汽养护可减小徐变。

（5）材料质量和级配越好，弹性模量越高，则徐变越小。

（6）与水泥的品种有关，普通硅酸盐水泥的混凝土的徐变与矿渣水泥、火山灰水泥的混凝土的徐变相比，相对较大。

4. 混凝土的体积变形

混凝土的体积变形主要是指混凝土的收缩与膨胀。混凝土在空气中硬结时体积减小的现象称为收缩。当混凝土在水中硬结时,其体积略有膨胀。一般来说,混凝土的收缩值比膨胀值大得多。

如图 1-10 所示为混凝土自由收缩的试验结果,可以看出混凝土的收缩是一种随时间而增长的变形。结硬初期收缩变形发展很快,两周可完成全部收缩的 25%,一个月约可完成 50%,三个月后增长缓慢,一般两年后趋于稳定,最终收缩值为 $(2\sim6)\times10^{-4}$。对于钢筋混凝土构件来说,收缩是不利的。收缩会使混凝土中产生拉应力,进而导致构件开裂。在预应力混凝土结构中收缩将导致预应力损失,降低构件的抗裂能力。

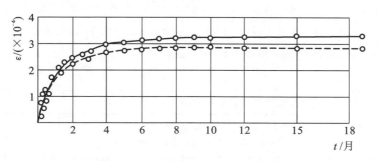

图 1-10　混凝土的收缩变形与时间关系

试验表明,混凝土的收缩与下列因素有关:①水泥用量越多,水灰比越大,收缩越大;②骨料的弹性模量大,则收缩小;③在结硬过程中,养护条件好,收缩小;④使用环境的湿度越大,收缩越小。

三、混凝土的设计指标

在钢筋混凝土结构中,混凝土的轴心抗压强度是进行受弯构件、受压构件承载力计算时的设计指标;混凝土的轴心抗拉强度是计算钢筋混凝土及预应力混凝土构件的抗裂度和裂缝宽度以及构件斜截面受剪承载力、受扭承载力时的主要强度指标。

在进行钢筋混凝土构件变形验算和预应力混凝土构件设计时,需要用到混凝土的弹性模量。

各种强度等级的混凝土强度标准值、强度设计值以及弹性模量见表 1-1。

四、混凝土结构的耐久性规定

混凝土结构的耐久性是指混凝土在规定使用年限内,在各种环境条件下,抵抗各种破坏因素的作用,长期保持强度和外观完整性的能力。混凝土结构应符合有关耐久性的规定,以保证其在化学的、生物的以及其他使结构材料性能恶化的各种侵蚀的作用下,达到预期的耐久年限。但是由于混凝土表面暴露在大气中,特别是长期受到外界不良气候环境的影响及有害物质的侵蚀,随时间的增长会出现混凝土开裂、碳化、剥落,钢筋锈蚀等现象,使材料的耐久性降低。因此,混凝土结构应根据所处的环境类别、结构的重要性和使用年限满足《规范》规定的有关耐久性要求。

影响混凝土材料耐久性的最重要因素是结构的使用环境。混凝土结构的环境类别见表 1-2。

表 1-2　混凝土结构的环境类别

环境类别		条　件
一		室内干燥环境;无侵蚀性静水浸没环境
二	a	室内潮湿环境;非严寒和非寒冷地区的露天环境;非严寒和非寒冷地区与无侵蚀性的水或土壤直接接触的环境;严寒和寒冷地区的冰冻线以下与无侵蚀性的水或土壤直接接触的环境
	b	干湿交替环境;水位频繁变动环境;严寒和寒冷地区的露天环境; 严寒和寒冷地区冰冻线以上与无侵蚀性的水或土壤直接接触的环境
三	a	严寒和寒冷地区冬季水位变动区环境;受除冰盐影响环境;海风环境
	b	盐渍土环境;受除冰盐作用环境;海岸环境
四		海水环境
五		受人为或自然的侵蚀性物质影响的环境

注:(1) 室内潮湿环境是指构件表面经常处于结露或湿润状态的环境。

(2) 严寒和寒冷地区的划分应符合现行国家标准《民用建筑热工设计规范》(GB 50176—2016)的有关规定。

(3) 海岸环境和海风环境宜根据当地情况,考虑主导风向及结构所处迎风、背风部位等因素的影响,由调查研究和工程经验确定。

(4) 受除冰盐影响环境是指受到除冰盐盐雾影响的环境;受除冰盐作用环境是指被除冰盐溶液溅射时的环境及使用除冰盐地区的洗车房、停车楼等建筑。

(5) 暴露的环境是指混凝土结构表面所处的环境。

影响混凝土材料耐久性的另一重要因素是混凝土的质量。控制水灰比、减小渗透性、提高混凝土的强度等级、增加混凝土的密实性,以及控制混凝土中氯离子和碱的含量等,对于混凝土的耐久性都有非常重要的作用。耐久性对混凝土质量的主要要求如下。

对于设计使用年限为 50 年的一般结构,混凝土质量应符合表 1-3 的规定。

表 1-3　结构混凝土材料的耐久性基本要求

环境类别		最大水胶比	混凝土强度 等级不小于	最大氯离子 含量/(%)	最大碱含量 /(kg·m⁻³)
一		0.60	C20	0.3	不限制
二	a	0.55	C25	0.2	3.0
	b	0.5(0.55)	C30(C25)	0.15	3.0
三	a	0.45(0.50)	C35(C30)	0.15	3.0
	b	0.4	C40	0.10	3.0

注:(1) 氯离子含量系指其占胶凝材料总量的百分比。

(2) 预应力构件混凝土中的氯离子含量不得超过 0.06%,其最低混凝土强度等级应按表中规定的提高两个等级。

(3) 素混凝土构件的水胶比及最低强度等级的要求可适当放松。

(4) 有可靠工程经验时,二类环境中的最低混凝土强度等级可降低一个等级。

(5) 处于严寒和寒冷地区二 b、三 a 类环境中的混凝土应使用引气剂,并可采用括号中的有关参数。

(6) 当使用非碱活性骨料时,对混凝土中的碱含量可不进行限制。

其他环境类别和使用年限的混凝土结构,其耐久性要求应符合有关标准的规定。

任务 2 钢筋

一、钢筋的种类

目前,我国钢筋混凝土结构及预应力混凝土结构中采用的钢筋按生产加工工艺的不同,可分为热轧钢筋、热处理钢筋、冷轧(拉)钢筋等。随着我国强度高、性能好的钢筋品种的充分供应,冷加工钢筋已不再列入规范。

热轧钢筋是由低碳钢、普通低合金钢在高温状态下轧制而成,按强度不同可分为以下几种级别:①HPB300 级,用符号Φ表示,为热轧光圆钢筋;②HRB335 级,用符号Φ表示,为热轧带肋钢筋;HRBF335 级,用符号$Φ^F$ 表示,为细晶粒热轧带肋钢筋;③HRB400 级,用符号Φ表示,为热轧带肋钢筋;HRBF400 级,用符号$Φ^F$ 表示,为细晶粒热轧带肋钢筋;④RRB400 级,余热处理带肋钢筋,用符号$Φ^R$ 表示。⑤HRB500 级,热轧带肋钢筋,用符号Φ表示;HRBF500 级,细晶粒热轧带肋钢筋,用符号$Φ^F$ 表示。

钢丝直径一般较小,常用的为 5～9 mm。国产钢丝包括:消除应力钢丝、中强度预应力钢丝以及钢绞线三种,钢丝都是用于预应力混凝土结构。

在混凝土结构中使用的钢筋,按外形可分为光面钢筋和变形钢筋两类,钢筋的形式如图 1-11所示。光面钢筋俗称"圆钢",光面钢筋的截面呈圆形,直径不小于 6 mm,其表面光滑无凸起的花纹;变形钢筋也称带肋钢筋,是将钢筋表面轧成肋纹,如月牙纹或人字纹。通常变形钢筋的直径不小于 10 mm。

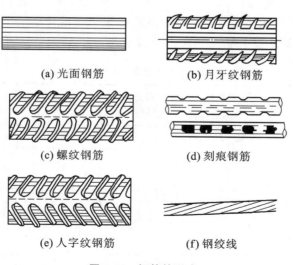

(a) 光面钢筋　　　　　　　(b) 月牙纹钢筋

(c) 螺纹钢筋　　　　　　　(d) 刻痕钢筋

(e) 人字纹钢筋　　　　　　(f) 钢绞线

图 1-11　钢筋的形式

二、钢筋的力学性能

1. 钢筋的应力-应变曲线

钢筋按其力学性能的不同,可分为有明显屈服点的钢筋和没有明显屈服点的钢筋两大类。有明显屈服点的钢筋常称为软钢,在工程中常用的热轧钢筋就属于软钢;没有明显屈服点的钢筋则称为硬钢,消除应力钢丝、刻痕钢丝、钢绞线等就属于硬钢。

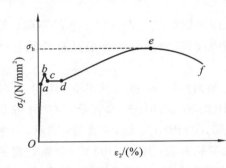

图 1-12 有明显屈服点钢筋的应力-应变曲线

如图 1-12 所示的是有明显屈服点的钢筋通过拉伸试验得到的典型的应力-应变关系曲线。由图可见,软钢从加载到拉断有五个阶段。在 oa 阶段,应力 σ 与应变 ε 成正比关系,a 点所对应的应力称为比例极限,该阶段为弹性阶段;在 ab 阶段,应变 ε 增长速度比应力 σ 略快,应力-应变不再成正比,钢筋产生较大的塑性变形,表现出弹塑性性质,该阶段为弹塑性阶段;在 bd 阶段,曲线到达 b 点后,钢筋开始进入屈服阶段,该点称为屈服上限,c 点称为屈服下限,屈服上限为开始进入屈服阶段时的应力,呈不稳定状态;到达屈服下限时,应变增长,应力基本不变,比较稳定,所对应的钢筋应力则称为"屈服强度";此后应力基本不增加而应变急剧增长,曲线大致呈水平状态到 d 点,c 点到 d 点的水平距离称为屈服台阶,该阶段为屈服阶段;在 de 阶段,过 d 点以后,曲线又开始上升,即应力又随应变的增加而增加,直至达到最高点 e,此阶段称为强化阶段,e 点所对应的应力称为钢筋的极限抗拉强度 σ_b;在 ef 阶段,过 e 点后,钢筋的薄弱处断面显著缩小,试件出现颈缩现象;当达到 f 点时,试件被拉断,该阶段称为破坏阶段。

对于有明显屈服点的钢筋,由于钢筋达到屈服时,将产生很大的塑性变形,钢筋混凝土构件会出现很大的变形及过宽的裂缝,以至于不能满足正常使用要求。所以在钢筋混凝土结构构件计算时,对于有明显屈服点的钢筋,取其屈服强度作为结构设计的强度指标。各种级别钢筋的强度标准值、强度设计值见表 1-4。

表 1-4 钢筋强度标准值、设计值和弹性模量   单位:N/mm²

种类	符号	公称直径/mm	抗拉强度设计 f_y	抗压强度设计 f_y'	屈服强度标准值 f_{yk}	弹性模量 E_s
HPB300	Φ	6～22	270	270	300	$2.1×10^5$
HRB335 HRBF335	Φ Φ^F	6～50	300	300	335	$2.0×10^5$
HRB400 HRBF400 RRB400	Φ Φ^F Φ^R	6～50	360	360	400	$2.0×10^5$
HRB500 HRBF500	Φ Φ^F	6～50	435	410	500	$2.0×10^5$

硬钢没有明显的屈服台阶,钢筋的强度很高,但变形很小,脆性也大,其应力–应变曲线如图 1-13 所示。这类拉伸曲线上没有明显屈服点的钢筋,在结构设计时,需对这类钢筋定义一个名义的屈服强度作为设计值。规范将对应于残余应变为 0.2% 时的应力 $\sigma_{0.2}$ 作为强度指标,即屈服点(又称条件屈服强度),其值相当于极限抗拉强度 σ_b 的 0.85 倍。但由于条件屈服强度不易测定,故对无明显屈服点的钢筋,极限抗拉强度 σ_b 就成为钢筋检验时唯一的强度指标。《规范》规定,对消除应力钢丝、预应力钢丝和钢绞线,条件屈服强度取用极限抗拉强度 σ_b 的 0.85 倍。

2. 钢筋的塑性性能

建筑结构中,钢筋除了要有足够的强度外,还应具有一定的塑性变形能力。伸长率和冷弯性能是反映钢筋塑性性能的基本指标。

1)伸长率

伸长率是指规定标距(如 $l_1 = 5d$ 或 $l_1 = 10d$,d 为钢筋直径)钢筋试件作拉伸试验时,拉断后的伸长值与拉伸前的原长之比,以 δ_5、δ_{10} 表示。

$$\delta = \frac{l_2 - l_1}{l_1} \times 100\% \qquad (1-7)$$

式中,δ 为伸长率(%);l_1 为试件受力前的标距长度;l_2 为试件拉断后的标距长度。

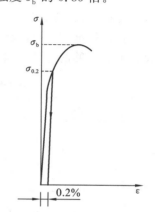

图 1-13　无明显屈服点钢筋的应力–应变曲线

伸长率越大,钢筋的塑性性能越好,拉断前有明显的预兆。伸长率小的钢筋塑性差,其破坏突然发生,呈脆性性质。软钢的伸长率较大,而硬钢的伸长率很小。

2)冷弯性能

冷弯试验是检验钢筋塑性的又一种方法。在对钢筋进行冷加工时,要形成满足设计要求的

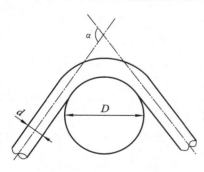

图 1-14　钢筋的冷弯试验

α—冷弯角度;D—辊轴直径;d—钢筋直径

各种形状,其基本形式是钢筋的弯钩和弯折。为了使钢筋在加工、使用时不开裂、弯断或脆断,钢筋必须满足冷弯性能要求。冷弯是将钢筋围绕规定直径 D 的钢辊进行弯曲,要求弯到规定的冷弯角度 α 时,钢筋的表面不出现裂缝、分层、起皮或断裂即为合格,如图 1-14 所示。冷弯试验的两个参数是弯心直径和冷弯角度,当钢筋直径 $d \leqslant 25$ mm 时,HPB300、HRB335、HRB400 级钢筋的弯心直径分别为 $1d$、$3d$ 和 $3d$,冷弯角度分别为 180°、180°、90°。弯心直径越小,冷弯角度越大,钢筋的冷弯性能越好。冷弯试验是检验钢筋韧性和材质均匀性的有效手段,可以间接反映钢筋的塑性性能和内在质量。

当钢筋混凝土构件处于受侵蚀物质环境中时,有可能使普通钢筋加速腐蚀。故当结构的耐久性确实受到严重威胁时,相关规范建议可以采用环氧树脂涂层钢筋。环氧树脂涂层钢筋是在工厂生产条件下,采用环氧树脂粉以静电喷涂方法喷在普通热轧钢筋表面。在钢筋表面上形成的连续环氧树脂涂层薄膜,呈绝对惰性,可以完全阻隔钢筋受到大气、水中侵蚀物质的腐蚀。根据《环氧树脂涂层钢筋》(JG/T 502—2016)的规定,环氧树脂涂层钢筋的名称代号为"ECR"。例

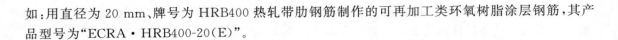

如：用直径为 20 mm、牌号为 HRB400 热轧带肋钢筋制作的可再加工类环氧树脂涂层钢筋，其产品型号为"ECRA·HRB400-20（E）"。

三、钢筋的设计指标

《规范》规定，钢筋的强度标准值应具有不小于 95％的保证率。热轧钢筋的强度标准值根据屈服强度确定；预应力钢绞线、钢丝和热处理钢筋的强度标准值根据极限抗拉强度确定。普通钢筋的强度标准值、强度设计值和钢筋的弹性模量按表 1-4 采用；预应力钢筋的强度标准值、强度设计值和钢筋的弹性模量按表 1-5 采用。

表 1-5 预应力钢筋强度标准值、强度设计值和弹性模量　　　　　　　单位：N/mm²

种　　类		符　号	d/mm	f_{ptk}	f_{py}	f'_{py}	E_s
钢绞线	1×3（三股）	Φ^S	8.6、10.8、12.9	1 570	1 110	390	1.95×10⁵
				1 860	1 320		
				1 960	1 390		
	1×7（七股）		9.5、12.7、15.2、17.8	1 720	1 220	390	
				1 860	1 320		
				1 960	1 390		
			21.6	1 860	1 320		
消除应力钢丝	光面	Φ^P	5	1 570	1 110	410	2.05×10⁵
				1 860	1 320		
			7	1 570	1 110		
	螺旋肋	Φ^H	9	1 470	1 040	410	
				1 570	1 110		
中强度预应力钢丝	光面	Φ^PM	5、7、9	800	510	410	2.05×10⁵
	螺纹肋	Φ^HM		970	650		
				1 270	810		
预应力螺纹钢筋	螺纹	Φ^T	18、25、32、40、50	980	650	410	2.0×10⁵
				1 080	770		
				1 230	900		

四、混凝土结构对钢筋性能的要求

钢筋混凝土结构对钢筋的性能要求主要是：强度高、塑性好、可焊性好、与混凝土的黏结锚固性能好。

（1）强度。选用强度高的钢筋，则钢筋的用量就少，可以节约钢材，提高经济效益。尤其在预应力混凝土结构中,可以充分发挥高强度钢筋的优势。提高钢筋的强度,一是通过改变钢材的化学成分;二是可以通过对钢筋进行冷加工。但使用冷拔和冷拉钢筋时应注意要符合专门规程的规定。

(2)塑性。要求钢筋有一定的塑性是为了使钢筋在断裂前能有足够的变形,给人以破坏的预兆,同时保证钢筋混凝土构件能表现出良好的延性。在用于工程前,应检验钢筋屈服强度、极限抗拉强度、伸长率和冷弯性能四项指标是否合格。钢筋的伸长率和冷弯性能是施工单位验收钢筋是否合格的主要指标。

(3)可焊性。由于加工运输的要求,除直径较细的钢筋外,一般钢筋都是直条供应的。因长度有限,所以在施工中需要将钢筋接长以满足需要。目前钢筋接长的最常用的办法就是焊接。所以要求钢筋具有较好的可焊性,以保证钢筋焊接接头的质量。可焊性好,即要求在一定的工艺条件下钢筋焊接后不产生裂纹及过大的变形。

(4)与混凝土的黏结力好。钢筋与混凝土之间的黏结力是二者共同工作的基础,钢筋的表面形状是影响黏结力的重要因素。为了加强钢筋与混凝土的黏结锚固性能,除了强度较低的HPB300级钢筋做成光面钢筋(常作为箍筋、构造钢筋)以外,HRB335级、HRB400级、RRB400级、HRB500级钢筋的表面都轧成带肋的变形钢筋(多作为钢筋混凝土构件的受力筋)。

任务 3 钢筋与混凝土的黏结

一、黏结的作用及产生原因

钢筋与混凝土这两种力学性能完全不同的材料之所以能够在一起共同工作,除了二者具有相近的温度线膨胀系数及混凝土对钢筋具有保护作用以外,基本前提是二者间具有足够的黏结强度,能够承受由于变形差(相对滑移)沿钢筋与混凝土接触面上产生的剪应力,通常把这种剪应力称为黏结应力,黏结强度则指黏结失效(钢筋被拔出或混凝土被劈裂)时的最大平均黏结应力。通过黏结应力来传递二者间的应力,使钢筋与混凝土共同受力,协调变形。

试验表明,钢筋与混凝土之间产生黏结作用主要有以下三方面原因。

(1)化学胶结力。水泥浆凝结时产生化学作用,使钢筋与混凝土之间接触面上产生的化学吸附作用力。

(2)摩擦力。混凝土收缩将钢筋紧紧握裹,当二者出现滑移时,在接触面上将出现摩阻力。接触面越粗糙,摩阻力越大。

(3)机械咬合力。由于钢筋的表面凹凸不平与混凝土之间产生的机械咬合力,其值占总黏结力的一半以上。

在这三种黏结力中化学胶结力一般很小,光面钢筋的黏结力以摩擦力为主,变形钢筋则以机械咬合力为主。

二、影响黏结强度的因素

影响钢筋与混凝土之间黏结强度的主要因素有以下几方面。

（1）混凝土的强度。混凝土的强度等级越高，黏结强度越大，但不成正比。

（2）钢筋的外观特征。变形钢筋由于表面凸凹不平，其黏结强度高于光面钢筋。

（3）保护层厚度及钢筋的净距。如果钢筋外围的混凝土保护层厚度太小，会使外围混凝土产生劈裂裂缝，破坏黏结强度，导致钢筋被拔出。所以在构造上必须保证一定的混凝土保护层厚度和钢筋间距。

（4）浇筑混凝土时钢筋所处的位置。混凝土浇筑后有下沉及泌水现象。处于水平位置的钢筋，其下面的混凝土由于水分、气泡的逸出及混凝土的下沉，并不与钢筋紧密接触，形成了间隙层，削弱了钢筋与混凝土间的黏结作用，使水平位置钢筋比竖向钢筋的黏结强度显著降低。

（5）横向配筋及横向压力。横向钢筋的配置可延缓裂缝的发展，侧向压力（如在梁的支承区的下部）将进一步提高混凝土对钢筋的握裹作用。

三、保证钢筋与混凝土黏结的措施

为使钢筋与混凝土之间有足够的黏结作用，我国设计规范是采用规定的混凝土保护层厚度、钢筋的净距、锚固长度和钢筋的搭接长度等构造措施来保证的，在设计和施工时必须严格遵守相应的规定。

1. 钢筋的锚固长度

为了避免纵向钢筋在受力过程中产生滑移，甚至从混凝土中拔出而造成锚固破坏，纵向受力钢筋必须伸过其受力截面一定长度，这个长度称为锚固长度。

受拉钢筋的锚固长度又称为基本锚固长度，以 l_{ab} 表示。当在计算中充分利用钢筋的抗拉强度时，受拉钢筋的基本锚固长度 l_{ab} 按下式计算：

$$l_{ab} = \alpha \frac{f_y}{f_t} d \tag{1-8}$$

式中，l_{ab} 为受拉钢筋的基本锚固长度；f_y 为钢筋的抗拉强度设计值；f_t 为混凝土轴心抗拉强度设计值，当混凝土强度等级高于 C60 时，按 C60 取用；d 为锚固钢筋的直径；α 为钢筋的外形系数，按表 1-6 取用。

表 1-6　钢筋的外形系数 α

钢筋类型	光面钢筋	带肋钢筋	螺旋肋钢丝	三股钢绞线	七股钢绞线
α	0.16	0.14	0.13	0.16	0.17

注：光面钢筋是指 HPB300 级钢筋，其末端应做 180°弯钩，弯后平直段长度不应小于 $3d$，但作为受压钢筋时可不做弯钩。

受拉钢筋的锚固长度应根据锚固条件按下列公式计算，且不应小于 200 mm：

$$l_a = \zeta_a l_{ab} \tag{1-9}$$

式中，l_a 为受拉钢筋的锚固长度；ζ_a 为锚固长度修正系数，当多于一项时可按连乘计算，但不应小于 0.6。

ζ_a 在不同情况按下列规定取用。

（1）当带肋钢筋的公称直径大于 25 mm 时，其锚固长度时取 1.10。

（2）环氧树脂涂层带肋钢筋取 1.25。

（3）施工过程中易受扰动（如滑模施工）时取 1.10。

（4）当纵向受力钢筋的实际配筋面积大于其设计计算面积时，修正系数取设计计算面积与实际配筋面积的比值，但对有抗震设防要求及直接承受动力荷载的结构构件，不应考虑此项修正。

（5）锚固钢筋的混凝土保护层厚度为 $3d$ 时修正系数可取 0.8，保护层厚度为 $5d$ 时修正系数可取 0.7，中间按内插取值，d 为锚固钢筋的直径。

为减小钢筋的锚固长度，可在纵向受拉钢筋的末端采用如图 1-15 所示的弯钩和附加机械锚固措施，采用弯钩和附加机械锚固措施后的锚固长度（包括附加锚固端头在内）可取基本锚固长度 l_{ab} 的 0.6 倍。

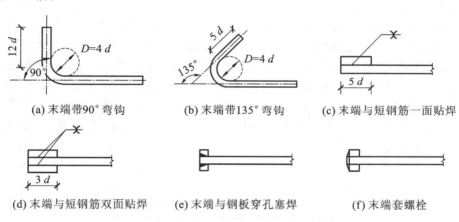

(a) 末端带90°弯钩　　　　(b) 末端带135°弯钩　　　　(c) 末端与短钢筋一面贴焊

(d) 末端与短钢筋双面贴焊　　　(e) 末端与钢板穿孔塞焊　　　(f) 末端套螺栓

图 1-15　钢筋附加机械锚固形式及构造要求

当计算中充分利用钢筋的抗压强度时，受压钢筋的锚固长度不应小于受拉钢筋锚固长度的 0.7 倍，附加机械锚固措施不得用于受压钢筋。

2. 钢筋的搭接

钢筋的连接方式可分为绑扎搭接连接、机械连接或焊接等（如图 1-16 所示）。机械连接和焊接应符合国家现行相关标准的规定。

(a) 绑扎连接　　　　　　(b) 机械连接　　　　　　(c) 焊接

图 1-16　钢筋的不同连接方式

钢筋在构件中往往因长度不够需在受力较小处进行钢筋的连接。当需要采用施工缝或后浇带等构造措施时,也需要连接。《规范》规定,轴心受拉及小偏心受拉构件的纵向受力钢筋不得采用绑扎搭接接头;其他构件中的钢筋采用绑扎搭接时,受拉钢筋直径不宜大于 25 mm,受压钢筋直径不宜大于 28 mm。钢筋绑扎搭接示意图如图 1-17 所示。

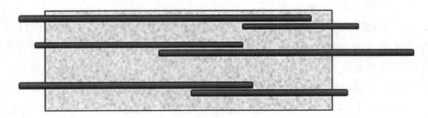

图 1-17　钢筋搭接示意图

（1）钢筋的搭接接头要求。

对于绑扎搭接接头,应满足下列构造要求:同一构件中相邻纵向受力钢筋的绑扎搭接接头宜相互错开;钢筋绑扎搭接接头的区段长度为 1.3 倍搭接长度,凡搭接接头中点位于该连接区段长度内的搭接接头均属于同一连接区段,如图 1-18 所示。位于同一连接区段内的受拉钢筋搭接接头面积百分率(即该区段内有搭接接头的纵向受力钢筋截面面积与全部纵向受力钢筋截面面积之比):对于梁类、板类及墙类构件,不宜大于 25%;对于柱类构件,不宜大于 50%。当工程中确有必要增大受拉钢筋搭接接头面积百分率时,梁类构件不应大于 50%;板类、墙类及柱类构件,可根据实际情况放宽。

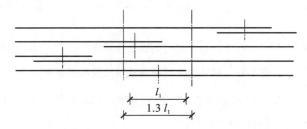

图 1-18　同一连接区段内的纵向受拉钢筋绑扎搭接接头

直径大于 28 mm 的受拉钢筋和直径大于 32 mm 的受压钢筋宜采用机械连接接头,且接头位置宜相互错开,并设在结构受力较小处。当钢筋机械连接接头位于不大于 $35d$(d 为纵向受力钢筋的较大直径)的范围内时,应视为处于同一连接区段内。在受力较大处,位于同一连接区段内的纵向受拉钢筋机械连接接头面积百分率不宜大于 50%。

受力钢筋也可采用焊接接头,纵向受力钢筋的焊接接头应相互错开。当钢筋的焊接接头位于不大于 $35d$ 且不小于 500 mm 的长度范围内时,应视为位于同一连接区段内。位于同一连接区段内纵向受拉钢筋的焊接接头面积百分率应符合下列要求:受拉钢筋接头不应大于 50%;受压钢筋的接头面积百分率可不做限制。

（2）钢筋的搭接长度规定。

纵向受拉钢筋绑扎搭接接头的搭接长度 l_l,应根据位于同一连接区段内的钢筋搭接接头面积百分率按下式计算,且在任何情况下均不应小于 300 mm。

$$l_l = \zeta_l l_a \tag{1-10}$$

式中,l_l 为纵向受拉钢筋的搭接长度;l_a 为受拉钢筋的锚固长度,按式(1-9)计算;ζ_l 为受拉钢筋搭接长度修正系数,按表 1-7 取用。

构件中的受压钢筋采用搭接连接时,搭接长度不应小于按式(1-10)计算的受拉钢筋搭接长度的 0.7 倍,且在任何情况下不应小于 200 mm。

表 1-7　受拉钢筋搭接长度修正系数

纵向钢筋搭接接头面积百分率/(%)	≤25	50	100
ζ_l	1.2	1.4	1.6

3. 钢筋的弯钩

光面钢筋的黏结性能较差,故除直径 12 mm 以下的受压钢筋及焊接网或焊接骨架中的光面钢筋外,其余光面钢筋的末端均应设置弯钩,如图 1-19 所示。

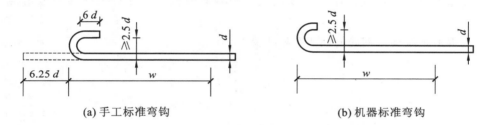

(a) 手工标准弯钩　　　　　　　　　(b) 机器标准弯钩

图 1-19　光面钢筋端部的弯钩

本章小结

混凝土的立方体抗压强度是混凝土最基本的强度指标。混凝土的强度等级是按标准试验方法测得的立方体抗压强度标准值来划分的。混凝土的轴心抗压强度和轴心抗拉强度均可由混凝土的立方体抗压强度换算得到。混凝土在三向受压状态下,由于侧向压力的约束作用,其抗压强度会大大提高。

混凝土是一种弹塑性材料。混凝土在一次短期荷载作用下的应力-应变曲线包括上升段和下降段两部分。混凝土在长期不变荷载的作用下,应变随时间不断增长的现象称为徐变。混凝土的徐变对结构产生不利影响。

钢筋按其力学性能的不同可分为有明显屈服点的钢筋和无明显屈服点的钢筋,前者钢筋的设计强度取屈服强度,后者钢筋的设计强度取条件屈服强度 $\sigma_{0.2}$。

在钢筋混凝土结构中,对钢筋性能的要求是:强度高、塑性好、可焊性好、与混凝土的黏结锚固性能好。

钢筋与混凝土之间的黏结作用是保证二者能共同工作的主要原因。为使钢筋与混凝土之间有足够的黏结作用,我国设计规范是采用规定的钢筋锚固长度和搭接长度等构造措施来保证的,在设计和施工时必须严格遵守相应的规定。

思考与习题

1. 混凝土受压时的应力-应变曲线有何特点？

2. 什么是混凝土的弹性模量？如何确定？

3. 我国建筑结构用钢筋有哪些种类？热轧钢筋的级别有哪些？

4. 有屈服点钢筋和无屈服点钢筋的应力-应变关系曲线有何不同？为什么取屈服强度作为钢筋的设计强度？

5. 钢筋与混凝土之间的黏结力由哪几部分组成？影响黏结强度的主要因素有哪些？

6. 纵向受拉钢筋的锚固长度和搭接长度应如何确定？

7. 混凝土的强度等级是如何确定的？混凝土的基本强度指标有哪些？

8. 什么是混凝土的徐变？影响徐变的主要因素有哪些？徐变对钢筋混凝土结构有哪些影响？

9. 钢筋混凝土结构对钢筋的性能有哪些要求？

学习情境 2

结构设计的原则和方法

学习目标

（1）掌握建筑结构设计的基本功能要求及极限状态分类。

（2）掌握荷载的分类及代表值。

（3）了解结构抗力和结构的可靠度概念。

（4）理解两种极限状态实用设计表达式含义，并能够进行荷载效应组合设计值计算。

新课导入

建筑结构设计主要解决两类问题：第一类是带有共性的设计原则问题，是设计任何结构构件都必须遵循的；第二类是运用这些基本原则对各种不同的结构构件进行具体的计算和构造设计，使所设计的结构构件能够满足可靠度要求。本章介绍的是第一类问题，第二类问题将在以后的各章中讲述。

我国现行的建筑结构设计方法是：以概率理论为基础的极限状态设计方法，以可靠指标度量结构构件的可靠度，采用以分项系数的实用设计表达式进行计算。

任务 1 结构设计的基本要求

一、结构的设计使用年限

建筑结构的设计使用年限,是指按规定指标设计的建筑结构或构件,在正常施工、正常使用和维护下,不需进行大修即可达到其预定功能要求的使用年限。对房屋建筑工程,我国《建筑结构可靠度设计统一标准》(GB 50068—2001)将建筑结构的设计使用年限分为四个类别,见表 2-1。一般建筑结构的设计使用年限为 50 年。

表 2-1 结构设计使用年限分类

类别	设计使用年限/年	示　例	类别	设计使用年限/年	示　例
1	5	临时性结构	3	50	普通房屋和构筑物
2	25	易于替换的结构构件	4	100	纪念性建筑和特别重要的建筑物

二、结构的功能要求

在工程结构中,结构设计的目的是在现有技术基础上,用最经济的手段来获得预定条件下满足设计所预期的各种功能的要求。建筑结构应满足的功能要求可概括为安全性、适用性和耐久性。

1. 安全性

安全性是指结构应能承受正常施工和正常使用时可能出现的各种荷载和变形等作用,在偶然事件(如地震、强风)发生时及发生后结构仍能保持必需的整体稳定性,即结构仅产生局部损坏而不致发生倒塌。

2. 适用性

适用性是指结构在正常使用过程中应具有良好的工作性能。例如,不发生影响正常使用的过大变形、振幅及裂缝等。

3. 耐久性

耐久性是指结构在正常使用和正常维护条件下应具有足够的耐久性能,能够正常使用到预定的设计使用期限。例如,不发生由于混凝土保护层碳化或裂缝宽度开展过大而导致的钢筋锈蚀,不发生混凝土的腐蚀、脱落及冻融破坏等而影响结构的使用年限。

结构的功能要求概括起来称为结构的可靠性,即在规定的时间内(设计使用年限),在规定的条件下(正常设计、正常施工、正常使用和维护),结构完成预定功能(安全性、适用性、耐久性)的能力。

三、结构的安全等级

在进行建筑结构设计时,应根据结构破坏可能产生的后果严重与否,即危及人的生命、造成经济损失和产生社会影响等的严重程度,采用不同的安全等级进行设计。我国《建筑结构可靠度设计统一标准》(GB 50068—2001)将建筑结构划分为三个安全等级,设计时应根据具体情况,按照表 2-2 的规定选用适当的安全等级。

表 2-2　建筑结构的安全等级

安全等级	破坏后果的影响程度	建筑物类型
一级	有重大生命、经济、社会或环境损失	重要的建筑物
二级	损失及后果严重或一般	一般的建筑物
三级	损失及后果轻微	次要的建筑物

建筑物中各类结构构件使用阶段的安全等级,宜与整个结构的安全等级相同。但允许对其中部分结构构件,根据其重要程度和综合经济效益进行适当调整。如果提高某一结构构件的安全等级所增加的费用很少,又能减轻整个结构的破坏程度,则可将该结构构件的安全等级提高一级;相反,某一结构构件的破坏不会影响结构或其他构件,则可将其安全等级降低一级,但不得低于三级。

四、结构功能的极限状态

结构能够满足设计规定的某一功能要求而且能够良好地工作,我们称该功能处于"可靠"或"有效"状态;反之,则称该功能处于"不可靠"或"失效"状态。这种"可靠"与"失效"之间必然存在某一特定状态,是结构可靠与失效状态的分界状态,整个结构或结构的一部分超过某一特定状态时,就不能满足设计规定的某一功能要求,此特定状态称为该功能的极限状态。

结构功能的极限状态可分为两类:即承载能力极限状态和正常使用极限状态。

1. 承载能力极限状态

结构或结构构件达到最大承载能力、出现疲劳破坏或出现不适于继续承载的变形时的状态,称为承载能力极限状态。超过这一极限状态,整个结构或结构构件便不能满足安全性的功能要求。

当结构或构件出现下列状态之一时,即认为结构超过了承载能力极限状态,如图 2-1 所示。

(1)整个结构或结构的一部分作为刚体失去平衡(如烟囱倾覆)、结构发生滑移或漂浮(如挡土墙滑移等)等不稳定情况。

(2)结构构件或构件间的连接因超过相应材料的强度而破坏(如轴心受压柱中混凝土压碎而破坏)。

(3)结构因疲劳强度不足而破坏(如吊车梁产生疲劳破坏)。

图 2-1 承载能力极限状态破坏

（4）结构产生过大的塑性变形而不适于继续承载。

（5）结构转变为机动体系（由几何不变体系变为可变体系）而丧失承载能力。

（6）结构或构件丧失稳定（如柱子受压发生失稳破坏）。

（7）地基丧失承载力。

承载能力极限状态主要控制结构的安全性，一旦超过这种极限状态，结构整体破坏，会造成人身伤亡和重大经济损失，因此，设计时要严格控制这种状态出现的概率，所有的结构构件均应进行承载能力极限状态的计算。

2. 正常使用极限状态

结构或构件达到正常使用或耐久性能中某项规定限值的状态，称为正常使用极限状态。超过这一极限状态，结构或结构构件便不能满足适用性或耐久性的功能要求。

当结构或构件出现下列状态之一时，即可认为结构超过了正常使用极限状态，如图 2-2 所示。

（1）影响正常使用或外观的变形（如梁的挠度过大）。

（2）影响正常使用或耐久性能的局部破坏（包括裂缝）。

（3）影响正常使用的振动。

（4）影响正常使用的其他特定状态（如水池渗漏等）。

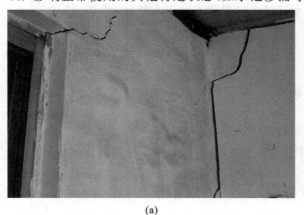

(a)

(b)

图 2-2 正常使用极限状态破坏

正常使用极限状态控制结构的适用性和耐久性,若超过这种极限状态,其危险性比出现承载能力极限状态的危险性要小,但也不能忽视,设计时可靠性可比承载能力极限状态略低一些。

3. 结构设计要求

结构构件设计时既不能超过承载能力极限状态,也不能超过正常使用极限状态,这就要求我们在进行结构设计时,要进行以下计算和验算。

(1) 所有结构构件均要进行承载力计算,必要时应进行结构的倾覆和滑移的验算。对处于地震区的结构,应进行构件抗震承载力的计算。

(2) 对某些直接承受吊车荷载作用的构件,应进行疲劳强度验算。

(3) 对于在使用上或外观上需控制变形值的结构构件,应进行变形验算。

(4) 对于在使用上要求不出现裂缝的构件,应进行混凝土抗裂度验算;对于允许出现裂缝的构件,应进行裂缝宽度的验算;同时还应满足耐久性要求。

结构设计的一般程序是先进行承载能力极限状态设计结构构件,然后按正常使用极限状态要求进行相应的验算。

任务 2 结构上的荷载

一、结构上的作用

能引起结构产生内力和变形的因素均称为作用。结构上的作用分为直接作用和间接作用两种。

1. 直接作用

直接以力的不同集结形式(集中力或均匀分布力)施加在结构上的作用,称为直接作用,通常也称为结构的荷载。例如,结构的自重、楼面上的人群及物品重量、风压力、雪压力、积水、积灰、土压力等。

2. 间接作用

能够引起结构外加变形、约束变形或振动的各种原因,称为间接作用。间接作用不是直接以力的某种集结形式施加在结构上,如地震作用、地基的不均匀沉降、材料的收缩和膨胀变形、混凝土的徐变、温度变化等。

二、荷载的分类

1. 荷载按作用时间的长短和性质分类

1)永久荷载

永久荷载是指在结构设计使用期间,其作用值不随时间变化,或其变化幅度与平均值相比

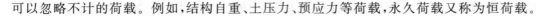

可以忽略不计的荷载。例如,结构自重、土压力、预应力等荷载,永久荷载又称为恒荷载。

2)可变荷载

可变荷载是指在结构设计使用期间,其作用值随时间而变化,且其变化幅度与平均值相比不可忽略的荷载。例如,楼面活荷载、屋面活荷载、积灰荷载、吊车荷载、风荷载、雪荷载等,可变荷载又称为活荷载。

3)偶然荷载

偶然荷载是指在结构设计使用期间可能出现,但不一定出现,而一旦出现,其持续时间很短且量值很大的荷载。例如,地震、爆炸、撞击力等。

2. 荷载按结构的反应特点分类

(1)静态荷载,使结构产生的加速度可以忽略不计的作用,如结构自重、楼(屋)面活荷载、雪荷载等。

(2)动态荷载,使结构产生的加速度不可忽略不计的作用,如地震、吊车荷载、设备振动、作用在高耸建筑物上的风荷载等。

3. 荷载按作用位置分类

(1)固定荷载——是指作用位置不变的荷载,如结构的自重、楼面上的固定设备等。
(2)移动荷载——是指可以在结构上自由移动的荷载,如楼(屋)面活荷载、吊车荷载等。

三、荷载的代表值

由于各种荷载都具有一定的变异性,在建筑结构设计时,应根据各种极限状态的设计要求取用不同的荷载量值,即所谓的荷载代表值。永久荷载采用标准值为代表值,可变荷载采用标准值、组合值、频遇值和准永久值为代表值,其中荷载标准值为基本代表值。对偶然荷载应按建筑结构使用的特点确定其代表值。

1. 荷载标准值

荷载标准值是指结构在正常使用情况下,在其设计基准期(50年)内可能出现的具有一定保证率的最大荷载值。它是建筑结构各类极限状态设计时采用的基本代表值。

我国《建筑结构荷载规范》(GB 50009—2012,以下简称《荷载规范》)对荷载标准值的取值方法有具体规定。

1)永久荷载标准值(G_k 或 g_k)

永久荷载标准值是永久荷载的唯一代表值,如结构自重,由于其变异性不大,可按结构构件的设计尺寸与材料单位体积的自重计算确定,设计时可计算求得永久荷载标准值。对常用材料和构件的自重可参照《荷载规范》附录A采用。表2-3列出部分常用材料和构件自重,供学习时查用。

表 2-3　部分常用材料和构件自重

序号	名　　称	自　　重	备　　注
1	素混凝土/(kN/m³)	22.0~24.0	振捣或不振捣
2	钢筋混凝土/(kN/m³)	24.0~25.0	
3	水泥砂浆/(kN/m³)	20.0	
4	石灰砂浆、混合砂浆/(kN/m³)	17.0	
5	浆砌普通砖/(kN/m³)	18.0	
6	浆砌机砖/(kN/m³)	19.0	
7	水磨石地面/(kN/m²)	0.65	10 mm 面层,20 mm 水泥砂浆打底
8	贴瓷砖墙面/(kN/m²)	0.5	包括水泥砂浆打底,共厚 25 mm
9	木框玻璃窗/(kN/m²)	0.2~0.3	

一般板的自重荷载可看成均布面荷载,如图 2-3 所示,其荷载标准值为重力密度乘以板厚。例如,一矩形截面钢筋混凝土板,板块长为 A(m),板块宽度为 B(m),板块厚度为 h(m),自重取 $(b'_r - b)h'_f$(kN/m³),则此板的总重量 $G = \gamma \cdot A \cdot B \cdot h$;板的自重在平面上是均匀分布的,所以单位面积的自重 $g_k = \dfrac{G}{A \cdot B} = \gamma h$(kN/m²),$g_k$ 值就是板自重简化为单位面积上的均布荷载标准值。

一般梁上的自重荷载为均布线荷载,如图 2-4 所示,其值为重力密度乘以横截面面积。例如,一矩形截面梁,梁长为 l,其截面宽度为 b,截面高度为 h,重力密度为 γ,则此梁的总重量 $G = \gamma bhl$;梁的自重沿跨度方向是均匀分布的,所以沿梁跨度方向每米长度的自重 $g_k = \dfrac{G}{l} = \gamma bh$(kN/m)。$g_k$ 值就是梁自重简化为沿梁跨度方向的均布荷载标准值。

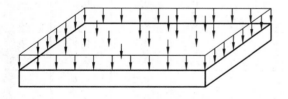

图 2-3　板的均布面荷载

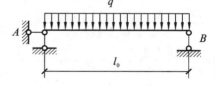

图 2-4　梁的均布线荷载

例 2-1　某办公楼的楼面做法为:30 mm 水泥砂浆地面,100 mm 钢筋混凝土现浇板,板底石灰砂浆粉刷厚 20 mm,求楼板自重荷载的标准值。

解　板自重荷载为均布面荷载的形式,其楼面做法中每一层标准值均应按照 $g_k = \gamma h$(每种材料自重 γ 由表 2-3 查得)计算,然后把三个值加在一起就是楼板的自重荷载标准值。

30 mm 厚水泥砂浆面层自重荷载　$0.03 \times 20 = 0.6$ kN/m²

100 mm 厚钢筋混凝土板自重荷载　$0.1 \times 25 = 2.5$ kN/m²

20 mm 厚石灰砂浆抹灰自重荷载　$0.02 \times 17 = 0.34$ kN/m²

自重荷载标准值　　　　　　　　$g_k = 3.44$ kN/m²

例 2-2 某矩形截面钢筋混凝土梁,计算跨度为 $l_o=4.5$ m,截面尺寸 $b \times h = 200$ mm $\times$ 500 mm,求该梁自重荷载的标准值。

解 钢筋混凝土的自重根据表2-3取 25 kN/m³,则该梁沿跨度方向均匀分布的自重标准值为: $g_k = 25 \times 0.2 \times 0.5 = 2.5$ kN/m。

2)可变荷载标准值

可变荷载标准值是根据观测资料和试验数据,并考虑工程实践经验而确定,可由《荷载规范》各章中的规定确定。

(1)民用建筑楼面均布活荷载。

民用住宅、商店、办公楼等楼面人群荷载、家具、办公桌椅、商品柜台等活荷载具有时间和空间变异性,按均匀分布荷载建立统计模型,经过大量调查,并进行统计分析确定取值。

部分民用建筑楼面均布活荷载标准值及其组合值、频遇值和准永久值系数,应按表2-4的规定选用。

表 2-4　部分民用建筑楼面均布活荷载标准值及其组合值、频遇值和准永久值系数

项次	类别	标准值/(kN/m²)	组合值系数 ψ_c	频遇值系数 ψ_f	准永久值系数 ψ_q
1	(1)住宅、宿舍、旅馆、办公楼、医院病房、托儿所、幼儿园;	2.0	0.7	0.5	0.4
	(2)试验室、阅览室、会议室、医院门诊室	2.0	0.7	0.6	0.5
2	教室、食堂、餐厅、一般资料档案室	2.5	0.7	0.6	0.5
3	(1)礼堂、剧场、影院、有固定座位的看台;	3.0	0.7	0.5	0.3
	(2)公共洗衣房	3.0	0.7	0.5	0.3
4	(1)商店、展览厅、车站、港口、机场大厅及其旅客候车室;	3.5	0.7	0.6	0.5
	(2)无固定座位的看台	3.5	0.7	0.5	0.3
5	(1)健身房、演出舞台;	4.0	0.7	0.6	0.5
	(2)运动场、舞厅	4.0	0.7	0.6	0.3
6	(1)书库、档案库、储藏室;	5.0	0.9	0.9	0.8
	(2)密集柜书库	12.0	0.9	0.9	0.8
7	厨房:(1)其他;	2.0	0.7	0.6	0.5
	(2)餐厅	4.0	0.7	0.7	0.7
8	浴室、厕所、盥洗室	2.5	0.7	0.6	0.5
9	走廊、门厅: (1)宿舍、旅馆、医院病房托儿所、幼儿园、住宅;	2.0	0.7	0.5	0.4
	(2)办公楼、餐厅、医院门诊部;	2.5	0.7	0.6	0.5
	(3)教室楼及其他可能出现人员密集的情况	3.5	0.7	0.5	0.3
10	楼梯:(1)多层住宅;	2.0	0.7	0.5	0.4
	(2)其他	3.5	0.7	0.5	0.3

注:(1)本表所列各项活荷载适用于一般使用条件,当使用荷载较大、情况特殊或有专门要求时,应按实际情况采用。

(2)本表中各项荷载不包括隔墙自重和二次装修荷载。

（2）屋面均布活荷载。

房屋建筑的屋面按使用不同，分为不上人屋面、上人屋面和屋顶花园三类，其中不上人屋面的活荷载主要是施工荷载、检修荷载。屋面均布活荷载不应与雪荷载同时组合。屋面均布活荷载应按表 2-5 采用。

表 2-5　屋面均布活荷载

项次	类　别	标准值/(kN/m²)	组合值系数 ψ_c	频遇值系数 ψ_f	准永久值系数 ψ_q
1	不上人的屋面	0.5	0.7	0.5	0
2	上人的屋面	2.0	0.7	0.5	0.4
3	屋顶花园	3.0	0.7	0.6	0.5

注：(1) 不上人的屋面，当施工或维修荷载较大时，应按实际情况采用；对不同结构应按有关设计规范的规定，将标准值作 0.2 kN/m² 的增减。

（2）上人的屋面，当兼作其他用途时，应按相应楼面活荷载采用。

（3）对于因屋面排水不畅、堵塞等引起的积水荷载，应采取构造措施加以防止；必要时，应按积水的可能深度确定屋面活荷载。

（4）屋顶花园活荷载不包括花圃土石等材料自重。

（3）风荷载。

风受到建筑物的阻碍和影响时，速度会改变，并在建筑物表面上形成压力和吸力，即为建筑物所受的风荷载。根据《建筑结构荷载规范》的相关规定，风荷载标准值按下式计算：

$$\omega_k = \beta_z \mu_s \mu_z \omega_0 \tag{2-1}$$

式中　ω_k——风荷载标准值，kN/m²；

β_z——高度 z 处的风振系数，它是考虑风压脉动对结构产生的影响，对高度低于 30 m 且高宽比大于 1.5 的房屋建筑，$\beta_z = 1$，其他结构按《建筑结构荷载规范》规定的方法计算；

μ_s——风荷载体型系数，对于矩形平面的房屋建筑，迎风面 $\mu_z = +0.8$，背风面 $\mu_s = -0.5$，其他体型的房屋结构见《建筑结构荷载规范》；

μ_z——风压高度变化系数，见《建筑结构荷载规范》；

ω_0——基本风压，kN/m²。

基本风压是以当地平坦空旷地带，10 m 高处统计得到的 50 年一遇 10 min 平均最大风速为标准确定的，从《建筑结构荷载规范》"全国基本风压分布图"查用。

（4）雪荷载。

雪荷载属于屋面荷载，按屋面水平投影面积计算。雪荷载标准值（面积荷载）应按下式计算：

$$S_k = \mu_r S_0 \tag{2-2}$$

式中　S_k——雪荷载标准值，kN/m²；

μ_r——屋面积雪分布系数，与屋面形式有关，如平屋顶 $\mu_r = 1.0$，其他屋面查《建筑结构荷载规范》；

S_0——基本雪压，kN/m^2，按《建筑结构荷载规范》查得。

基本雪压是根据全国 672 个地点的气象台站建站以来记录的最大雪压或积雪深度资料，经统计得出的 50 年一遇最大雪压，即重现期为 50 年的最大雪压，以此规定当地的基本雪压。例如，几个城市的基本雪压如下：北京 0.40 kN/m^2，天津 0.40 kN/m^2，上海 0.20 kN/m^2，沈阳 0.50 kN/m^2，南京 0.65 kN/m^2，西安 0.25 kN/m^2，乌鲁木齐 0.80 kN/m^2，武汉 0.50 kN/m^2，成都 0.10 kN/m^2。

2. 可变荷载组合值

可变荷载组合值是指有两种或两种以上可变荷载同时作用于结构上时，由于各可变荷载同时达到其标准值的可能性极小，此时除其中产生最大效应的荷载（主导荷载）仍取其标准值外，其他伴随的可变荷载均采用小于其标准值的组合值为荷载代表值。这种经调整后的可变荷载代表值，称为可变荷载组合值。我国《荷载规范》规定，可变荷载组合值用可变荷载的组合值系数 ψ_c 与相应的可变荷载标准值的乘积来确定。

3. 可变荷载频遇值

可变荷载频遇值是针对结构上偶尔出现的较大荷载。它与时间有较密切的关联，即在规定的设计基准期（50 年）内，具有较短的总持续时间或较少的发生次数的特性，这使结构的破坏性有所减缓。我国《荷载规范》规定，可变荷载频遇值是以可变荷载的频遇值系数 ψ_f 与相应的可变荷载标准值的乘积来确定。

4. 可变荷载准永久值

可变荷载准永久值是针对在结构上经常作用的可变荷载，即在规定的期限内，该部分可变荷载具有较长的总持续时间，对结构的影响类似于永久荷载。我国《荷载规范》规定，可变荷载准永久值是以可变荷载的准永久值系数 ψ_q 与相应的可变荷载标准值的乘积来确定。

上述系数 ψ_c、ψ_f、ψ_q 取值详见《荷载规范》有关章节中的规定。表 2-4 列出部分可变荷载组合值系数、频遇值系数和准永久值系数，可供查用。

四、荷载分项系数及荷载设计值

1. 荷载分项系数

荷载分项系数用于结构承载力极限状态设计中，其目的是保证在各种可能的荷载组合出现时，结构均能维持在相同的可靠度水平上。荷载分项系数是在各种荷载标准值已经给定的前提下，按极限状态设计中得到的各种结构构件所具有的可靠度分析，并考虑工程经验确定的。考虑到永久荷载标准值与可变荷载标准值的保证率不同，故它们采用不同的分项系数，其值见表 2-6。

表 2-6　荷载分项系数

荷载类别	荷载特征		荷载分项系数 γ_G 或 γ_Q
永久荷载	当其效应对结构不利时	对由可变荷载效应控制的组合	1.20
		对由永久荷载效应控制的组合	1.35
	当其效应对结构有利时	一般情况	1.0
		对结构的倾覆、滑移或漂浮验算	应满足有关的建筑结构设计规范的规定
可变荷载	一般情况		1.4
	对标准值 >4 kN/m² 的工业房屋楼面活荷载		1.3

2. 荷载的设计值

荷载标准值与荷载分项系数的乘积称为荷载设计值,也称设计荷载。它的数值大体上相当于结构在非正常使用情况下荷载的最大值,比荷载的标准值具有更大的可靠度。一般情况下,在承载能力极限状态设计中,应采用荷载设计值。

例 2-3　试确定例 2-1 办公楼当由可变荷载效应控制的组合时的楼面永久荷载设计值和可变荷载设计值。

解　由例 2-1 可得楼面自重荷载标准值为 $g_k = 3.44$ kN/m²,查表 2-4 可得该楼面的活荷载标准值为 2 kN/m²

由表 2-6 可得,永久荷载及可变荷载分项系数分别为 $\gamma_G = 1.2$ 和 $\gamma_Q = 1.4$。

永久荷载设计值:$g = \gamma_G g_k = 1.2 \times 3.44 = 4.13$ kN/m²

可变荷载设计值:$q = \gamma_Q q_k = 1.4 \times 2 = 2.8$ kN/m²

五、荷载效应

荷载效应是指由于施加在结构或结构构件上的荷载产生的内力(如拉力、压力、弯矩、剪力、扭矩等)和变形(如伸长、压缩、挠度、侧移、转角、裂缝等),用 S 表示。因为结构上的荷载大小、位置是随机变化的,即为随机变量,所以荷载效应一般也是随机变量。

一般情况下,荷载效应 S 与荷载 Q 之间,可近似按线性关系考虑,即:

$$S = CQ \tag{2-3}$$

式中,C 为荷载效应系数,通常由力学分析确定;Q 为某种荷载代表值;S 为与荷载 Q 相应的荷载效应。

例如,承受均布荷载 q 作用的简支梁,计算跨度为 l,由结构力学方法计算可知,其跨中最大弯矩值为 $M = \dfrac{1}{8}ql^2$,支座处剪力为 $V = \dfrac{1}{2}ql$。那么,弯矩 M 和剪力 V 均相当于荷载效应 S,q 相当于荷载 Q,$\dfrac{1}{8}l^2$ 和 $\dfrac{1}{2}l$ 则相当于荷载效应系数 C。

任务 3 结构抗力和材料强度

一、结构抗力

结构抗力是指结构或构件承受各种作用效应的能力,即承载能力和抗变形能力,用"R"表示。承载能力包括受弯、受剪、受拉、受压、受扭承载力等各种抵抗外力的能力;抗变形能力包括抗裂性能、刚度等。例如,截面尺寸为 $b \times h = 200 \text{ mm} \times 500 \text{ mm}$ 的矩形截面简支梁,采用 C20 混凝土,在截面下部配有 3 Φ 20 的 HRB335 级钢筋,经计算(计算方法详见第 3 章)此梁能够承担的弯矩为 $M = 95.78 \text{ kN·m}$,即该梁的抗弯承载力(亦称抗力)$R = 95.78 \text{ kN·m}$。

在实际工程中,由于受材料性能的变异性(如材质不均匀、加载方法等)、构件几何参数的不定性(如制作尺寸偏差、安装误差、局部缺陷等)、配筋情况和结构计算模式的精确性(采用近似的基本假设、计算公式不精确)等因素的综合影响,结构抗力也是一个随机变量。通常,结构抗力主要取决于材料强度。在结构计算中,材料强度分标准值和设计值。

二、材料强度取值

1. 材料强度标准值

材料强度的标准值是结构设计时采用的材料强度的基本代表值,主要用于正常使用极限状态的验算。它是设计表达式中材料性能的设计指标,也是生产中控制材料质量的主要依据。

由于材料强度也是随机变量,其强度大小具有变异性,为了安全起见,材料强度取值必须具有较高的保证率。各类材料强度标准值的取值原则是:根据标准试件用标准试验方法测得的具有 95% 以上保证率的强度值,也即材料强度的实际值大于或等于该材料强度值的概率在 95% 以上。

2. 材料强度设计值

由于材料材质的不均匀性,各地区材料的离散性、实验室环境与实际工程的差别,以及施工中不可避免的偏差等因素,导致材料强度不稳定,即有变异性。考虑其变异性可能对结构构件的可靠度产生不利影响,设计时将材料强度标准值除以一个大于 1 的系数,此系数称为材料分项系数。材料强度标准值除以材料分项系数称为材料强度设计值。在承载能力极限状态设计中,应采用材料强度设计值。

混凝土材料分项系数是通过对轴心受压构件试验数据作可靠度分析确定的,其值 γ_c 取为 1.40。钢筋材料分项系数是通过对受拉构件的试验数据作可靠度分析得出的,用 γ_s 表示。对延性较好的 400 MPa 级及以下的热轧钢筋,γ_s 取为 1.10;对 500 MPa 级钢筋,γ_s 取为 1.15;对延性稍差的预应力钢筋,γ_s 取不小于 1.20。

各种强度等级的混凝土和普通钢筋及预应力钢筋的强度标准值、设计值分别列于表 1-1、表 1-4、表 1-5 中。

任务 4 概率极限状态设计法

一、结构的可靠度

结构和结构构件的工作状态可以用作用效应 S 和结构抗力 R 的关系式来描述:

$$Z=g(R,S)=R-S \tag{2-4}$$

R 和 S 都是非确定性的随机变量,故 $Z=g(R,S)$ 亦是一个随机变量函数。按 Z 值的大小不同,可以用来描述结构所处的三种不同工作状态:

(1) 当 $Z>0$ 时,即 $R>S$,表示结构能够完成预定功能,结构处于可靠状态。

(2) 当 $Z<0$ 时,即 $R<S$,表示结构不能完成预定功能,结构处于失效状态。

(3) 当 $Z=0$ 时,即 $R=S$,表示结构处于极限状态。

可见,结构要满足功能要求,就不应超过极限状态,则结构可靠工作的基本条件为:

$$Z \geqslant 0 \tag{2-5}$$

或

$$R \geqslant S \tag{2-6}$$

结构的可靠度是指结构在规定的时间内,在规定的条件下,完成预定功能(即 $R \geqslant S$)的可能性,用概率来表示,也称可靠概率,以 P_s 表示。可见,可靠度是对结构可靠性的一种定量描述,即概率度量。

结构的可靠性和结构的经济性常常是相互矛盾的。科学的设计方法是要用最经济的方法,合理地实现所必需的可靠性。结构的可靠度与结构的使用年限长短有关。

应当指出,结构的设计使用年限并不等于建筑结构的使用寿命。当结构的使用年限超过设计使用年限时,并不意味着结构已不能使用,而是指结构的可靠度降低了,结构的可靠概率可能较设计预期值减小,其继续使用年限需经鉴定确定。

结构能够完成预定功能的概率称为"可靠概率",相对地,结构不能完成预定功能(即 $R<S$)的概率称为"失效概率",以 P_f 表示。显然,P_s 和 P_f 二者的关系为

$$P_s+P_f=1 \tag{2-7}$$

或

$$P_s=1-P_f \tag{2-8}$$

一般采用结构的失效概率 P_f 来度量结构的可靠性,只要失效概率 P_f 足够小,则结构的可靠性必然高。

二、极限状态设计表达式

用结构的失效概率 P_f 来度量结构的可靠性,其物理意义明确,已为国际上所公认。但是计

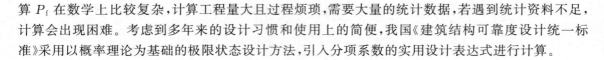

算 P_f 在数学上比较复杂,计算工程量大且过程烦琐,需要大量的统计数据,若遇到统计资料不足,计算会出现困难。考虑到多年来的设计习惯和使用上的简便,我国《建筑结构可靠度设计统一标准》采用以概率理论为基础的极限状态设计方法,引入分项系数的实用设计表达式进行计算。

1. 承载能力极限状态实用设计表达式

1)设计表达式

结构构件在进行承载能力极限状态设计时应采用下列实用设计表达式:

$$\gamma_0 S \leqslant R \tag{2-9}$$

式中,γ_0 为结构构件的重要性系数;S 为承载能力极限状态的荷载效应组合设计值;R 为结构构件的抗力设计值。

2)结构构件的重要性系数 γ_0

实用设计表达式中引入结构构件重要性系数 γ_0,是考虑到结构安全等级差异,其可靠度应进行相应的提高或降低,其数值是按结构构件的安全等级、设计使用年限并考虑工程经验确定的。

对于安全等级为一级或设计使用年限为 100 年及以上的结构构件,γ_0 不应小于 1.1;对安全等级为二级或设计使用年限为 50 年的结构构件,γ_0 不应小于 1.0;对于安全等级为三级或设计使用年限为 50 年及以下的结构构件,γ_0 不应小于 0.9;在抗震设计中不考虑结构构件的重要性系数。

3)荷载基本组合的效应设计值 S_d

当结构上同时作用有多种可变荷载时,要考虑荷载效应的组合问题。

荷载效应组合是指在所有可能同时出现的各种荷载组合下,确定结构或构件内产生的总效应。其最不利组合是指所有可能产生的荷载组合中,对结构构件产生总效应最为不利的一组。荷载效应组合分为基本组合与偶然组合两种情况。

按承载能力极限状态设计时,应考虑荷载效应的基本组合,必要时应按荷载效应的偶然组合进行计算。

《荷载规范》规定,对于荷载基本组合的效应设计值 S_d 应从下列荷载组合中取最不利的效应设计值确定。

(1)由可变荷载控制的效应设计值,计算公式如下。

$$S = \gamma_G S_{Gk} + \gamma_{Q1} \gamma_{L1} S_{Q1k} + \sum_{i=2}^{n} \gamma_{Qi} \gamma_{Li} \Psi_{ci} S_{Qik} \tag{2-10}$$

(2)由永久荷载控制的效应设计值,计算公式如下。

$$S = \gamma_G S_{Gk} \sum_{i=1}^{n} \gamma_{Qi} + \gamma_{Li} \Psi_{ci} S_{Qik} \tag{2-11}$$

式中,γ_G 为永久荷载的分项系数,应按表 2-6 采用;γ_{Q1}、γ_{Qi} 分别为第一个和第 i 个可变荷载分项系数,应按表 2-6 采用;S_{Gk} 为按永久荷载标准值 G_k 计算的荷载效应值;S_{Q1k}、S_{Qik} 为在基本组合中按起控制作用的主导可变荷载标准值 Q_{1k} 计算的荷载效应值及按第 i 个可变荷载标准值 Q_{ik} 计算的荷载效应值;Ψ_{ci} 为第 i 个可变荷载的组合值系数,按表 2-4 取用;γ_{Li} 为第 i 个可变荷载考虑设计使用年限的调整系数,其中 γ_{L1} 为主导可变荷载 Q_1 考虑设计使用年限的调整系数,楼面和屋面活荷载考虑设计使用年限的调整系数按表 2-7 采用。

表 2-7　楼面和屋面活荷载考虑设计使用年限的调整系数 γ_L

结构设计使用年限/年	5	50	100
γ_L	0.9	1.0	1.1

注：(1) 当设计使用年限不为表中数值时，调整系数 γ_L 可按线性内插；

(2) 对于荷载标准值可控制的活荷载，设计使用年限调整系数 γ_L 取 1.0。

4) 结构构件的抗力设计值 R

结构构件的抗力设计值（即承载力设计值）的大小，取决于截面的几何尺寸、截面材料的种类、用量与强度等多种因素。其一般形式为：

$$R = R(f_c, f_y, \alpha_k, \cdots) \tag{2-12}$$

式中，$R(\cdot)$ 为结构构件的承载力函数；f_c、f_y 为混凝土、钢筋的强度设计值，见表 1-1、表 1-4、表 1-5；α_k 为几何参数（尺寸）的标准值，当几何参数的变异性对结构性能有明显的不利影响时，可另作适当调整。

2. 正常使用极限状态实用设计表达式

正常使用极限状态的设计，主要是验算结构构件的变形、抗裂度或裂缝宽度等，以便满足结构适用性和耐久性的要求。当结构或结构构件达到或超过正常使用极限状态时，其后果是结构不能正常使用，但危害程度不及承载能力极限状态引起的结构破坏造成的损失大，故对其可靠度的要求可适当降低。《建筑结构可靠度设计统一标准》规定，正常使用极限状态计算时，荷载取标准值、准永久值，材料强度取标准值，不再考虑荷载分项系数和材料分项系数，也不考虑结构的重要性系数 γ_0。

正常使用极限状态按下列设计表达式进行设计：

$$S \leqslant C \tag{2-13}$$

式中，S 为正常使用极限状态的荷载效应组合设计值；C 为结构或结构构件达到正常使用要求的规定限值（如变形、裂缝、应力等限值），按有关规范的规定采用。

可变荷载的最大值并非长期作用于结构上，而且由于混凝土的徐变等特性，裂缝和变形将随着时间的推移而发展，因此，在分析正常使用极限状态的荷载效应组合时，应根据不同的设计目的，分别按荷载效应的标准组合、频遇组合和准永久组合进行设计。

（1）按荷载的标准组合时，其效应设计值 S 应按下式计算：

$$S = S_{Gk} + S_{Q1k} + \sum_{i=2}^{n} \Psi_{ci} S_{Qik} \tag{2-14}$$

（2）按荷载的频遇组合时，其效应设计值 S 应按下式计算：

$$S = S_{Gk} + \Psi_{f1} S_{Q1k} + \sum_{i=2}^{n} \Psi_{qi} S_{Qik} \tag{2-15}$$

（3）按荷载的准永久组合时，其效应设计值 S 应按下式计算：

$$S = S_{Gk} + \sum_{i=1}^{n} \Psi_{qi} S_{Qik} \tag{2-16}$$

式中，Ψ_{f1} 为可变荷载的频遇值系数；Ψ_{qi} 为第 i 个可变荷载的准永久值系数，按表 2-4 取用。公式（2-15）和（2-16）求得设计值仅适用于荷载与荷载效应为线性的情况。

例 2-4 某办公楼钢筋混凝土矩形截面简支梁，安全等级为二级，计算跨度 $l_0 = 6$ m，作用在梁上的永久荷载（含自重）标准值 $g_k = 15$ kN/m，可变荷载标准值 $q_k = 6$ kN/m，试分别计算按承载能力极限状态和正常使用极限状态设计时的梁跨中弯矩设计值。

解 （1）均布荷载标准值 g_k 和 q_k 作用下的跨中弯矩标准值。

永久荷载作用下：

$$M_{Gk} = \frac{1}{8}g_k l_0^2 = \frac{1}{8} \times 15 \times 6^2 = 67.5 \text{ kN} \cdot \text{m}$$

可变荷载作用下：

$$M_{Qk} = \frac{1}{8}q_k l_0^2 = \frac{1}{8} \times 6 \times 6^2 = 27 \text{ kN} \cdot \text{m}$$

（2）承载能力极限状态设计时的跨中弯矩设计值。

安全等级为二级，取 $\gamma_0 = 1.0$。

按可变荷载控制的效应设计值计算，取 $\gamma_G = 1.2$，$\gamma_Q = 1.4$，$\gamma_L = 1.0$，得：

$$M = \gamma_0(\gamma_G M_{Gk} + \gamma_{Q1} M_{Q1k}) = 1.0 \times (1.2 \times 67.5 + 1.4 \times 27) = 118.8 \text{ kN} \cdot \text{m}$$

按永久荷载控制的效应设计值计算，取 $\gamma_G = 1.35$，$\gamma_Q = 1.4$，$\gamma_L = 1.0$；查表 1-4 得 $\Psi_c = 0.7$。

$$M = \gamma_0(\gamma_G M_{Gk} + \gamma_{Q1}\Psi_c M_{Q1k}) = 1.0 \times (1.35 \times 67.5 + 1.4 \times 0.7 \times 27) = 117.6 \text{ kN} \cdot \text{m}$$

故该简支梁按承载能力极限状态设计时跨中弯矩设计值取较大值，即 $M = 118.8$ kN·m。

（3）正常使用极限状态设计时的跨中弯矩值。

查表 1-4 取 $\Psi_q = 0.4$。

按标准组合时：

$$M = M_{Gk} + M_{Q1k} = 67.5 + 27 = 94.5 \text{ kN} \cdot \text{m}$$

按准永久组合时：

$$M = M_{Gk} + \Psi_{q1} M_{Q1k} = 67.5 + 0.4 \times 27 = 78.3 \text{ kN} \cdot \text{m}$$

本章小结

建筑结构的功能要求是：安全性、适用性和耐久性。结构在规定的时间内，以及规定的条件下，完成预定功能的概率称为结构的可靠度。

当整个结构或结构的一部分超过某一特定状态时，结构就不能满足设计规定的某一功能要求，该特定状态称为结构的极限状态。结构功能的极限状态分为承载能力极限状态和正常使用极限状态两类。设计任何钢筋混凝土结构或构件时，都必须进行承载力计算，必要时还要求对正常使用极限状态进行验算，以确保结构满足安全性、适用性和耐久性的要求。

结构上的作用、作用效应 S、结构抗力 R 都是随机变量。当 $S < R$ 时，结构可靠；当 $S > R$ 时，结构失效；当 $S = R$ 时，结构处于极限状态。发生情况 $S > R$ 的概率称为结构的失效概率，发生情况 $S \leq R$ 的概率称为结构的可靠度。结构的可靠度与失效概率之和为 1。

荷载分永久荷载、可变荷载和偶然荷载。结构设计时，对不同的荷载应采用不同的代表值。永久荷载采用标准值作为代表值；可变荷载根据设计要求，采用标准值、组合值、频遇值或准永久值作为代表值。其中，标准值为基本代表值，其他代表值可由标准值乘以相应的系数得到。

以概率理论为基础的极限状态设计法是采用多个分项系数表达的实用设计表达式进行结

构设计。承载能力极限状态设计时,采用荷载的基本组合,设计表达式中应考虑结构的重要性系数;正常使用极限状态设计时,采用荷载的标准组合、频遇组合或准永久组合,设计表达式中不考虑结构的重要性系数。

1. 建筑结构应满足哪些功能要求?结构的可靠性与可靠度的含义分别是什么?

2. 什么是结构功能的极限状态?极限状态的分类及相应的特征是什么?

3. 什么是结构上的"作用"?举例说明荷载与作用有何不同?

4. 什么是荷载代表值?永久荷载和可变荷载的代表值分别是什么?

5. 试说明荷载标准值与设计值之间的关系,荷载的分项系数如何取值?

6. 作用效应与结构抗力的含义分别是什么?

7. 试说明材料强度标准值与设计值之间的关系,材料分项系数如何取值?

8. 写出按承载能力极限状态和正常使用极限状态各种荷载效应组合的实用设计表达式,并解释公式中各符号的含义。

9. 建筑结构的安全等级是根据什么划分的?结构构件的重要性系数如何取值?

10. 某教室屋面板承受均布荷载,板的自重、抹灰层等永久荷载引起的跨中弯矩标准值 $M_{Gk} = 1.6 \text{ kN·m}$,楼面可变荷载引起的跨中弯矩标准值 $M_{Qk} = 1.2 \text{ kN·m}$,结构安全等级为二级。求:

(1) 按承载能力极限状态计算的跨中最大弯矩设计值;

(2) 按正常使用极限状态的荷载标准组合及准永久组合计算的跨中弯矩值。

学习情境 3

受弯构件承载能力状态设计

学习目标

（1）掌握受弯构件设计的一般程序。

（2）能够进行最简单受弯构件的正截面抗弯、斜截面抗剪承载力计算，能够进行最简单受弯构件的变形、裂缝宽度验算。

（3）掌握受弯构件正截面破坏的三种形态及保证适筋梁的条件。

（4）掌握受弯构件斜截面破坏的三种形态及防止他们破坏的条件。

（5）了解受弯构件的一般构造要求，熟知受弯构件中钢筋种类等常识性概念，明确保证受弯构件斜截面受弯承载力的构造要求。

（6）了解双筋截面受弯构件的概念。

▌新课导入

承受弯矩和剪力作用的构件称为受弯构件。钢筋混凝土梁和板是工程中典型的受弯构件，也是应用最广泛的结构构件。受弯构件的破坏有两种可能：一种是由弯矩作用引起的正截面破坏（破坏截面与构件的纵轴线垂直），如图 3-1（a）所示；另一种是由弯矩和剪力共同作用而引起的斜截面破坏（破坏截面是倾斜的），如图 3-1（b）所示。受弯构件的承载力设计一般包括正截面受弯承载力计算和斜截面受剪承载力计算，同时要满足各种构造要求。

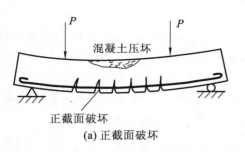
(a) 正截面破坏

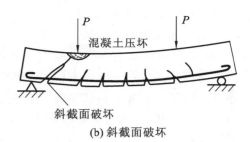
(b) 斜截面破坏

图 3-1　受弯构件破坏的两种形式

任务 1　梁、板的一般构造要求

一、梁的一般构造要求

1. 梁的材料选择

混凝土结构构件中的纵向受力普通钢筋宜选用 HRB400、HRB500、HRBF400、HRBF500 钢筋,也可采用 HRB335、HRBF335、HPB300、RRB400 钢筋。箍筋宜采用 HRB400、HRBF400、HPB300、HRB500、HRBF500 钢筋,也可采用 HRB335、HRBF335 钢筋。

钢筋混凝土结构的混凝土强度等级不应低于 C20;采用强度级别为 400 MPa 及以上的钢筋时,混凝土强度等级不应低于 C25。承受重复荷载的钢筋混凝土构件,混凝土强度等级不应低于 C30。

2. 梁的截面

梁常用的截面形式有矩形、T 形、工字形等,工程中也有采用预制和现浇结合的方法,形成叠合梁和叠合板,如图 3-2 所示。

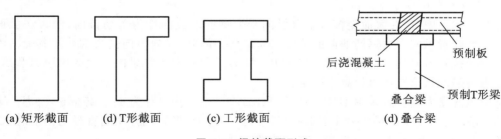

(a) 矩形截面　　(d) T形截面　　(c) 工形截面　　(d) 叠合梁

图 3-2　梁的截面形式

梁截面高度 h 与梁的跨度及所受荷载大小有关,一般按高跨比 h/l 估算。例如,简支梁的高度为 $h=(1/12\sim1/8)l$;悬臂梁的高度为 $h=l/6$;多跨连续梁为 $h=(1/18\sim1/12)l$。

梁的截面宽度可由高宽比来确定。例如,一般矩形截面高宽比为 $h/b=2\sim3$;T 形截面高宽

比为 $h/b = 2.5 \sim 4$(此处 b 为梁肋宽)。

为了统一模板尺寸便于施工,常用梁宽为 150 mm,180 mm,200 mm,250 mm,250 mm 以上以 50 mm 为模数递增。常用梁高为 250 mm,300 mm,350 mm,……,750 mm、800 mm,以 50 mm 的模数递增,800 mm 以上以 100 mm 为模数。

例 3-1 已知某钢筋混凝土矩形截面简支梁,计算跨度 $l_0 = 6$ m,环境类别为一类,构件安全等级为二级,试确定该梁的混凝土和钢筋的强度等级以及截面尺寸。

解 (1)选用材料并确定设计参数。采用混凝土强度等级为 C30,查表 1-1 得 $f_c = 14.3$ N/mm²,$f_t = 1.43$ N/mm²;采用 HRB400 级钢筋,查表 1-4 得 $f_y = 360$ N/mm²;结构重要性系数 $\gamma_0 = 1.0$。

(2)确定截面尺寸。按简支梁的高跨比估算:

$$h = l_0/12 = 6000/12 = 500 \text{ mm}$$

$$b = \left(\frac{1}{2} \sim \frac{1}{3}\right)h = 250 \sim 167 \text{ mm},\text{取 } b = 250 \text{ mm}$$

故梁的截面为 250 mm×500 mm。

3. 梁的配筋

在钢筋混凝土梁中,通常配置有纵向受力钢筋、弯起钢筋、箍筋及架立钢筋构成钢筋骨架,如图 3-3 所示。当梁的截面高度较大时,还应在梁侧设置构造钢筋及相应的拉筋。

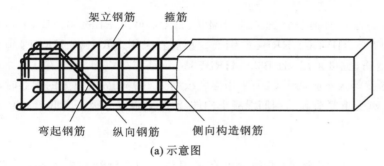

架立钢筋　箍筋

弯起钢筋　纵向钢筋　侧向构造钢筋

(a) 示意图　　　　　　　　　　(b) 实物图

图 3-3 梁的配筋

1) 纵向受力钢筋

在受弯构件中,仅在截面受拉区配置纵向受力钢筋的截面称为单筋截面,同时在截面受拉区和受压区配置纵向受力钢筋的截面称为双筋截面。因此,梁内纵向受力钢筋按其受力不同而分为纵向受拉和纵向受压钢筋两种。其作用分别为承受由弯矩在梁内产生的拉应力和压应力,纵向受力钢筋的数量应通过计算来确定。

梁中纵向受力钢筋宜采用 HRB400 级、HRB500 级,常用直径为 12～25 mm,梁底部纵向受力钢筋一般不少于两根,同一构件中钢筋直径的种类宜少,当有两种不同直径的钢筋时,二者直径相差至少为 2 mm,以便在施工中能够用肉眼识别。

为了保证钢筋与混凝土之间的黏结力,以及避免因钢筋过密而妨碍混凝土的捣实,梁、板的纵向受力钢筋之间必须留有足够的净间距,如图 3-4 所示。

2) 架立钢筋

无受压钢筋的梁在其上部需配置两根架立钢筋,其作用是固定箍筋的正确位置,并与梁底纵向受拉钢筋形成钢筋骨架。当梁的跨度 $l_0 < 4$ m 时,架立钢筋的直径不宜小于 8 mm;当 $l_0 = 4 \sim 6$ m 时,其直径不宜小于 10 mm;当 $l_0 > 6$ m 时,其直径不宜小于 12 mm。

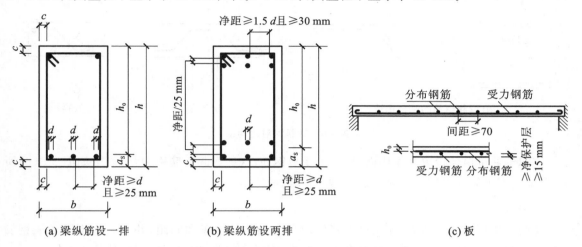

(a) 梁纵筋设一排   (b) 梁纵筋设两排   (c) 板

图 3-4　梁、板纵向受力钢筋的间距及有效高度

c—混凝土保护层

3) 梁侧构造钢筋

当梁的腹板高度 $h_w \geqslant 450$ mm 时,在梁的两个侧面设置纵向构造钢筋(也称腰筋),用于抵抗由于温度应力及混凝土收缩应力在梁侧面产生的裂缝,同时与箍筋共同构成网格骨架以利于应力扩散。每侧纵向构造钢筋的截面面积不应小于腹板截面面积(bh_w)的 0.1%,其间距不宜大于 200 mm。梁两侧的纵向构造钢筋宜采用拉筋联系,拉筋直径与箍筋直径相同,间距常取箍筋间距的两倍,如图 3-5 所示。腹板高度 h_w,对矩形截面取有效高度;对 T 形和 I 形截面取减去上、下翼缘后的腹板净高。

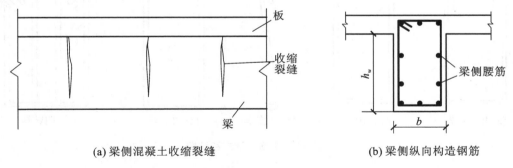

(a) 梁侧混凝土收缩裂缝   (b) 梁侧纵向构造钢筋

图 3-5　梁侧构造钢筋

4) 弯起钢筋

弯起钢筋是由纵向钢筋在支座附近弯起形成的,如图 3-6 所示。它在跨中的水平段承受正弯矩产生的拉力,其斜弯段承受剪力,弯起后的水平段既可承受压力也可承受支座处负弯矩产生的拉力。在采用绑扎骨架的钢筋混凝土梁中,承受剪力的钢筋,应优先采用箍筋。

弯起钢筋的弯起角度:当梁高 $\leqslant 800$ mm 时,采用 45°;当梁高 > 800 mm 时,采用 60°。位于梁侧的底层钢筋不应弯起,顶层钢筋中的角部钢筋不应弯下。

如图 3-6(a)所示,弯起钢筋的弯终点外应留有平行于梁轴线方向的锚固长度,其锚固长度

在受拉区不应小于 $20d$，在受压区不应小于 $10d$（d 为弯起钢筋的直径）。对光面弯起钢筋，其末端应设置标准弯钩。

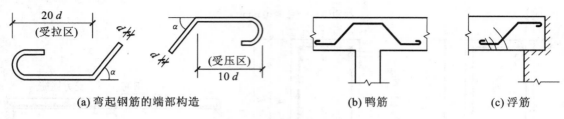

(a) 弯起钢筋的端部构造　　　　　(b) 鸭筋　　　(c) 浮筋

图 3-6　弯起钢筋的构造

弯起钢筋可单独设置在支座两侧，作为受剪钢筋，这种弯起钢筋称为"鸭筋"，如图 3-6（b）所示，但锚固不可靠的"浮筋"不允许设置，如图 3-6（c）所示。

5）箍筋

箍筋主要用来承受剪力，在构造上能固定受力钢筋的位置和间距，并与其他钢筋形成钢筋骨架。因此，在设计中箍筋要求具有合理的形式、直径和间距，同时还应有足够的锚固长度。

（1）箍筋的形式与肢数。

箍筋可分为开口箍筋和封闭箍筋两种形式。一般情况下均采用封闭箍筋，只有在 T 形截面当翼缘顶面另有横向钢筋时，可使用开口箍筋。封闭式箍筋的端头应做成 135°弯钩，弯钩端部平直段的长度不应小于 $5d$（d 为箍筋直径）和 50 mm。

箍筋的肢数一般有单肢箍、双肢箍及四肢箍，如图 3-7 所示。箍筋通常采用双肢箍筋。当梁宽 $b \geqslant 400$ mm，且一层的纵向受压钢筋超过 3 根，或梁宽 $b < 400$ mm，但纵向受压钢筋多于 4 根时，宜采用四肢箍筋。当梁的宽度 $b \leqslant 150$ mm 时，可采用单肢箍筋。

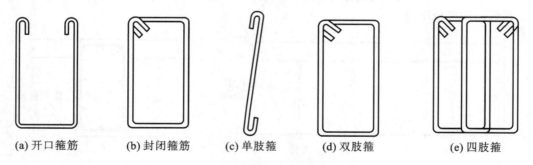

(a) 开口箍筋　　　(b) 封闭箍筋　　　(c) 单肢箍　　　(d) 双肢箍　　　(e) 四肢箍

图 3-7　箍筋的形式和肢数

（2）箍筋的直径。

为保证箍筋与纵筋形成的骨架具有一定刚度，箍筋的直径不能太小。《规范》规定：对截面高度 $h > 800$ mm 的梁，其箍筋直径不宜小于 8 mm；对截面高度 $h \leqslant 800$ mm 的梁，其箍筋直径不宜小于 6 mm。当梁中配有计算需要的纵向受压钢筋时，箍筋直径尚不应小于纵向受压钢筋最大直径的 0.25 倍。

（3）箍筋的间距与布置。

梁中箍筋间距除满足计算要求外，还应符合最大间距的要求，这是为了防止箍筋间距过大，出现不与箍筋相交的斜裂缝。箍筋的最大间距应满足表 3-1 的规定。

表 3-1　梁中箍筋的最大间距 s_{max}　　　　　　单位：mm

梁高 h	$V>0.7f_tbh_0$	$V\leqslant0.7f_tbh_0$
$150<h\leqslant300$	150	200
$300<h\leqslant500$	200	300
$500<h\leqslant800$	250	350
$h>800$	300	400

当梁中配有按计算需要的纵向受压钢筋时，箍筋应做成封闭式。此时，箍筋的间距不应大于 $15d$（d 为纵向受压钢筋的最小直径），同时不应大于 400 mm；当一层内的纵向受压钢筋多于 5 根且直径大于 18 mm 时，箍筋的间距不应大于 $10d$。

《规范》还规定，按计算不需要箍筋的梁，当截面高度 $h>300$ mm 时，应按构造要求沿梁全长设置箍筋；当截面高度 $h=150\sim300$ mm 时，可仅在构件端部 1/4 跨度范围内设置箍筋，但当在构件的 1/2 跨度范围内有集中荷载作用时，则应沿梁全长设置箍筋；当截面高度 $h<150$ mm 时，可不设置箍筋。

二、板的一般构造要求

1. 板的厚度

板的厚度除满足承载力、刚度和裂缝控制等方面的要求外，还应考虑使用要求、施工要求及经济方面的因素。按刚度要求，现浇板的厚度不应小于表 3-2 规定的数值，板厚一般以 10 mm 为模数。

表 3-2　现浇钢筋混凝土板的最小厚度　　　　　　单位：mm

板的类型		厚度
单向板	屋面板	60
	民用建筑楼板	60
	工业建筑楼板	70
	行车道下的楼板	80
双向板		80
密肋板	面板	50
	肋高	250
悬臂板（根部）	悬臂长度不大于 500 mm	60
	悬臂长度 1200 mm	100
无梁楼板		150
现浇空心楼盖		200

2. 板的支承长度

现浇板在砖墙上的支承长度一般不小于板厚及 120 mm,且应满足受力钢筋在支座内的锚固长度要求。预制板的支承长度,在砖墙上不宜小于 100 mm,在钢筋混凝土梁上不宜小于 80 mm。

3. 板的配筋

板中通常布置有两种钢筋,即受力钢筋和分布钢筋,其配筋如图 3-8 所示。

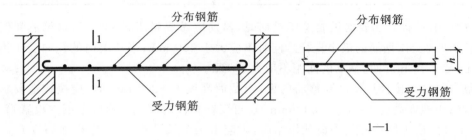

图 3-8 板的配筋

1) 受力钢筋

板中受力钢筋沿板的跨度方向布置在板的受拉区,承担由弯矩产生的拉应力。受力钢筋常采用 HPB300 级、HRB335 级和 HRB400 级钢筋,常采用的直径为 6 mm、8 mm、10 mm、12 mm。其中,现浇板的受力钢筋直径不宜小于 8 mm。板中受力钢筋的间距一般在 70~200 mm 之间,当板厚 $h \leqslant 150$ mm 时,钢筋间距不宜大于 200 mm;当板厚 $h > 150$ mm 时,钢筋间距不宜大于 250 mm,且不宜大于 $1.5h$。

2) 分布钢筋

板中的分布钢筋与受力钢筋垂直,并放置于受力钢筋的内侧,其作用是将板上荷载均匀地传递给受力钢筋,在施工中固定受力钢筋的位置,抵抗因温度变化及混凝土收缩而产生的拉应力。分布钢筋可按构造要求配置。《规范》规定:板中单位长度上分布钢筋的配筋面积不小于受力钢筋截面面积的 15%,且配筋率不宜小于0.15%;其直径不宜小于 6 mm,间距不宜大于 250 mm;当有较大的集中荷载作用于板面时,间距不宜大于 200 mm。

三、混凝土保护层厚度及截面有效高度

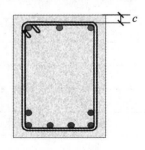

图 3-9 混凝土保护层

1. 混凝土保护层厚度

为了使钢筋不发生锈蚀,提高构件的耐火极限和耐久性,保证钢筋与混凝土间有足够的黏结强度,梁、板中的钢筋表面必须有足够的混凝土保护层。结构构件中钢筋外边缘至构件表面混凝土外边缘的距离,称为混凝土保护层厚度 c,如图 3-9 所示。

纵向受力钢筋的混凝土保护层最小厚度应不小于受力钢筋的直径。设计使用年限为 50 年的混凝土结构,最外层钢筋的保护层厚度不应小于表 3-2 中的规定,设计使用年限为 100 年的混凝土结构,最外层钢筋的保护层厚度不应小于表 3-2 中数值的 1.4 倍。

表 3-3　混凝土保护层的最小厚度　　　　　　　　　　　　单位:mm

环境类别		板、墙、壳	梁、柱、杆
一		15	20
二	a	20	25
	b	25	35
三	a	30	40
	b	40	50

注:(1)混凝土强度等级不大于 C25 时,表中保护层厚度数值应增加 5 mm。

　　(2)钢筋混凝土基础宜设置混凝土垫层,基础中钢筋的保护层厚度应从垫层顶面算起,且不应小于 40 mm。

混凝土保护层工程应用实例如图 3-10 所示。

(a)　　　　　　　　　　　　　　　　(b)

(c)　　　　　　　　　　　　　　　　(d)

图 3-10　混凝土保护层工程应用实例

2. 截面有效高度

在进行截面受弯配筋计算时,要确定梁、板截面的有效高度 h_0。所谓截面有效高度 h_0 是指受拉钢筋的重心至混凝土截面受压边缘的垂直距离,它与受拉钢筋的直径及排数有关,如图 3-4

所示。截面有效高度可表示为：

$$h_0 = h - a_S \tag{3-1}$$

式中，h_0 为截面高度；a_S 为受拉钢筋重心至截面受拉边缘的垂直距离，$a_S = c + d_v + d/2$，d_v 为箍筋直径，d 为纵筋直径。梁中截面有效高度可近似按表 3-4 数值取用。

表 3-4　梁的截面有效高度取值　　　　　　　　　　单位：mm

构件类型	环境类别	混凝土保护层最小厚度 c	受拉钢筋排数	h_0 计算公式	
				箍筋直径为 6 mm	箍筋直径为 8 mm、10 mm
梁	一级	20	一排钢筋	$h_0 = h - 35$	$h_0 = h - 40$
			两排钢筋	$h_0 = h - 60$	$h_0 = h - 65$
	二 a 级	25	一排钢筋	$h_0 = h - 40$	$h_0 = h - 45$
			两排钢筋	$h_0 = h - 65$	$h_0 = h - 70$

注：混凝土强度等级不大于 C25 时，表中保护层厚度数值增加 5 mm，h_0 计算公式再减 5 mm。

任务 2　受弯构件正截面承载力计算

一、受弯构件正截面的受力特点

1. 受弯构件正截面工作的三个阶段

钢筋混凝土梁由于混凝土材料的非匀质性和弹塑性等性质，在荷载作用下，正截面的应力-应变的变化规律与匀质弹性受弯构件有明显不同。

如图 3-11 所示为一配筋适量的钢筋混凝土矩形截面试验梁。试验的目的是研究梁正截面的受力和变形的变化规律，为避免剪力的影响，采用两点对称加荷的简支梁，在两个对称集中荷载之间的区段由于仅有弯矩作用被称为"纯弯段"，即为我们所要试验观察的区段。

在"纯弯段"内，沿梁高两侧布置混凝土应变测点，在梁跨中钢筋表面布置钢筋应变测点，同时，在跨中和支座上分别安装百分表以测量跨中的实际挠度。

荷载采用分级施加，每次加荷后即可测出荷载、挠度、应变值，直至梁不能承担荷载而破坏。通过试验，钢筋混凝土试验梁的弯矩与挠度关系曲线实测结果如图 3-12 所示。图中纵坐标为某一荷载作用下的弯矩 M 相对于梁破坏时极限弯矩 M_u 的无量纲比值 M/M_u；横坐标为梁跨中挠度 f 的实测值。

从图 3-11 中可看出，M/M_u-f 曲线有两个明显的转折点，把梁的受力和变形过程划分为三个阶段。第 Ⅰ 阶段弯矩比较小，梁没有出现裂缝，挠度和弯矩关系接近直线变化，当梁的弯矩达到开裂弯矩 M_{cr} 时，梁的裂缝即将出现，标志着第 Ⅰ 阶段的结束（用 Ⅰ$_a$ 表示）；当弯矩超过开裂弯矩 M_{cr} 时，梁出现裂缝，即进入第 Ⅱ 阶段，这个阶段梁是带裂缝工作的。随着裂缝的出现和不断

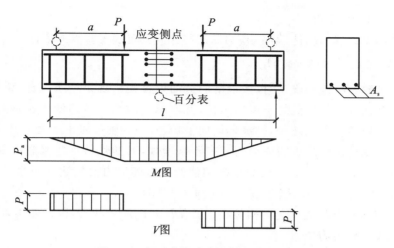

图 3-11 梁正截面受弯承载力的试验梁

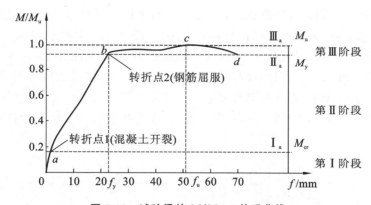

图 3-12 试验梁的 M/M_u-f 关系曲线

开展,挠度的增长速度比开裂前快,M/M_u-f 曲线出现了第一个明显转折点。在第 Ⅱ 阶段过程中,开裂后受拉区混凝土退出工作,拉力全部由钢筋承担。钢筋应力将随着弯矩的增加而增大,当弯矩增加到 M_y 时钢筋屈服,标志着第 Ⅱ 阶段的结束(用 Ⅱ$_a$ 表示);受拉钢筋的屈服使 M/M_u-f 曲线出现了第二个转折点,即标志着进入第 Ⅲ 阶段。此时弯矩增加不多,裂缝迅速开展,挠度急剧增加,钢筋应力维持屈服强度不变,但其应变却有较大的增长,当弯矩增加到极限弯矩 M_u 时,受压区混凝土边缘达到极限压应变,标志着梁发生破坏(即第 Ⅲ 阶段末,用 Ⅲ$_a$ 表示)。

2. 受弯构件正截面各阶段的应力状态

1) 第 Ⅰ 阶段(弹性工作阶段)

刚开始加荷时,由于弯矩很小,混凝土处于弹性工作阶段,故截面应力分布呈直线形变化(见图 3-13(a)),受拉区的拉应力由钢筋与混凝土共同承担。随着荷载的增加,受拉区混凝土出现塑性特征,应变较应力增加速度更快,受拉区混凝土的拉应力图形呈现曲线分布。当截面受拉区边缘纤维应变达到混凝土极限拉应变 ε_{tu} 时,截面处于即将开裂的极限状态,即 Ⅰ$_a$ 状态,相应的弯矩为开裂弯矩 M_{cr}。此时,受压区混凝土的压应力较小,仍处于弹性阶段,应力图形为直线分布,如图 3-13(b)所示。

对于不允许出现裂缝的构件,第 I_a 应力状态将作为其抗裂度验算的依据。

2)第 II 阶段(带裂缝工作阶段)

荷载稍有增加时,在"纯弯段"受拉区最薄弱截面处首先出现第一条裂缝,梁进入带裂缝工作阶段。在裂缝截面处受拉区混凝土退出工作,其所承担的拉力转移给受拉钢筋承担,导致钢筋应力突然增大。随着荷载的增加,裂缝逐渐向上扩展,中和轴位置也随之上升,受压区混凝土高度将逐渐减小。受压区混凝土的应力与应变不断增加,其塑性特征越来越明显,压应力图形呈曲线分布,如图 3-13(c)所示。当荷载增加到使受拉钢筋应力恰好达到屈服强度 f_y 时,此时即为第 II_a 状态,相应的弯矩为屈服弯矩 M_y,如图 3-13(d)所示。

第 II 阶段的应力状态代表了受弯构件在正常使用时的应力状态,因此使用阶段的裂缝宽度和变形验算以此应力状态为依据。

3)第 III 阶段(破坏阶段)

对于配筋适量的梁,钢筋应力屈服后,其应力 f_y 不再增加,但钢筋应变 ε_s 迅速增大,裂缝开展显著,中和轴迅速上移,导致受压区高度进一步减小,混凝土的压应力和压应变不断增大,受压区混凝土的塑性特征表现得更加充分,压应力曲线趋于丰满,如图 3-13(e)所示。当荷载增加到混凝土受压区边缘纤维压应变达到混凝土极限压应变 ε_{cu} 时,混凝土被压碎甚至崩脱,截面宣告破坏,也即达到第 III_a 状态,此时对应的弯矩称为极限弯矩 M_u,如图 3-13(f)所示。

第 III_a 状态,构件处于正截面破坏的极限状态,其应力状态将作为构件正截面承载力计算的依据。

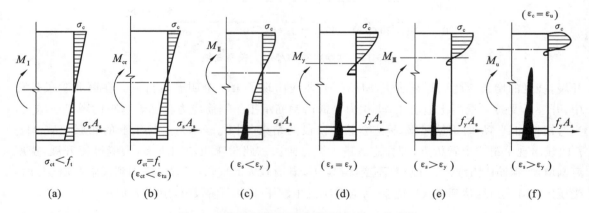

图 3-13　钢筋混凝土梁正截面的三个工作阶段

3. 受弯构件正截面的破坏形式

根据试验研究,受弯构件正截面的破坏形式与纵向受拉钢筋配筋率 ρ、钢筋和混凝土的强度等级有关。配筋率 $\rho = A_s / bh_0$,其中 A_s 为纵向受拉钢筋截面面积,b 为梁的截面宽度,h_0 为梁的截面有效高度。在钢筋级别和混凝土强度等级确定后,梁的破坏形式主要随纵向钢筋配筋率 ρ 的大小而异,一般可分为适筋梁、超筋梁和少筋梁三种破坏形式,如图 3-14 所示。

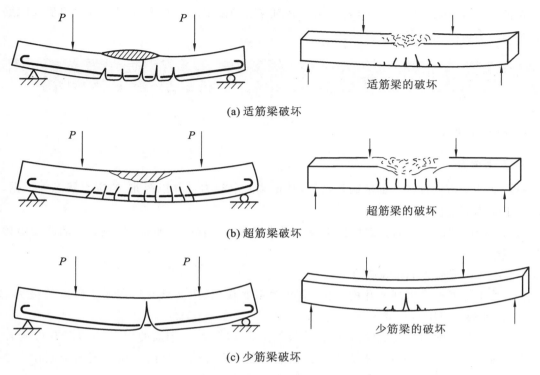

(a) 适筋梁破坏

(b) 超筋梁破坏

(c) 少筋梁破坏

图 3-14　梁的三种破坏形式

1）适筋梁

适筋梁是指截面受拉钢筋配筋率 ρ 适量的梁。上述试验梁的破坏过程即为适筋梁破坏。其特点是破坏始于纵向受拉钢筋的屈服，钢筋屈服后经过一段过程的变化，受压区混凝土才被压碎，达到极限弯矩 M_u。在这个变化过程中，表现为梁的裂缝急剧开展和挠度增加较快，出现明显的破坏预兆，这种破坏称为延性破坏。适筋梁受力合理，钢筋与混凝土均能充分发挥作用，因此广泛应用于实际工程中。

2）超筋梁

超筋梁是指截面受拉钢筋的配筋率 ρ 大于最大配筋率的梁。其发生破坏的特点是破坏始于受压区混凝土的压碎，这时受拉钢筋应力小于屈服强度，但受压区边缘混凝土应变因达到极限压应变 ε_u 而产生受压破坏。由于受拉钢筋在梁破坏前仍处于弹性阶段，所以钢筋的伸长量较小，混凝土裂缝开展不宽，挠度不大，破坏前没有明显的预兆，这种破坏称为脆性破坏。工程设计中不允许采用超筋梁。

3）少筋梁

少筋梁是指截面受拉钢筋配筋率 ρ 小于最小配筋率的梁。其发生破坏的特点是受拉区混凝土一开裂就破坏。由于受拉区混凝土开裂退出工作，拉力全部转由过少的钢筋承担，导致钢筋应力突增且迅速屈服并进入强化阶段，裂缝往往只有一条，不仅宽度很大而且延伸较高，致使梁的裂缝过宽和挠度过大，受压区混凝土虽未被压碎但已经失效。这种破坏发生时，材料未被充分利用，破坏十分突然，属脆性破坏。工程设计中也不允许采用少筋梁。

为将受弯构件设计成适筋梁,要求梁内纵向钢筋的配筋率 ρ 既不超过适筋梁的最大配筋率 ρ_{max},亦不小于最小配筋率 ρ_{min}。

二、单筋矩形截面受弯构件正截面承载力计算

1. 计算原则

1）基本假定

根据适筋受弯构件正截面的破坏特征,其正截面承载力计算以第 III_a 的应力状态为依据,并采用以下基本假定。

（1）截面应变保持平面。即构件正截面弯曲变形后仍保持一平面,其截面上的应变沿截面高度成线性分布。

（2）不考虑混凝土的抗拉强度。

（3）受压混凝土采用理想化的应力-应变关系曲线（见图 3-15）,当混凝土强度等级为 C50 及以下时,混凝土极限压应变 $\varepsilon_{cu}=0.0033$。

（4）纵向受拉钢筋采用的应力-应变关系如图 3-16 所示。钢筋的应力 σ_s 等于其应变 ε_s 与其弹性模量 E_s 的乘积,但其值不应大于其相应的强度设计值。纵向受拉钢筋的极限拉应变取为 0.01。

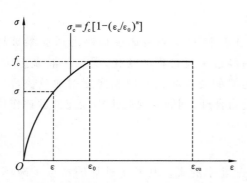

图 3-15 混凝土受压的应力-应变关系

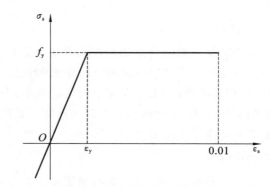

图 3-16 钢筋的应力-应变关系

2）受压区混凝土的等效矩形应力图形

混凝土受弯构件达到极限弯矩 M_u 时,受压区混凝土压应力图形为曲线形,进行计算时仍很复杂,为简化计算,可采用等效矩形应力图形代替曲线应力图形,如图 3-17 所示。等效代换的原则是压应力的合力 C 大小相等,压应力合力 C 的作用点位置不变。

等效矩形应力图形的应力取值为 $\alpha_1 f_c$,其受压区高度取为 x,实际受压区高度为 x_c,令 $x=\beta_1 x_c$。根据等效原则,通过计算分析,《规范》规定:当混凝土强度等级≤C50 时,取 $\alpha_1=1.0$,$\beta_1=0.8$;当混凝土强度等级为 C80 时,取 $\alpha_1=0.94$,$\beta_1=0.74$;对介于 C50～C80 之间的混凝土强度等级,α_1、β_1 的取值见表 3-5。

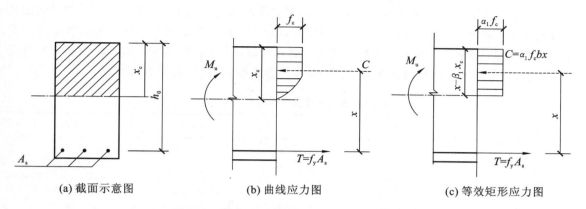

(a) 截面示意图　　　(b) 曲线应力图　　　(c) 等效矩形应力图

图 3-17　等效矩形应力图形代替曲线应力图形

表 3-5　混凝土受压区等效矩形应力图系数

强度等级	≤C50	C55	C60	C65	C70	C75	C80
系数 α_1	1.0	0.99	0.98	0.97	0.96	0.95	0.94
系数 β_1	0.8	0.79	0.78	0.77	0.76	0.75	0.74

2. 适筋梁的界限条件

1）适筋梁与超筋梁的界限

（1）最大配筋率。

在适筋梁和超筋梁的破坏之间存在一种"界限"破坏,其破坏特征是受拉纵筋屈服的同时,受压区混凝土被压碎,此时的配筋率称为最大配筋率 ρ_{max},见表 3-6。为了防止梁发生超筋破坏,要求梁构件的配筋率 ρ 不得高于相应的最大配筋率 ρ_{max}。

$$\rho \leqslant \rho_{max} \tag{3-2a}$$

表 3-6　受弯构件的截面最大配筋率 ρ_{max}（%）

钢筋种类	混凝土强度等级			
	C20	C25	C30	C35
HPB300	2.048	2.539	3.051	3.563
HRB335 HRBF335	1.76	2.182	2.622	3.062
HRB400 HRBF400 RRB400	1.381	1.712	2.058	2.403
HRB500 HRBF500	1.064	1.319	1.585	1.850

（2）相对受压区高度及相对界限受压区高度 ξ_b。

适筋梁与超筋梁的界限还可通过截面的相对受压区高度来判断。相对受压区高度 ξ 的定义为截面受压区高度 x 与截面有效高度 h_0 的比值,即 $\xi = x/h_0$。当配筋率为最大配筋率 ρ_{max} 时,受压区高度达到最大值 x_b,相对受压区高度也达到最大值,用 ξ_b 表示,$\xi_b = x_b/h_0$,ξ_b 为相对界限受压区高度,是指梁正截面界限破坏时截面相对受压区高度,其值见表 3-7 所示。

表 3-7　相对界限受压区高度 ξ_b 和 $\alpha_{s,max}$

钢筋种类	≤C50	C60	C70	C80
HPB300	0.576 (0.410)	0.556 (0.402)	0.537 (0.393)	0.518 (0.384)
HRB335 HRBF335	0.550 (0.399)	0.531 (0.390)	0.512 (0.381)	0.493 (0.371)
HRB400 HRBF400 RRB400	0.518 (0.384)	0.499 (0.374)	0.481 (0.365)	0.463 (0.356)
HRB500 HRBF500	0.482 (0.366)	0.464 (0.356)	0.447 (0.347)	0.429 (0.337)

注:表中括号内数值为系数 $\alpha_{s,max}$,$\alpha_{s,max} = \xi_b(1-0.5\xi_b)$。

因此,防止发生超筋梁破坏的条件是:

$$\xi \leqslant \xi_b \tag{3-2b}$$

或

$$x \leqslant x_b = \xi_b h_0 \tag{3-2c}$$

2)适筋梁与少筋梁的界限

为了避免发生少筋梁的破坏形态,必须确定受弯构件的截面最小配筋率 ρ_{min}。最小配筋率 ρ_{min} 是适筋梁与少筋梁的界限配筋率。《规范》规定:钢筋混凝土构件纵向受力钢筋的最小配筋百分率不应小于表 3-8 规定的数值。

表 3-8　钢筋混凝土结构构件中纵向受力钢筋的最小配筋百分率(%)

受力类型			最小配筋百分率
受压构件	全部纵向钢筋	强度等级 500 MPa	0.50
		强度等级 400 MPa	0.55
		强度等级 300 MPa、335 MPa	0.60
	一侧纵向钢筋		0.20
受弯构件、偏心受拉、轴心受拉构件一侧的受拉钢筋			0.20 和 $45f_t/f_y$ 中的较大值

注:(1)受压构件全部纵向钢筋最小配筋百分率,当采用 C60 以上强度等级的混凝土时,应按表中规定增加 0.10。

(2)板类受弯构件(不包括悬臂板)的受拉钢筋,当采用强度等级 400 MPa、500 MPa 的钢筋时,其最小配筋百分率应允许采用 0.15 和 $45f_t/f_y$ 中的较大值。

(3)偏心受拉构件中的受压钢筋,应按受压构件一侧纵向钢筋考虑。

(4)受压构件的全部纵向钢筋和一侧纵向钢筋的配筋率及轴心受拉构件和小偏心受拉构件一侧受拉钢筋的配筋率应按构

件的全截面面积计算。

(5)受弯构件、大偏心受拉构件一侧受拉钢筋的配筋率应按全截面面积扣除受压翼缘面积$(b'_f-b)h'_f$后的截面面积计算。

(6)当钢筋沿构件界面周边布置时,"一侧纵向钢筋"是指沿受力方向两个对边中一边布置的纵向钢筋。

为了防止发生少筋破坏,应满足:

$$\rho \geqslant \rho_{min} \quad 或 \quad A_s \geqslant \rho_{min}bh \tag{3-3}$$

需要注意的是,此处计算ρ时应采用全截面面积,即$\rho=A_s/bh$。

3. 基本公式

受弯构件梁和板在弯矩作用下一侧受拉,另一侧受压,由前面的假定可知受拉区拉力由纵筋承担,受压区压力由混凝土承担(单筋截面)。根据适筋梁在破坏时的应力状态及基本假定,并用等效矩形应力图形代替混凝土实际应力图形,则单筋矩形截面受弯构件正截面承载力计算的应力图形如图 3-18 所示。

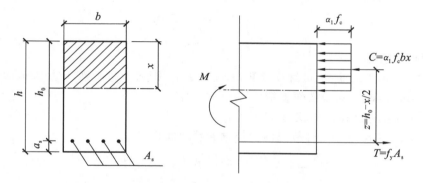

图 3-18　单筋矩形截面受弯构件正截面承载力计算简图

在截面处于平衡状态时,根据力的平衡可知,所有各力在水平轴方向的合力为零,即得式(3-4)。根据所有各力对截面上任何一点的合力矩为零可知:当对受压区混凝土压应力的合力作用点取矩时,即得式(3-5a);当对受拉区纵向受力钢筋的合力作用点取矩,即得式(3-5b)。

$$\sum N = 0, \quad \alpha_1 f_c bx = f_y A_s \tag{3-4}$$

$$\sum M_{A_s} = 0, \quad M \leqslant M_u = \alpha_1 f_c bx\left(h_0 - \frac{x}{2}\right) \tag{3-5a}$$

或

$$\sum M_c = 0, \quad M \leqslant M_u = f_y A_s\left(h_0 - \frac{x}{2}\right) \tag{3-5b}$$

式中,M为作用在截面上的弯矩设计值;M_u为截面破坏时的极限弯矩值;α_1为混凝土受压区等效矩形应力图系数,见表3-5;f_c为混凝土轴心抗压强度设计值,按表1-1采用;f_y为钢筋抗拉强度设计值,按表1-4采用;b为截面宽度;x为混凝土受压区高度;A_s为纵向受拉钢筋截面面积;h_0为截面有效高度,$h_0 = h - a_s$。

4. 基本公式的应用

钢筋混凝土受弯构件正截面承载力计算,根据已知及未知条件的不同分为两类问题,即截面设计和截面复核。

1）截面设计

截面设计时,已知弯矩设计值 M,而材料的强度等级、截面尺寸均须设计人员选定,因此未知数有 f_y、f_c、b、h（或 h_0）、A_s 和 x,由于基本方程只有两个,不可能通过计算解决上述的所有未知量。通常的做法是:设计人员根据材料供应、施工条件、使用要求等因素综合分析,增设补充条件,确定一个既经济合理又安全可靠的设计方案。

（1）公式计算法。

已知:弯矩设计值 M,构件安全等级 γ_0,混凝土强度等级 f_c、钢筋级别 f_y、构件截面尺寸 b、h。

求:所需纵向受拉钢筋的截面面积 A_s。

其计算步骤如下:

① 计算截面有效高度:$h_0 = h - a_s$。

② 计算截面受压区高度 x。

由式（3-5a）可得:

$$x = h_0 - \sqrt{h_0^2 - \frac{2M}{\alpha_1 f_c b}} \tag{3-6}$$

③ 判别是否超筋。

若 $x \leqslant \xi_b h_0$,则为适筋梁,可继续计算;若 $x > \xi_b h_0$,则属于超筋梁,应加大截面尺寸,或提高混凝土强度等级,或改为双筋截面重新计算。

④ 求纵向受拉钢筋截面面积 A_s。

则由式（3-4）或式（3-5b）计算纵向受拉钢筋截面面面积 A_s。

$$A_s = \frac{\alpha_1 f_c b x}{f_y} \quad \text{或} \quad A_s = \frac{M}{f_y \left(h_0 - \dfrac{x}{2} \right)} \tag{3-7}$$

⑤ 选配钢筋,并验算最小配筋率 $\rho_{\min}$。

根据计算的 A_s,**查附录 A 中的附表 A-1（或附表 A-2）选择钢筋的直径和根数**,并复核一排能否放下。如果纵向钢筋需要按两排放置,则应改变截面有效高度 h_0,重新计算 A_s,并再次选择钢筋。

> **注意**:选配钢筋时,实配钢筋与计算所得钢筋的截面面积二者相差不超过 $\pm 5\%$,用实际配筋的钢筋面积 A_s 验算最小配筋率 $\rho_{\min}$。

若 $A_s \geqslant \rho_{\min} bh$,则不属于少筋梁。若 $A_s < \rho_{\min} bh$,应适当减小截面尺寸,或按最小配筋率即 $A_s = \rho_{\min} bh$ 进行配筋。

例 3-2 已知某钢筋混凝土矩形截面简支梁,截面尺寸 $b \times h = 250\ \text{mm} \times 500\ \text{mm}$,承受的跨中弯矩设计值 $M = 165\ \text{kN·m}$,环境类别为一类,采用 C30 混凝土和 HRB 400 级钢筋。试确定该梁的纵向受拉钢筋的截面面积,并选配钢筋。

解 查表 1-1 得 $f_c = 14.3\ \text{N/mm}^2$,$f_t = 1.43\ \text{N/mm}^2$;查表 1-4 得 $f_y = 360\ \text{N/mm}^2$;查表 3-5 得:$\alpha_1 = 1.0$。

① 计算截面有效高度。根据已知条件中的环境类别,假定钢筋一排布置,箍筋直径为 8 mm,由表 3-4 可得:$h_0 = h - a_s = 500 - 40 = 460\ \text{mm}$。

② 计算 x。

由式(3-6)可得：

$$x = h_0 - \sqrt{h_0^2 - \frac{2M}{\alpha_1 f_c b}} = 460 - \sqrt{460^2 - \frac{2 \times 165 \times 10^6}{1.0 \times 14.3 \times 250}}$$

$$= 114.6 \text{ mm} < \xi_b h_0 = 0.518 \times 460 = 238.3 \text{ mm}$$

不超筋。

③ 计算钢筋截面面积 A_s。将 $x = 114.6$ mm 代入式(3-7)得：

$$A_s = \frac{\alpha_1 f_c b x}{f_y} = \frac{1 \times 14.3 \times 250 \times 114.6}{360} = 1\,138.0 \text{ mm}^2$$

④ 选配钢筋并验算最小配筋率。查附表 A-1，选用 3 根直径为 22 的钢筋(3Φ22)，实配 $A_s = 1\,140$ mm^2，钢筋按一排布置所需要的最小宽度 $b_{min} = 2 \times (20 + 8) + 3 \times 22 + 2 \times 25 = 172$ mm $< b = 250$ mm，与原假设一致，梁截面配筋如图 3-19 所示。

$$\rho_{min} = 0.45 \frac{f_t}{f_y} = 0.45 \times \frac{1.43}{360} = 0.18\% < 0.2\%$$

取 $\rho_{min} = 0.2\%$

$$\rho_{min} bh = 0.2\% \times 250 \times 500 = 250 \text{ mm}^2 < 1\,140.0 \text{ mm}^2$$

满足要求，不少筋。

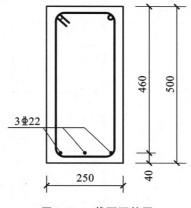

图 3-19　截面配筋图

(2) 表格计算法。

① 截面抵抗矩系数 α_s。

将 $x = \xi \cdot h_0$ 带入式(3-5a)得：

$$M = \alpha_1 f_c b x \left(h_0 - \frac{x}{2} \right) = \alpha_1 f_c b h_0^2 \xi (1 - 0.5\xi)$$

令 $\alpha_s = \xi(1 - 0.5\xi)$，$\alpha_s$ 为截面抵抗矩系数，此时 $\xi = 1 - \sqrt{1 - 2\alpha_s}$。当 $\xi = \xi_b$ 时，$\alpha_s = \alpha_{s,max}$，$\alpha_{s,max}$ 取值见表 3-7。进而防止梁发生超筋破坏的另一条件为 $\alpha_s \leqslant \alpha_{s,max}$。

通过 $M = \alpha_1 f_c b h_0^2 \alpha_s$ 可得：

$$\alpha_s = \frac{M}{\alpha_1 f_c b h_0^2} \tag{3-8}$$

② 截面内力臂系数 γ_s。

同理,将 $x=\xi \cdot h_0$ 带入式(3-5b)得:

$$M=f_y A_s\left(h_0-\frac{x}{2}\right)=f_y A_s b h_0(1-0.5\xi)$$

令 $\gamma_s=1-0.5\xi$,γ_s 为截面内力臂系数,$\gamma_s=0.5(1+\sqrt{1-2\alpha_s})$。

通过 $M=f_y A_s h_0 \gamma_s$ 可得:

$$A_s=\frac{M}{f_y h_0 \gamma_s} \tag{3-9}$$

显然,α_s、γ_s 均为相对受压区高度 ξ 的函数,实际工程中,通常利用 α_s、γ_s、ξ 的关系编制成计算表格,见表3-9,以便设计时查用。当已知 α_s、γ_s、ξ 三个数中的某一值时,就可查出相对应的另外两个系数值。

表 3-9　钢筋混凝土矩形和 T 形截面受弯构件正截面承载力计算系数表

ξ	γ_s	α_s	ξ	γ_s	α_s
0.01	0.995	0.010	0.32	0.840	0.269
0.02	0.990	0.020	0.33	0.835	0.275
0.03	0.985	0.030	0.34	0.830	0.282
0.04	0.980	0.039	0.35	0.825	0.289
0.05	0.975	0.049	0.36	0.820	0.295
0.06	0.970	0.058	0.37	0.815	0.301
0.07	0.965	0.067	0.38	0.810	0.309
0.08	0.960	0.077	0.39	0.805	0.314
0.09	0.955	0.085	0.40	0.800	0.320
0.1	0.950	0.095	0.41	0.795	0.326
0.11	0.945	0.104	0.42	0.790	0.332
0.12	0.940	0.113	0.43	0.785	0.337
0.13	0.935	0.121	0.44	0.780	0.343
0.14	0.930	0.130	0.45	0.775	0.349
0.15	0.925	0.139	0.46	0.770	0.354
0.16	0.920	0.147	0.47	0.765	0.359
0.17	0.915	0.155	0.48	0.760	0.365
0.18	0.910	0.164	0.482	0.759	0.366
0.19	0.905	0.172	0.49	0.755	0.370
0.20	0.900	0.180	0.50	0.750	0.375
0.21	0.895	0.188	0.51	0.745	0.380
0.22	0.890	0.196	0.518	0.741	0.384
0.23	0.885	0.203	0.52	0.740	0.385

续表

ξ	γ_s	α_s	ξ	γ_s	α_s
0.24	0.880	0.211	0.53	0.735	0.390
0.25	0.875	0.219	0.54	0.730	0.394
0.26	0.870	0.226	0.55	0.725	0.400
0.27	0.865	0.234	0.56	0.720	0.403
0.28	0.860	0.241	0.57	0.715	0.408
0.29	0.855	0.248	0.576	0.712	0.410
0.3	0.850	0.255	0.58	0.710	0.412
0.31	0.845	0.262	0.59	0.705	0.416

利用计算表格进行截面设计时的主要步骤如下。

① 计算截面有效高度：$h_0 = h - a_s$。

② 由式(3-8)计算截面抵抗矩系数 α_s。如 $\alpha_s \leqslant \alpha_{s,\max}$，则不超筋，可继续计算；否则应修改设计，方法同公式法。

③ 由 α_s 查表 3-9 或通过前面的公式计算得内力臂系数 γ_s 和相对受压区高度 ξ。

④ 由式(3-9)求纵向钢筋面积 A_s 或通过下面公式计算。

$$A_s = \frac{\alpha_1 f_c b h_0 \xi}{f_y} \tag{3-10}$$

⑤ 选配钢筋，并验算最小配筋率：$A_s \geqslant \rho_{\min} bh$。

例 3-3 用查表法计算例 3-2 中纵向受拉钢筋截面面积。

解 设计参数的确定同例 3-2。

① 计算截面有效高度。根据已知条件中的环境类别，假定钢筋一排布置，箍筋直径为 8 mm，由表 3-4 可得 $h_0 = h - a_s = 500 - 40 = 460$ mm。

② 计算截面抵抗矩系数 α_s。

$$\alpha_s = \frac{M}{\alpha_1 f_c b h_0^2} = \frac{165 \times 10^6}{1 \times 14.3 \times 250 \times 460^2} = 0.218$$

③ 查表得内力臂系数 γ_s 和相对受压区高度 ξ。

由 $\alpha_s = 0.218$，查表 3-9 得 $\gamma_s = 0.875$，$\xi = 0.249 < \xi_b = 0.518$。

④ 计算钢筋截面面积 A_s。将 $\xi = 0.249$ 代入式(3-10)得：

$$A_s = \frac{\alpha_1 f_c b \xi h_0}{f_y} = \frac{1 \times 14.3 \times 250 \times 0.249 \times 460}{360} = 1\ 137\ \text{mm}^2$$

⑤ 选配钢筋并验算最小配筋率同例 3-1。

例 3-4 已知某现浇钢筋混凝土简支走道板(见图 3-20)，计算跨度 $l_0 = 2.4$ m，板厚 $h = 80$ mm，承受的恒荷载标准值为 $g_k = 2.65$ kN/mm²(包括板自重)，活荷载标准值为 $q_k = 2.5$ kN/mm²，混凝土强度等级为 C25，用 HRB 400 级钢筋配筋，环境类别为一类，安全等级为二级。试确定板中配筋。

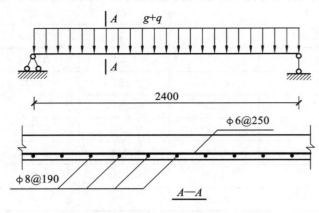

图 3-20 例 3-4 图

解 查表得 $f_c = 11.9$ N/mm^2,$f_t = 1.27$ N/mm^2,$f_y = 360$ N/mm^2,$\alpha_1 = 1.0$,结构重要性系数 $\gamma_0 = 1.0$,可变荷载组合值系数 $\Psi_c = 0.7$。

取宽度 $b = 1\,000$ mm 的板带为计算单元。

① 计算跨中弯矩设计值。

由可变荷载效应控制的组合计算。

$$q = \gamma_0(1.2 \times g_k + 1.4 q_k) = 1.0 \times (1.2 \times 2.65 + 1.4 \times 2.5) = 6.68 \text{ kN/m}$$

由永久荷载效应控制的组合计算得:

$$q = \gamma_0(1.35 g_k + 1.4 \Psi_c q_k) = 1.0 \times (1.35 \times 2.65 + 1.4 \times 0.7 \times 2.5) = 6.03 \text{ kN/m}$$

取较大值,得板上荷载设计值 $q = 6.68$ kN/m。

板跨中最大弯矩设计值为:

$$M = \frac{q l_0^2}{8} = \frac{6.68 \times 2.4^2}{8} = 4.81 \text{ kN·m}$$

② 计算钢筋截面面积和选择钢筋。板截面有效高度 $h_0 = h - a_s = 80 - 25 = 55$ mm(最小保护层厚度为 20 mm)。

由式(3-8)得:

$$\alpha_s = \frac{M}{\alpha_1 f_c b h_0^2} = \frac{4.81 \times 10^6}{1 \times 11.9 \times 1\,000 \times 55^2} = 0.134$$

查表 3-9 得系数 $\gamma_s = 0.928$,$\xi = 0.144 < \xi_b = 0.518$。

所以由式(3-9)得:

$$A_s = \frac{M}{f_y \cdot \gamma_s \cdot h_0} = \frac{4.81 \times 10^6}{360 \times 0.928 \times 55} = 262 \text{ mm}^2$$

查附表 A-2,选用受力钢筋为 Φ8@190,实配 $A_s = 265$ mm^2。

③ 验算最小配筋率:

$$\rho_{min} = 0.45 \frac{f_t}{f_y} = 0.45 \times \frac{1.27}{360} = 0.16\% < 0.2\%$$

取 $\rho_{min} = 0.2\%$,则有:

$$\rho_{\min}bh = 0.2\% \times 1\,000 \times 80 = 160 \text{ mm}^2 < A_s = 265 \text{ mm}^2$$

板中受力钢筋Φ8@190 布置见图 3-19,分布钢筋按构造配置为Φ6@250。

2)截面复核

截面复核时,已知:材料强度等级(f_c、f_y)、截面尺寸(b、h 及 h_0)和钢筋截面面积(A_s),要求计算该截面所能承担的弯矩设计值 M_u;或已知弯矩设计值 M,复核该截面是否安全,当 $M_u \geq M$ 时安全;当 $M_u < M$ 时不安全,此时应修改原设计。

截面复核时计算步骤如下。

① 计算截面有效高度:$h_0 = h - a_s$。

② 验算是否满足最小配筋条件:若 $A_s < \rho_{\min}bh$,为少筋梁,应修改设计;若 $A_s \geq \rho_{\min}bh$,为适筋梁,可继续设计。

③ 计算截面受压区高度 x。

由式(3-4)得:

$$x = \frac{f_y A_s}{\alpha_1 f_c b} \tag{3-11}$$

④ 验算适用条件,并计算截面受弯承载力 M_u。

若 $x \leq \xi_b h_0$,为适筋梁,将 x 值代入式(3-5a)得 $M_u = \alpha_1 f_c b x \left(h_0 - \dfrac{x}{2}\right)$。

若 $x > \xi_b h_0$,为超筋梁,取 $x = \xi_b h_0$,计算 $M_{u,\max} = \alpha_1 f_c b h_0^2 \xi_b (1 - 0.5\xi_b)$。

⑤ 复核截面是否安全。若 $M_u \geq M$,则截面安全;若 $M_u < M$,则截面不安全。

例 3-5 已知一钢筋混凝土梁,截面尺寸 $b \times h = 200 \text{ mm} \times 450 \text{ mm}$,混凝土强度等级 C25,纵向受拉钢筋采用 3Φ22(HRB400 级钢筋),箍筋采用Φ8 钢筋,该梁承受的最大弯矩设计值 $M = 118 \text{ kN·m}$,环境类别为二(a)类,复核该梁是否安全。

解 由已知材料强度等级查表得 $f_c = 11.9 \text{ N/mm}^2$,$f_t = 1.27 \text{ N/mm}^2$,$f_y = 360 \text{ N/mm}^2$,$\alpha_1 = 1.0$,$A_s = 1\,140 \text{ mm}^2$。

① 计算截面有效高度:

环境类别为二(a)类的混凝土保护层的最小厚度为 $25 + 5 = 30 \text{ mm}$,则 $h_0 = h - a_s = 450 - \left(30 + 8 + \dfrac{22}{2}\right) = 401 \text{ mm}$(用钢筋实际直径 d 计算)。

② 验算是否满足最小配筋条件:

$$\rho_{\min} = 0.45 \frac{f_t}{f_y} = 0.45 \times \frac{1.27}{360} = 0.16\% < 0.2\%$$

取 $\rho_{\min} = 0.2\%$,则有:

$$\rho_{\min}bh = 0.2\% \times 200 \times 450 = 180 \text{ mm} < A_s = 1\,140 \text{ mm}^2$$

满足适用条件。

③ 计算截面受压区高度 x。

$$x = \frac{f_y A_s}{\alpha_1 f_c b} = \frac{360 \times 1140}{1 \times 11.9 \times 200} = 172.4 \text{ mm} < \xi_b h_0 = 0.518 \times 401 = 207.7 \text{ mm}$$

④ 验算适用条件,并计算截面受弯承载力 M_u。

由式(3-5a)得：

$$M_u = \alpha_1 f_c bx(h_0 - x/2)$$
$$= 1 \times 11.9 \times 200 \times 172.4 \times (401 - 0.5 \times 172.4)$$
$$= 129 \text{ kN·m} > M = 118 \text{ kN·m}$$

故该梁正截面安全。

三、T形截面梁正截面承载力计算

当矩形截面受弯构件产生裂缝后，在裂缝截面处，中和轴以下受拉区混凝土将不再承担拉力。故可将受拉区混凝土的一部分挖去，并将原有的纵向受拉钢筋集中布置，就形成如图 3-21(a)所示的 T 形截面。其中，伸出部分称为翼缘，中间部分称为梁肋(或腹板)。b 为梁肋宽度，b'_f 为受压翼缘宽度，h'_f 为翼缘厚度，h 为全截面高度。该 T 形截面的正截面承载力既不会降低，而且又可以节省混凝土，减轻自重。

由于 T 形截面受力比矩形截面更合理，所以在工程中应用十分广泛。一般适用于：①独立的 T 形截面梁、工字形截面梁，如屋面梁、吊车梁；②整体现浇肋形楼盖中的主、次梁如图 3-21(b)所示；③槽形板、预制空心板等受弯构件。如果翼缘位于梁的受拉区，则为倒 T 形截面梁，此时，应按宽度为 b 的矩形截面计算正截面受弯承载力，如图 3-21(b)所示的中 2—2 剖面。

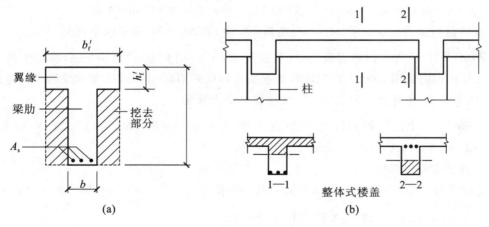

图 3-21　T 形截面梁

1. T 形截面受弯构件的翼缘计算宽度

T 形截面与矩形截面的主要区别在于翼缘参与受压。试验和理论分析均表明，翼缘内混凝土的压应力分布是不均匀的，距梁肋越远应力越小，当翼缘超过一定宽度后，远离梁肋部分的翼缘承担的压应力几乎为零。为了简化计算，在设计中把翼缘宽度限制在一定范围内，即将翼缘上不均匀的压应力按中间最大压应力的数值折合成分布在一定宽度范围内的均匀压应力，此宽度即为翼缘计算宽度 b'_f。

表 3-10 中给出了《规范》对翼缘计算宽度 b'_f 的取值规定，计算 b'_f 时应取表 3-10 中有关各项中的最小值。

表 3-10　T 形、工形及倒 L 形截面受弯构件翼缘计算宽度 b_f'

考虑情况		T 形、工形截面		倒 L 形截面
		肋形梁（板）	独立梁	肋形梁（板）
1	按计算跨度 l_0 考虑	$l_0/3$	$l_0/3$	$l_0/6$
2	按梁（纵肋）净距 s_n 考虑	$b+s_n$	——	$b+s_n/2$
3	按翼缘高度 h_f' 考虑　$h_f'/h_0 \geqslant 0.1$	—	$b+12h_f'$	—
	$0.1 > h_f'/h_0 \geqslant 0.05$	$b+12 h_f'$	$b+6h_f'$	$b+5h_f'$
	$h_f'/h_0 < 0.05$	$b+12 h_f'$	b	$b+5h_f'$

注：(1) 表中 b 为腹板宽度。

（2）如果肋形梁在梁跨内设有间距小于纵肋间距的横肋时，则可以不遵守表列第三种情况的规定。

2. T 形截面分类及其判别

1）T 形截面梁的分类

根据其受力后受压区高度 x 的大小或中和轴所在位置的不同，可将 T 形截面分为以下两类。

（1）第一类 T 形截面：中和轴在翼缘内，即 $x \leqslant h_f'$，受压区面积为矩形，见图 3-22(a)。

（2）第二类 T 形截面：中和轴在梁肋内，即 $x > h_f'$，受压区面积为 T 形，见图 3-22(b)。

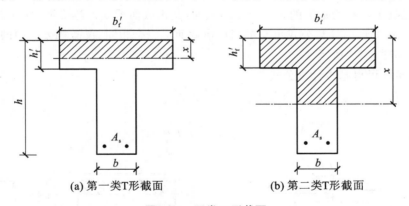

(a) 第一类T形截面　　　　(b) 第二类T形截面

图 3-22　两类 T 形截面

2）T 形截面梁的判别

两类 T 形截面的界限情况为 $x = h_f'$，按照图 3-23 所示，由平衡条件可得：

$$\sum x = 0, \quad \alpha_1 f_c b_f' h_f' = f_y A_s \tag{3-12}$$

$$\sum M_{A_s} = 0, \quad M_u = \alpha_1 f_c b_f' h_f' \left(h_0 - \frac{h_f'}{2} \right) \tag{3-13}$$

根据式(3-12)和式(3-13)，两类 T 形截面的判别可按如下方法进行。

（1）截面设计时，

当 $M \leqslant \alpha_1 f_c b_f' h_f' \left(h_0 - \frac{h_f'}{2} \right)$，为第一类 T 形截面；

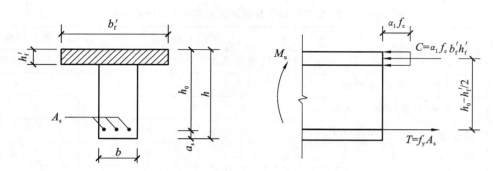

图 3-23　两类 T 形截面的判别界限

当 $M > \alpha_1 f_c b_f' h_f' \left(h_0 - \dfrac{h_f'}{2} \right)$，为第二类 T 形截面。

（2）截面复核时，

当 $f_y A_s \leqslant \alpha_1 f_c b_f' h_f'$，为第一类 T 形截面；

当 $f_y A_s > \alpha_1 f_c b_f' h_f'$，为第二类 T 形截面。

3. 基本计算公式及适用条件

1）第一类 T 形截面

（1）计算公式。由于不考虑受拉区混凝土的作用，受弯构件承载力主要取决于受压区的混凝土，故受压区混凝土形状为矩形的第一类 T 形截面，其正截面承载力与梁宽为 b_f' 的矩形截面完全相同，因此第一类 T 形的计算公式也与单筋矩形截面梁完全相同。仅需将公式中的 b 改为 b_f'，其计算应力图形如图 3-24 所示。

根据平衡条件可得基本计算公式为：

$$\sum x = 0, \quad \alpha_1 f_c b_f' x = f_y A_s \tag{3-14}$$

$$\sum M_{A_s} = 0, \quad M_u \leqslant \alpha_1 f_c b_f' h_f' \left(h_0 - \frac{x}{2} \right) \tag{3-15}$$

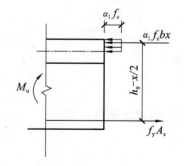
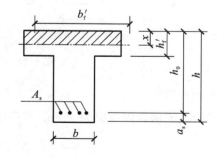

图 3-24　第一类 T 形截面的计算应力图

（2）适用条件。

① 为防止超筋破坏，应满足 $\xi \leqslant \xi_b$，或 $x \leqslant \xi_b h_0$。

由于 T 形截面的 h_f' 较小，而第一类 T 形截面的受压区高度 $x \leqslant h_f'$，故 x 值更小，所以这个条件通常都能满足,不必验算。

② 为防止少筋破坏,应满足 $A_s \geqslant \rho_{min} bh$ 或 $\rho \geqslant \rho_{min}$。

由于最小配筋率是由截面的开裂弯矩 M_{cr} 决定的,而 M_{cr} 主要取决于受拉区混凝土的面积,故最小钢筋面积 $A_{s,min} = \rho_{min} bh$,而不应按 $b'_f h$ 计算。

2) 第二类 T 形截面

(1) 计算公式。第二类 T 形截面的中和轴在梁肋内($x > h'_f$),其混凝土受压区的形状已由矩形变为 T 形,其计算应力图形如图 3-25(a) 所示。根据平衡条件可得:

$$\alpha_1 f_c (b'_f - b) h'_f + \alpha_1 f_c bx = f_y A_s \tag{3-16}$$

$$M \leqslant \alpha_1 f_c (b'_f - b) h'_f \left(h_0 - \frac{h'_f}{2} \right) + \alpha_1 f_c bx \left(h_0 - \frac{x}{2} \right) \tag{3-17}$$

为了便于分析和计算,可将第二类 T 形截面所承担的弯矩 M_u 分为两部分(其应力图也分解为两部分):第一部分为翼缘挑出部分 $(b'_f - b) h'_f$ 的混凝土和相应的一部分受拉钢筋 A_{s1} 所承担的弯矩 M_{u1},如图 3-25(b) 所示;第二部分为 $b \times x$ 的矩形截面受压区混凝土与相应的另一部分受拉钢筋 A_{s2} 所承担的弯矩 M_{u2},如图 3-25(c) 所示。于是可得:

$$M_u = M_{u1} + M_{u2}, \quad A_s = A_{s1} + A_{s2}$$

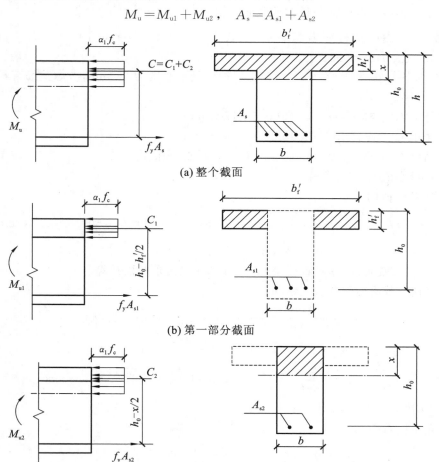

(a) 整个截面

(b) 第一部分截面

(c) 第二部分截面

图 3-25 第二类 T 形截面的计算应力图

对第一部分,由平衡条件可得:

$$\alpha_1 f_c (b'_f - b) h'_f = f_y A_{s1} \qquad (3\text{-}18)$$

$$M_{u1} = \alpha_1 f_c (b'_f - b) h'_f \left(h_0 - \frac{h'_f}{2} \right) \qquad (3\text{-}19)$$

对于第二部分,由于平衡条件可得:

$$\alpha_1 f_c b x = f_y A_{s2} \qquad (3\text{-}20)$$

$$M_{u2} = \alpha_1 f_c b x \left(h_0 - \frac{x}{2} \right) \qquad (3\text{-}21)$$

(2) 适用条件。

① 为防止超筋破坏,要求满足 $\xi \leqslant \xi_b$,或 $x \leqslant \xi_b h_0$。

② 为防止少筋破坏,要求 $A_s \geqslant \rho_{min} b h_0$。

由于第二类 T 形截面梁受压区高度 x 较大,相应的受拉钢筋配筋面积 A_s 较多,故通常都能满足 ρ_{min} 的要求,可不必验算。

例 3-6 某现浇肋形楼盖中的次梁,如图 3-26(a) 所示。梁跨中承受弯矩设计值 $M = 112$ kN·m,梁的计算跨度 $l_0 = 5.1$ m,混凝土强度等级为 C25,钢筋采用 HRB400 级,环境类别为一类。求该次梁所需的纵向受拉钢筋截面面积 A_s。

解 由已知材料强度等级,查表得 $f_c = 11.9$ N/mm²,$f_t = 1.27$ N/mm²,$f_y = 360$ N/mm²,$\alpha_1 = 1.0$,$\xi_b = 0.518$。

(1) 确定翼缘计算宽度 b'_f。C25 混凝土保护层最小厚度为 25 mm,考虑箍筋直径为 8 mm,取 $h_0 = 400 - 45 = 355$ mm。

按计算跨度 l_0 考虑:$b'_f = l_0/3 = 5100/3 = 1700$ mm。

按梁肋净距 s_n 考虑:$b + s_n = 200 + 1600 = 1800$ mm。

按翼缘高度 h'_f 考虑:$h'_f/h_0 = 80/355 > 0.1$,不受此项限制。

故取三者最小值 $b'_f = 1700$ mm。

(2) 判别 T 形截面类型。

$$\alpha_1 f_c b'_f h'_f \left(h_0 - \frac{h'_f}{2} \right) = 1.0 \times 11.9 \times 1700 \times 80 (355 - 80/2) = 509.8 \times 10^6 \text{ N·mm}$$

$$= 509.8 \text{ kN·m} > M = 112 \text{ kN·m}$$

属第一类 T 形截面,可按截面尺寸为 $b'_f \times h$ 的单筋矩形截面计算。

(3) 计算钢筋截面面积并选配钢筋。

$$\alpha_s = \frac{M}{\alpha_1 f_c b'_f h_0^2} = \frac{112 \times 10^6}{1 \times 11.9 \times 1700 \times 355^2} = 0.044$$

$$\xi = 1 - \sqrt{1 - 2\alpha_s} = 1 - \sqrt{1 - 2 \times 0.044} = 0.045$$

$$A_s = \frac{\alpha_1 f_c b'_f \xi h_0}{f_y} = \frac{1 \times 11.9 \times 1700 \times 0.045 \times 355}{360} = 898 \text{ mm}^2$$

选用 3 ⊕ 20,实配 $A_s = 942$ mm²。

(4) 验算适用条件。

$$\rho_{min} = 0.45 \frac{f_t}{f_y} = 0.45 \times \frac{1.27}{360} = 0.16\% < 0.2\%$$

故取 $\rho_{min} = 0.2\%$。

$$\rho_{\min} bh = 0.2\% \times 200 \times 400 = 160 \ mm^2 < A_s = 942 \ mm^2$$

符合要求。

梁中受力钢筋布置如图 3-26(b)所示。

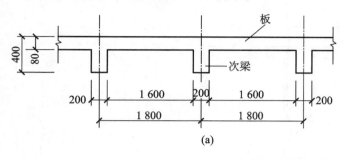

图 3-26　例 3-6 图

例 3-7　有一 T 形截面梁，截面尺寸 $b = 250 \ mm$，$h = 600 \ mm$，$b'_f = 500 \ mm$，$h'_f = 100 \ mm$，承受弯矩设计值 $M = 405 \ kN\cdot m$，采用 C30 混凝土，HRB 400 级钢筋，环境类别为一类，试确定该梁所需的受拉钢筋截面面积。

解　由已知材料强度等级查表得 $f_c = 14.3 \ N/mm^2$，$f_t = 1.43 \ N/mm^2$，$f_y = 360 \ N/mm^2$，$\alpha_1 = 1.0$，设采用两排纵向受力钢筋，取 $h_0 = 600 - 65 = 535 \ mm$。

① 判别 T 形截面类型。

$$\alpha_1 f_c b'_f h'_f \left(h_0 - \frac{h'_f}{2}\right) = 1.0 \times 14.3 \times 500 \times 100 \ (535 - 100/2) = 346.8 \times 10^6 \ N\cdot mm$$
$$= 346.8 \ kN\cdot m < M = 405 \ kN\cdot m$$

故属第二类 T 形截面。

② 求 A_{s1} 和其相应承担的弯矩 M_{u1}。

由式(3-18)得：

$$A_{s1} = \frac{\alpha_1 f_c (b'_f - b) \cdot h'_f}{f_y} = \frac{1 \times 14.3 \times (500 - 250) \times 100}{360} = 993 \ mm^2$$

由式(3-19)得：

$$M_{u1} = \alpha_1 f_c h'_f \left(h_0 - \frac{h'_f}{2}\right) = 1.0 \times 14.3 \times (500 - 250) \times 100 \ (535 - 100/2)$$
$$= 173.4 \times 10^6 \ N\cdot mm = 173.4 \ kN\cdot m$$

③ 计算 M_{u2} 和 A_{s2}。

$$M_{u2} = M_u - M_{u1} = 405 - 173.4 = 231.6 \ kN\cdot m$$

则

$$\alpha_s = \frac{M_{u2}}{\alpha_1 f_c b h_0^2} = \frac{231.6 \times 10^6}{1 \times 14.3 \times 250 \times 535^2} = 0.226$$

$\alpha_s \leqslant \alpha_{s,\max} = 0.384$(查表 3-7)，故不超筋。

$$\gamma_s = 0.5(1 + \sqrt{1 - 2\alpha_s}) = 0.5 \times (1 + \sqrt{1 - 2 \times 0.226}) = 0.870$$

$$A_{s2} = \frac{M_{u2}}{f_y \gamma_s h_0} = \frac{231.6 \times 10^6}{360 \times 0.870 \times 535} = 1 \ 382 \ mm^2$$

④ 计算全部纵向受拉钢筋截面面积 A_s。

$$A_s = A_{s1} + A_{s2} = 993 + 1\ 382 = 2\ 375\ \text{mm}^2$$

选用 $4\ \Phi\ 18 + 4\ \Phi\ 22$，实配 $A_s = 2\ 537\ \text{mm}^2$，按两排布置，截面配筋如图 3-27 所示。

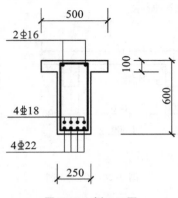

图 3-27　例 3-7 图

例 3-8　有一 T 形截面梁，截面尺寸 $b = 300\ \text{mm}$，$h = 800\ \text{mm}$，$b'_f = 600\ \text{mm}$，$h'_f = 100\ \text{mm}$，采用 C30 混凝土，梁截面配有 10 根直径为 22 mm 的 HRB400 级钢筋，钢筋按二排布置，每排各 5 根，该梁承受最大弯矩设计值 $M = 600\ \text{kN·m}$，环境类别为一类，试复核该梁截面是否安全。

解　查表得 $f_c = 14.3\ \text{N/mm}^2$，$f_t = 1.43\ \text{N/mm}^2$，$f_y = 360\ \text{N/mm}^2$，$A_s = 3\ 801\ \text{mm}^2$（10 Φ 22），$\alpha_1 = 1.0$。C30 混凝土保护层最小厚度为 20 mm，受拉钢筋两排布置。

则
$$h_0 = h - a_s = 800 - 65 = 735\ \text{mm}$$

判别 T 形截面类型。

$$\alpha_1 f_c b'_f h'_f = 1 \times 14.3 \times 600 \times 100 = 858\ 000\ \text{N}$$
$$f_y A_s = 360 \times 3801 = 1\ 368\ 360\ \text{N} > 858\ 000\ \text{N}$$

故属第二类 T 形截面。

$$x = \frac{f_y A_s - \alpha_1 f_c (b'_f - b) h'_f}{\alpha_1 f_c b} = \frac{360 \times 1801 - 1.0 \times 14.3 \times (600 - 300) \times 100}{1.0 \times 14.3 \times 300}$$
$$= 219\ \text{mm} < \xi_b h_0 = 0.518 \times 735 = 381\ \text{mm}$$

不超筋。

$$M_u = \alpha_1 f_c (b'_f - b) h'_f \left(h_0 - \frac{h'_f}{2} \right) + \alpha_1 f_c b x \left(h_0 - \frac{x}{2} \right)$$
$$= 1.0 \times 14.3 \times (600 - 300) \times 100 \times (735 - 100/2) + 1.0 \times 14.3 \times 300 \times 219 \times (735 - 219/2)$$
$$= 882 \times 10^6\ \text{N·mm} = 882\ \text{kN·m} > M = 600\ \text{kN·m}$$

故该梁正截面安全。

四、双筋截面受弯构件的概念

1. 双筋矩形截面梁的应用范围

双筋截面受弯构件是指在截面的受拉区和受压区同时配置纵向受力钢筋的受弯构件。双筋截面梁虽然可以提高承载力,但利用受压钢筋来帮助混凝土承受压力是不经济的,故应尽量少用双筋截面梁。通常双筋矩形截面梁适用于下列情况。

(1) 按单筋截面计算出现 $x>\xi_b h_0$ 或 $M>M_{u,max}$ 情况,而截面尺寸及材料强度又由于种种原因不能再增大和提高时。

(2) 构件在不同荷载的组合下,截面将承受变号弯矩的作用时。

(3) 在抗震设计中为提高截面的延性或由于构造原因,要求框架梁必须配置一定比例的受压钢筋时。

试验表明,双筋矩形截面梁破坏时的受力特点与单筋矩形截面梁类似。双筋矩形截面适筋梁在满足 $x\leqslant\xi_b h_0$ 的条件下,受拉钢筋应力先达到屈服强度,然后受压区混凝土压碎而破坏。二者的不同之处在于双筋截面梁的受压区配有纵向受压钢筋,由平截面应变关系可以推出,当边缘混凝土达到极限压应变 ε_{cu} 时,受压钢筋的最大应力值为 400 kN/mm²。若 $x\geqslant 2a'_s$ 时,对于常用的 HPB300、HRB335、HRB400、HRBF400 及 RRB400 级热轧钢筋,均能达到其抗压强度设计值 f'_y(即受压钢筋已屈服);若 $x<2a'_s$ 时,受压钢筋距中和轴太近,其应力达不到其抗压强度设计值 f'_y,使受压钢筋不能充分发挥作用。

为防止纵向受压钢筋在压力作用下发生压屈而侧向凸出,保证受压钢筋充分发挥其作用,《规范》规定,双筋梁必须采用封闭箍筋,且箍筋的间距不应大于 $15d$(d 为受压钢筋的最小直径),同时不应大于 400 mm;箍筋直径不应小于受压钢筋最大直径的 1/4。当受压钢筋多于三根时,应设置复合箍筋。

2. 基本公式及适用条件

1) 基本计算公式

与单筋矩形截面梁相似,双筋矩形截面适筋梁达到受弯极限状态时,受拉钢筋应力先达到抗拉强度设计值 f_y,受压区混凝土仍然采用等效矩形应力图形,而受压钢筋在满足一定条件下,其应力能达到抗压强度设计值 f'_y,双筋矩形截面梁的计算应力简图如图 3-28(a)所示。

根据平衡条件,可写出下列基本公式:

$$\alpha_1 f_c bx + f'_y + A'_s = f_y A_s \tag{3-22}$$

$$M\leqslant M_u = \alpha_1 f_c bx\left(h_0 - \frac{x}{2}\right) + f'_y A'_s(h_0 - a'_s) \tag{3-23}$$

式中,f'_y 为钢筋抗压强度设计值;A'_s 为纵向受压钢筋截面面积;a'_s 为纵向受压钢筋合力作用点至截面受压边缘的距离。

为了便于计算双筋截面的受弯承载力 M_u 可分解为两部分:第一部分是由受压钢筋 A'_s 与相应的一部分受拉钢筋 A_{s1} 组成的纯钢筋截面所承担的弯矩 M_{u1},如图 3-28(b)所示;第二部分是由受压区混凝土与相应的另一部分受拉钢筋 A_{s2} 组成的单筋截面所承担的弯矩 M_{u2},如图 3-28(c)所示。并且总受弯承载力 $M_u = M_{u1} + M_{u2}$,总受拉钢筋截面面积 $A_s = A_{s1} + A_{s2}$。

对第一部分,由平衡条件可得:

$$f'_y A'_s = f_y A_{s1}$$

$$M_{u1} = f'_y A'_s(h_0 - a'_s)$$

对第二部分,由平衡条件可得:

$$\alpha_1 f_c bx = f_y A_{s2}$$

$$M_{u2} = \alpha_1 f_c bx \left(h_0 - \frac{x}{2} \right)$$

2)适用条件

(1)为了防止双筋梁发生超筋破坏,应满足:

$$x \leqslant \xi_b \quad \text{或} \quad \xi \leqslant \xi_b$$

(2)为了保证受压钢筋的压应力能达到 f_y',受压钢筋的合力作用点不能距中和轴太近,应满足:

$$x \geqslant 2a_s'$$

双筋截面一般不会出现少筋破坏情况,故可不必验算最小配筋率。

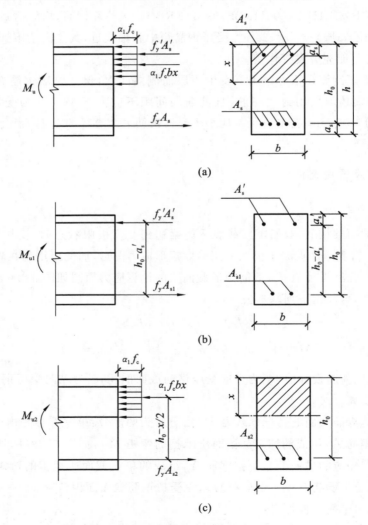

图 3-28 双筋矩形截面梁正截面承载力的计算应力简图

任务 3 受弯构件斜截面承载力计算

前面主要学习了受弯构件的正截面承载力设计,受弯构件在荷载作用下,除了发生正截面破坏外,还要发生斜截面破坏,在弯矩 M 和剪力 V 的共同作用下,常产生斜裂缝,若受弯构件的抗剪能力不足,就会产生斜截面剪切破坏,如图 3-29 所示。

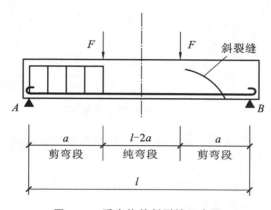

图 3-29 受弯构件斜裂缝示意图

梁的斜截面承载力包括斜截面受剪承载力和斜截面受弯承载力。在实际工程中,斜截面受剪承载力通过计算配置腹筋(箍筋和弯起钢筋)来保证,而斜截面受弯承载力则通过构造措施来保证。

一、受弯构件斜截面破坏形式及影响因素

1. 影响斜截面受剪承载力的主要因素

影响钢筋混凝土梁受剪承载力的因素很多,主要有剪跨比 λ、混凝土的强度等级、箍筋的配箍率 ρ_{sv}、弯起钢筋的配置、纵向钢筋的配筋率 ρ 等。

1)剪跨比 λ

对于承受集中荷载作用下的简支梁(如图 3-29 所示),剪跨比 λ 的定义为剪跨跨长 a 与截面有效高度 h_0 的比。

$$\lambda = \frac{a}{h_0} \tag{3-24}$$

广义剪跨比 $\lambda = M/Vh_0$。试验结果表明,对于无腹筋梁,剪跨比 λ 是影响受剪承载力最主要的因素之一。剪跨比 λ 越大,受剪承载力越小,但当 $\lambda > 3$ 时,剪跨比对梁斜截面受剪承载力不再有明显影响。对于有腹筋梁来说,随着配箍率的增加,剪跨比的影响变小。

2)混凝土强度等级

试验表明,混凝土强度等级对梁的受剪承载力有显著的影响。一般情况下,梁的受剪承载

力随着混凝土强度等级的提高而提高,大致成线性关系。

3)配箍率 ρ_{sv}

构件中箍筋的配置数量可用配箍率 ρ_{sv} 来表示,见图 3-30,即:

$$\rho_{sv}=\frac{A_{sv}}{bs}=\frac{nA_{sv1}}{bs} \tag{3-25}$$

式中,A_{sv} 为配置在同一截面内箍筋各肢的全部截面面积,$A_{sv}=nA_{sv1}$;A_{sv1} 为单肢箍筋的截面面积;n 为箍筋的肢数;s 为沿构件长度方向的箍筋间距。

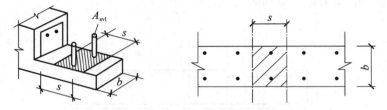

图 3-30　箍筋配置示意图

钢筋混凝土梁的配箍率在适当的范围内,受剪承载力将随着配箍率 ρ_{sv} 的增大而增大。

4)弯起钢筋

弯起钢筋除了承担拉力,与斜裂缝相交的弯起段还承担剪力,所以弯起钢筋的截面面积越大,强度越高,梁的受剪承载力也就越高。

由于弯起钢筋一般由纵向钢筋弯起而成,其直径较粗,根数较少,受力很不均匀,另外弯起钢筋的施工比较费事,实际应用不是很多。箍筋虽然不与斜裂缝正交,但分布均匀。因此,一般在配置腹筋时,应优先选用箍筋。

5)纵向钢筋配筋率 ρ

纵向钢筋能承受一定的剪力,起销栓作用,可以抑制斜裂缝的开展。梁的斜截面受剪承载力随纵向钢筋配筋率 ρ 增大而提高。但实验资料分析表明,纵向钢筋配筋率较小时,对梁受剪承载力的影响并不明显;只有配筋率 $\rho>1.5\%$ 时,对梁受剪承载力的影响才较为明显。由于实际工程中受弯构件的纵向钢筋配筋率 $\rho\leqslant1.5\%$,故《规范》给出的斜截面承载力计算公式中没有考虑纵向钢筋配筋率的影响。

除上述因素外,截面形状、荷载种类和作用方式等对斜截面受剪承载力都有影响。

2. 受弯构件斜截面的破坏形态

受弯构件斜截面的受剪破坏形态主要取决于箍筋的数量和剪跨比。根据剪跨比 λ 和箍筋数量的不同,受弯构件斜截面的受剪破坏形态有以下三种。

1)斜拉破坏

当无腹筋梁集中荷载作用点距支座较远,剪跨比 $\lambda>3$,或有腹筋梁箍筋配置的数量过少时,将会发生斜拉破坏。其特点是斜裂缝一旦出现,就会形成临界斜裂缝,并迅速向集中荷载作用点处延伸,将梁斜向劈裂成两半,这是一种没有预兆的危险性很大的脆性破坏,如图 3-31(a)所示。

2)剪压破坏

当无腹筋梁剪跨比 $1\leqslant\lambda\leqslant3$,或有腹筋梁箍筋配置的数量适当时,将会发生剪压破坏。在梁腹部出现斜裂缝后,随着荷载的增加,将陆续出现新的斜裂缝,在众多的斜裂缝中形成一条延伸较长、扩展较宽的临界斜裂缝。随着荷载的继续增加,与临界斜裂缝相交的箍筋应力增大直至达到屈服,随后,临界斜裂缝向集中力作用点处发展,导致集中荷载作用点处剪压区混凝土达到极限强度而破坏,剪压破坏也属于脆性破坏,如图 3-31(b)所示。

3) 斜压破坏

当集中荷载作用点距支座较近,剪跨比 λ<1,或箍筋配置的数量过多时,将会发生斜压破坏。其受力特点是:在集中荷载与支座之间的梁腹部,出现一些大体相互平行的斜裂缝,随着荷载的增加,这些斜裂缝将梁腹部混凝土形分割成斜向的受压短柱,在箍筋应力未达到屈服强度前,斜向混凝土短柱已达到极限强度而被压碎,这种破坏也是危险性很大的脆性破坏,如图 3-31(c)所示。

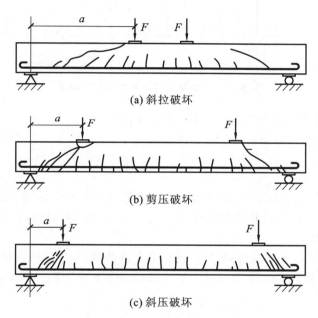

(a) 斜拉破坏

(b) 剪压破坏

(c) 斜压破坏

图 3-31 斜截面的破坏形态

从上述三种破坏形态可知,斜拉破坏发生十分突然,而斜压破坏时箍筋未能充分发挥作用,故这两种破坏在结构设计中均应避免。《规范》通过采用截面限制条件来防止斜压破坏;通过控制箍筋的最小配筋率来防止斜拉破坏;而剪压破坏,则是通过受剪承载力的计算配置箍筋及弯起钢筋来避免。

二、受弯构件斜截面受剪承载力计算

1. 斜截面受剪承载力的计算公式

斜截面受剪承载力的计算是以剪压破坏形态为依据。如图 3-32 所示,为一配置箍筋和弯起钢筋的简支梁发生斜截面剪压破坏时,斜裂缝到支座之间的一段隔离体。为便于理解,假定斜截面受剪承载力由三部分组成,由隔离体竖向力的平衡条件,可列出受剪承载力的计算公式,即:

$$V_u = V_c + V_{sv} + V_{sb} \quad 或 \quad V_u = V_{cs} + V_{sb}$$

式中，V_u 为构件斜截面上受剪承载力设计值；V_c 为端剪压区混凝土受剪承载力设计值，即无腹筋梁的受剪承载力；V_{sv} 为与斜裂缝相交的箍筋受剪承载力设计值；V_{sb} 为与斜裂缝相交的弯起钢筋受剪承载力设计值；V_{cs} 为斜截面上混凝土和箍筋的受剪承载力设计值，$V_{cs} = V_c + V_{sv}$。

我国有关单位对承受均布荷载和集中荷载的简支梁，以及连续梁和约束梁进行了大量的试验，《规范》根据理论研究和试验数据分析，并结合工程实践经验，对不同情况的梁，给出以下斜截面受剪承载力的计算公式。

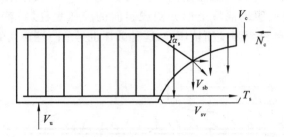

图 3-32　斜截面受剪承载力的计算简图

1）仅配箍筋时梁的斜截面受剪承载力计算基本公式

（1）对矩形、T 形和工字形截面的一般受弯构件。

$$V \leqslant V_{cs} = 0.7 f_t b h_0 + f_{yv} \frac{A_{sv}}{s} h_0 \tag{3-26}$$

式中，V 为构件斜截面上的最大剪力设计值；f_{yv} 为箍筋抗拉强度设计值，按表 1-4 采用；A_{sv} 为配置在同一截面内箍筋各肢的全部截面面积，$A_{sv} = nA_{sv1}$；s 为箍筋间距；f_t 为混凝土轴心抗拉强度设计值，按表 1-1 采用。

（2）对集中荷载作用下的独立梁（包括作用有多种荷载，其中集中荷载对支座截面或节点边缘所产生的剪力值占总剪力值的 75% 以上的情况），应按下式计算：

$$V \leqslant V_{cs} = \frac{1.75}{\lambda + 1} f_t b h_0 + f_{yv} \frac{A_{sv}}{s} h_0 \tag{3-27}$$

式中，λ 为计算截面的剪跨比，当 $\lambda < 1.5$ 时，取 $\lambda = 1.5$；当 $\lambda > 3$ 时，取 $\lambda = 3$。集中荷载作用点到支座之间的箍筋，应均匀配置。

2）配有箍筋和弯起钢筋的梁

当梁需承受的剪力较大时，可配置箍筋和弯起钢筋共同承担，其斜截面受剪承载力由式（3-26）或式（3-27）计算的 V_{cs} 和与斜裂缝相交的弯起钢筋受剪承载力 V_{sb} 组成。而弯起钢筋受剪承载力 V_{sb} 应等于弯起钢筋所承受的拉力在垂直于梁轴线方向上的分力值，具体计算公式如下：

$$V \leqslant V_u = V_{cs} + 0.8 f_y A_{sb} \sin a_s \tag{3-28}$$

式中，f_y 为弯起钢筋抗拉强度设计值；A_{sb} 为同一弯起截面内弯起钢筋的截面面积；α_s 为弯起钢筋与梁纵向轴线的夹角，当梁高 $h \leqslant 800$ 时，取 $\alpha_s = 45°$；当梁高 $h > 800$ 时，取 $\alpha_s = 60°$；0.8 为考虑构件破坏时与斜裂缝相交的弯起钢筋应力达不到 f_y 的钢筋应力不均匀系数。

2. 计算公式的适用条件

梁的斜截面受剪承载力计算公式是根据剪压破坏的受力状态确定的，为了防止斜压破坏和斜拉破坏,计算公式还应有一定的适用条件。

1)防止斜压破坏的条件——最小截面尺寸的限制

从式(3-28)来看,似乎只要增加箍筋和弯起钢筋用量,就可以将构件的抗剪能力提高到任意值,但事实并非如此。试验证明,当梁的截面尺寸过小,剪力较大时,在腹筋超过一定数值后,即使配置再多的腹筋,斜截面承载力也不再提高,增加的腹筋不能充分发挥作用,而是发生斜压破坏。因此,为防止斜压破坏,《规范》规定:矩形、T 形和工字形截面的受弯构件,其受剪截面限制条件为:

当 $h_w/b \leqslant 4$(一般梁)时

$$V \leqslant 0.25\beta_c f_c bh_0 \tag{3-29a}$$

当 $h_w/b \geqslant 6$(薄腹梁)时

$$V \leqslant 0.2\beta_c f_c bh_0 \tag{3-29b}$$

当 $4 < h_w/b < 6.0$ 时

$$V \leqslant 0.025\left(14 - \frac{h_w}{b}\right)\beta_c f_c bh_0 \tag{3-29c}$$

式中,β_c 为混凝土强度影响系数,见表 3-11;h_w 为截面的腹板高度,对矩形截面取有效高度 h_0,对 T 形截面取有效高度减去翼缘高度,对工字形截面取腹板净高。

表 3-11　混凝土强度影响系数

强度等级	$\leqslant$C50	C55	C60	C65	C70	C75	C80
系数 β_c	1.0	0.97	0.93	0.9	0.87	0.83	0.8

在工程设计中,如不能满足上述要求,应加大截面尺寸或提高混凝土强度等级。

2)防止斜拉破坏的条件——最小配箍率的限制

当出现斜裂缝后,斜裂缝上的主拉应力全部转移给箍筋。若箍筋配置过少,一旦斜裂缝出现,箍筋会立即屈服,造成斜裂缝的加速开展,甚至箍筋被拉断而导致斜拉破坏。为防止出现斜拉破坏,《规范》规定了配箍率下限,即最小配箍率 $\rho_{sv,min}$。箍筋的配置应满足:

$$\rho_{sv} = \frac{A_{sv}}{bs} = \frac{nA_{sv1}}{bs} \geqslant \rho_{sv,min} = 0.24\frac{f_t}{f_{yv}} \tag{3-30}$$

在工程设计中,如不能满足上述要求,则应按 $\rho_{sv,min}$ 配箍筋,并满足构造要求。

3. 斜截面受剪承载力的计算截面位置

由于受剪承载力不足而出现的剪压破坏可能在多处发生,因而在进行斜截面受剪承载力计算时,计算截面的位置应选取剪力设计值最大的危险截面或受剪承载力较为薄弱的截面。在设计中,计算截面的位置应按下列规定采用:

(1)支座边缘处的截面,如图 3-33(a)、图 3-33(b)中的截面 1—1。

(2)受拉区弯起钢筋弯起点处的截面,如图 3-33(a)中的截面 2—2 或 3—3。

(3)箍筋截面面积或间距改变处的截面,如图 3-33(b)中的截面 4—4。

(4)腹板宽度或截面高度改变处的截面。

在计算弯起钢筋时,其计算截面的剪力设计值应取相应截面上的最大剪力值,通常按如下

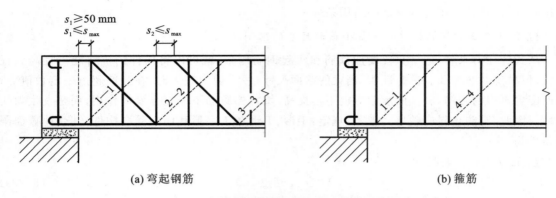

(a) 弯起钢筋   (b) 箍筋

图 3-33　斜截面受剪承载力的计算截面位置

方法取用。

如图 3-34 所示,计算第一排(对支座而言)弯起钢筋时,取支座边缘处的剪力值 V;计算以后的每一排弯起钢筋时,取前一排(对支座而言)弯起钢筋弯起点处的剪力值;同时,箍筋间距及前一排弯起钢筋的弯起点至后一排弯起钢筋弯终点的距离均应符合箍筋的最大间距要求 $s_{\max}$,而且靠近支座的第一排弯起钢筋的弯终点距支座边缘的距离满足$\leqslant s_{\max}$,且$\geqslant 50$ mm,一般可取 50 mm。

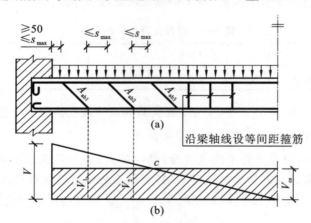

图 3-34　弯起钢筋承担剪力的位置要求

4. 斜截面受剪承载力的计算方法和步骤

梁斜截面承载力的计算同正截面承载力计算,主要包括配置梁的腹筋和截面校核两个方面。配置梁的腹筋就是要确定箍筋的直径、根数、间距或确定弯起钢筋的根数等。截面校核是指已知箍筋等截面信息时校核其斜截面承载力是否符合要求,即安全性问题。

1)截面设计——配置箍筋

已知:梁截面尺寸 $b \times h$,由荷载产生的剪力设计值 V,混凝土强度等级 f_c,箍筋级别。需按要求配置箍筋。其计算方法和步骤如下。

(1)复核截面尺寸。

用防止斜压破坏的条件,即式(3-29a)或式(3-29b)对截面尺寸进行复核,如不满足要求,则应加大截面尺寸或提高混凝土强度等级。

（2）确定是否需要按计算配置箍筋。

当 $V \leqslant V_c = 0.7 f_t b h_0$，或 $V \leqslant V_c = \dfrac{1.75}{\lambda+1} f_t b h_0$，表明梁中混凝土即可承担荷载产生的剪力，故可按构造配置箍筋。即按箍筋最小配箍率 $\rho_{sv, min}$ 配置箍筋，同时满足箍筋肢数、最小直径 d_{min} 及最大间距 s_{max}（表 3-1）的规定。

若不符合上述条件，则需要按计算配置箍筋。

（3）计算腹筋数量。梁内腹筋通常有两种配置方法：一种是只配箍筋，不设弯起钢筋；另一种是既配箍筋又设弯起钢筋。

只配箍筋时，需计算出沿梁轴线方向单位长度上所需的箍筋面积。

对矩形、T 形和工字形截面的一般受弯构件，可按下式计算：

$$\frac{A_{sv}}{s} = \frac{n A_{sv1}}{s} \geqslant \frac{V - 0.7 f_t b h_0}{f_{yv} h_0} \tag{3-31}$$

对集中荷载作用下的独立梁，可按下式计算：

$$\frac{A_{sv}}{s} = \frac{n A_{sv1}}{s} \geqslant \frac{V - \dfrac{1.75}{\lambda+1.0} f_t b h_0}{f_{yv} h_0} \tag{3-32}$$

求出 A_{sv}/s 的值后，可按构造要求确定箍筋肢数 n 和箍筋直径 d，然后求出箍筋的间距 s，使选定的箍筋间距 $s \leqslant s_{max}$（查表 3-1）。最后验算最小配箍率，即满足式（3-30）的要求。

既配箍筋又配弯起钢筋时，一般先选定箍筋的肢数、直径和间距，并计算出 V_{cs}，然后计算弯起钢筋的截面面积 A_{sb}。

$$A_{sb} = \frac{V - V_{cs}}{0.8 f_y \sin \alpha_s} \tag{3-33}$$

最后验算最小配箍率，满足公式（3-30）要求。

例 3-9 已知某钢筋混凝土矩形截面简支梁，截面尺寸 $b \times h = 200 \text{ mm} \times 500 \text{ mm}$，由均布荷载在支座边缘处产生的剪力设计值 $V = 180 \text{ kN}$，混凝土采用 C30，箍筋采用 HPB300，纵向受力钢筋采用 HRB400 为 3 ⎧25，试对该梁的斜截面进行计算，并确定箍筋数量。

解 由已知材料，查表得 $f_c = 14.3 \text{ N/mm}^2$，$f_t = 1.43 \text{ N/mm}^2$，$f_{yv} = 270 \text{ N/mm}^2$，$f_y = 360 \text{ N/mm}^2$，$\beta_c = 1.0$。

① 复核截面尺寸。

$$h_w = h_0 = h - a_s = 500 - 40 = 460 \text{ mm}, h_w / b = 460/200 = 2.3 < 4$$

$$0.25 \beta_c f_c b h_0 = 0.25 \times 1.0 \times 14.3 \times 200 \times 460 = 328\,900 \text{ N} = 328.9 \text{ kN} > V = 180 \text{ kN}$$

截面尺寸符合要求。

② 确定是否需按计算配置箍筋。

$$0.7 f_t b h_0 = 0.7 \times 1.43 \times 200 \times 460 = 92092 \text{ N} = 92.1 \text{ kN} < V = 180 \text{ kN}$$

故需要按计算配置箍筋。

③ 计算箍筋的数量。

$$\frac{n A_{sv1}}{s} \geqslant \frac{V - 0.7 f_t b h_0}{f_{yv} h_0} = \frac{180\,000 - 92\,100}{270 \times 460} = 0.708 \text{ mm}^2/\text{mm}$$

选用 φ8 双肢箍筋（$A_{sv1} = 50.3 \text{ mm}^2$），则箍筋间距为：

$$s \leqslant \frac{2 \times 50.3}{0.708} = 142 \text{ mm}$$

取 $s = 130$ mm $< s_{\max}$，记作 Φ8@130，沿梁全长均匀布置。

（4）验算最小配箍率。

$$\rho_{sv} = \frac{A_{sv}}{bs} = \frac{2 \times 50.3}{200 \times 130} = 0.39\% > \rho_{sv,\min} = 0.24 \frac{f_t}{f_{yv}} = 0.24 \times \frac{1.43}{270} = 0.127\%$$

满足要求。

例 3-10 如图 3-35 所示为一根两端支承在 240 mm 厚砖墙上的矩形截面简支梁，其截面尺寸 $b \times h = 250$ mm $\times 500$ mm，承受均布荷载设计值 $q = 120$ kN/m（包括梁自重），混凝土强度等级为 C30，箍筋采用 HPB 300 级，纵向钢筋采用 HRB400 级，环境类别为一类，选用既配箍筋又配弯起钢筋方案，试求箍筋和弯起钢筋的数量。

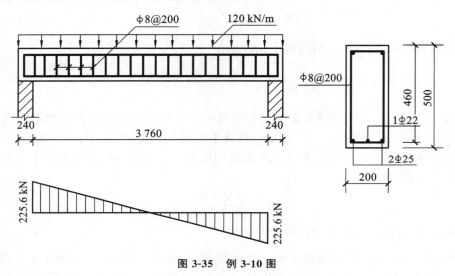

图 3-35 例 3-10 图

解 由题中所选材料，查表得 $f_c = 14.3$ N/mm^2，$f_t = 1.43$ N/mm^2，$f_{yv} = 270$ N/mm^2，$f_y = 360$ N/mm^2，$\beta_c = 1.0$。

① 求剪力设计值。

支座边缘处截面的剪力设计值为：

$$V = \frac{1}{2} q l_n = \frac{1}{2} \times 120 \times 3.76 = 225.6 \text{ kN}$$

② 复核梁的截面尺寸。

$$h_w = h_0 = h - a_s = 500 - 40 = 460 \text{ mm}$$
$$h_w/b = 460/250 = 1.84 < 4.0$$

$$0.25\beta_c f_c b h_0 = 0.25 \times 1.0 \times 14.3 \times 250 \times 460 = 411\,125 \text{ N} = 411.1 \text{ kN} > V = 225.6 \text{ kN}$$

故截面尺寸符合要求。

③ 验算是否需要按计算配置箍筋。

$$0.7 f_t b h_0 = 0.7 \times 1.43 \times 250 \times 460 = 115\,115 \text{ N} = 115.1 \text{ kN} < V = 225.6 \text{ kN}$$

故需要按计算配置箍筋。

④ 既配箍筋又配弯起钢筋的数量。

按构造要求选用双肢Φ8@200的箍筋(满足$s<s_{\max},d_{sv}>d_{\min}$),$A_{sv1}=50.3 \text{ mm}^2$。

验算最小配箍率:

$$\rho_{sv}=\frac{nA_{sv1}}{bs}=\frac{2\times 50.3}{250\times 200}=0.2\%>\rho_{sv,\min}=0.24\frac{f_t}{f_{yv}}=0.24\times\frac{1.43}{270}=0.127\%$$

$$V_{cs}=0.7f_tbh_0+f_{yv}\frac{A_{sv}}{s}h_0=115\ 115+270\times 50.3\times 2\times 460/200=177\ 588 \text{ N}$$

$$=177.6 \text{ kN}<V=225.6 \text{ kN}$$

说明采用Φ8@200的箍筋,不能满足斜截面抗剪要求,还需设弯起钢筋,取$\alpha_s=45°$,第一排弯起钢筋的截面面积为:

$$A_{sb}\geqslant\frac{V-V_{cs}}{0.8f_y\sin\alpha_s}=\frac{225\ 600-177\ 588}{0.8\times 360\times\sin 45°}=236 \text{ mm}^2$$

将现有纵筋中的1$\underline{\Phi}$22钢筋弯起,$A_{sb}=380.1 \text{ mm}^2$已足够。

⑤ 确定弯起钢筋排数。

第一排纵筋弯起点距支座边缘的水平距离为$50+(500-20-20-16)=494 \text{ mm}$,其对应的计算截面位置如图3-36所示。

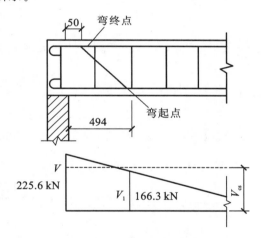

图 3-36　支座边缘示意图

第一排钢筋弯起点处截面的剪力设计值为:

$$V_1=225\ 600\times\frac{3\ 760/2-494}{3760/2}=166\ 320 \text{ N}=166.3 \text{ kN}<V_{cs}=177.6 \text{ kN}$$

该截面处的混凝土和箍筋受剪承载力满足要求,不需要弯起第二排弯起钢筋。

2)截面复核

已知:截面尺寸(b、h、h_0),配箍量(n、A_{sv1}、s),弯起钢筋截面面积(A_{sb}),材料强度(f_c、f_t、f_y、f_{yv})。验算梁的斜截面受剪承载力是否满足要求,即计算斜截面受剪的最大承载力V_u或能承受的最大剪力设计值。其计算步骤如下。

(1)用式(3-30)验算最小配箍率要求。

(2)用式(3-28)求出受剪承载力V_u。

(3)用式(3-29a)或(3-29b)复核最小截面尺寸要求。

例 3-11　一钢筋混凝土简支梁,其截面尺寸及配筋如图 3-37 所示。混凝土采用 C25,箍筋采用双肢Φ8@200 的 HPB300 级钢筋,纵向受拉钢筋为 HRB400 级 3 Φ22 钢筋,环境类别为一类。试计算该梁能承担的最大剪力设计值 V_u。

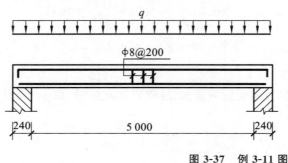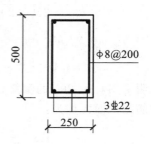

图 3-37　例 3-11 图

解　① 查出材料强度设计值。

由所选材料查表得 $f_c = 11.8$ N/mm^2, $f_t = 1.27$ N/mm^2, $f_{yv} = 270$ N/mm^2, $\beta_c = 1.0$, $A_{sv1} = 50.3$ mm^2。

② 验算配箍率。

$$\rho_{sv} = \frac{nA_{sv1}}{bs} = \frac{2 \times 50.3}{250 \times 200} = 0.2\% > \rho_{sv,min} = 0.24 \frac{f_t}{f_{yv}} = 0.24 \times \frac{1.27}{270} = 0.113\%$$

配箍率符合要求。

③ 计算梁的受剪承载力 V_u。

截面的有效高度为:

$$h_0 = h - a_s = 500 - (25 + 8 + 22/2) = 500 - 44 = 456 \text{ mm}$$

$$V_u = V_{cs} = 0.7 f_t b h_0 + f_{yv} \frac{A_{sv}}{s} h_0$$

$$= 0.7 \times 1.27 \times 250 \times 456 + 270 \times \frac{2 \times 50.3}{200} \times 456$$

$$= 163.3 \text{ kN}$$

④ 核截面尺寸。

$$h_w/b = 456/250 = 1.82 < 4.0$$

$$0.25\beta_c f_c b h_0 = 0.25 \times 1.0 \times 11.9 \times 250 \times 456 = 339.2 \text{ kN} > V = 163.3 \text{ kN}$$

截面尺寸符合要求。

故该梁能承担的最大剪力设计值 $V_u = 163.3$ kN。

三、保证斜截面受弯承载力的构造要求

受弯构件在弯矩和剪力的共同作用下,沿斜截面除了有可能发生受剪破坏外,由于弯矩的作用还有可能发生斜截面的弯曲破坏。纵向受拉钢筋是按照正截面最大弯矩计算确定的,如果纵向受拉钢筋在梁的全跨内既不弯起,也不截断,可以保证构件任何截面都不会发生弯曲破坏,也能满足任何斜截面的受弯承载力。但是如果一部分纵向受拉钢筋在某一位置弯起或截断时,则有可能使斜截面的受弯承载力得不到保证。而斜截面受弯承载力,是靠一定的构造措施来保证的。《规范》对纵向受拉钢筋正确的弯起或截断的位置,以及对纵向钢筋的锚固等构造要求进行了相应的规定,而且这些构造要求一般要通过绘制正截面的抵抗弯矩图(材料图)予以判断。

1. 抵抗弯矩图的概念

所谓抵抗弯矩图,是指按实际配置的纵向受拉钢筋所绘制的梁上各正截面所能承担弯矩的图形,简称 M_u 图。图上各纵坐标代表正截面实际所能抵抗的弯矩值,它与构件的材料、截面尺寸、纵向受拉钢筋的数量及其布置有关,与所承受的荷载无关。故抵抗弯矩图又称为材料图。

图 3-38(a)表示承受均布荷载作用的简支梁,其设计弯矩图形为二次抛物线。若按跨中最大弯矩计算,梁下部需配置纵向受拉钢筋 3 ⌀ 25,该截面所能抵抗的弯矩可按下式计算:$M_R = f_y A_s \gamma_s h_0$,为简化计算,近似取 γ_s 为常数,h_0 变化忽略不计,则各截面上的实配钢筋所能抵抗的弯矩与钢筋的截面面积 A_s 成正比。若 3 ⌀ 25 钢筋既不弯起也不截断而全部伸入支座,则其抵抗弯矩图为矩形。显然,梁各截面的受弯承载力均满足要求,但靠近支座截面的 M_u 远远大于 M,纵向钢筋没有得到充分利用。因此在保证正截面和斜截面受弯承载力的前提条件下,设计时可以把一部分纵筋在受弯承载力不需要的位置弯起或截断,使抵抗弯矩图尽量接近于设计弯矩图,以达到节约钢材的目的。下面介绍钢筋弯起或截断时抵抗弯矩图的画法。

首先将梁的抵抗弯矩图和设计弯矩图按同一比例、在同一基线上画出,然后在 M_R 图上最大弯矩截面处按每根钢筋所能承担的抵抗弯矩 $M_{u1} = \dfrac{A_{si}}{A} M_u$ 的数值,按比例画出每根钢筋的抵抗弯矩平行线,M_{ui} 从上向下的排列顺序依次为:从支座向跨中移动遇到的纵向钢筋和弯起钢筋的顺序,M_{ui} 与设计弯矩图的交点称为该钢筋的"充分利用点"和"理论截断点"。所谓充分利用点是指某根钢筋按正截面承载力计算被充分利用的截面位置;某根钢筋按正截面承载力计算不再需要的截面称该根钢筋的理论截断点。在图 3-38(b)中,跨中 1 点处是③号钢筋的充分利用点;2 点处是②号钢筋的充分利用点,也是③号钢筋的理论截断点;3 点处是①号钢筋的充分利用点,也是②号钢筋的理论截断点。

当③号钢筋在 E 和 F 截面处开始弯起时,由于弯起后钢筋拉力的力臂逐渐减小,该钢筋的正截面抵抗弯矩将逐渐降低,直到弯起钢筋与梁轴线的交点 G、H 处抵抗弯矩减小为零,弯筋进入受压区。因此,在纵向受拉钢筋弯起的范围内,抵抗弯矩图为一斜线段,该斜线段始于钢筋弯起点,终止于弯起钢筋与梁轴线的交点,如图 3-38(b)中的 eg、fh 斜线段。

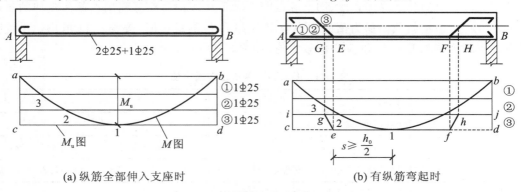

(a) 纵筋全部伸入支座时　　　　　(b) 有纵筋弯起时

图 3-38　简支梁的抵抗弯矩图

通过 M 图与 M_u 图的比较可以看出,为了保证正截面的受弯承载力,抵抗弯矩图必须包住设计弯矩图,即 $M_u \geq M$。理论上来说,M 图与 M_u 图越接近,说明钢筋的利用越充分,因而设计越经济。但是考虑到施工方便,纵筋的配筋不宜过于复杂。应当注意的是,使抵抗弯矩图能包住设计弯矩图,只是保证了梁的正截面受弯承载力。实际上,纵向钢筋的弯起与截断,还必须考虑梁的斜截面受弯承载力的要求。受弯构件斜截面受弯承载力是通过构造措施来保证的。

2. 纵向钢筋的弯起

梁内正、负纵向受拉钢筋都是根据跨中或支座最大弯矩值计算配置的。从经济角度考虑,当截面弯矩减小时,纵向受拉钢筋的数量也应随之减小。对于正弯矩区段内的纵向受拉钢筋,通常采用弯向支座(用来抗剪或承受负弯矩)的方式将多余钢筋弯起。纵向钢筋弯起的位置和数量必须满足以下三方面的要求。

(1)保证正截面受弯承载力。部分纵筋弯起后,纵筋的数量减少,正截面承载力降低,为了保证正截面受弯承载力,必须使梁的 M_R 图包住 M 图,即 $M_R \geq M$。

(2)保证斜截面受剪承载力。当混凝土和箍筋的受剪承载力 $V_{cs} < V$ 时,需要弯起纵筋承担剪力,纵筋弯起的数量要通过斜截面受剪承载力计算确定。此外,弯起钢筋还应满足相应的构造要求。

(3)保证斜截面受弯承载力。为了保证梁的斜截面受弯承载力,《规范》规定:在混凝土梁的受拉区内,弯起钢筋的弯起点应设在按正截面受弯承载力计算不需要该钢筋的截面之前,且弯起钢筋与梁中心线的交点应位于该钢筋的理论截断点之外;同时,弯起点与该钢筋的充分利用点之间的距离 s 不应小于 $h_0/2$,见图 3-38(b)。

3. 纵向钢筋的截断

梁跨中承受正弯矩的纵向受拉钢筋不宜在受拉区截断,这是因为在截断处钢筋的截面面积突然减小,使混凝土的拉应力突然增大,在纵向钢筋截断处易出现裂缝使构件承载力下降。因此,对梁中正弯矩区段的纵向钢筋,通常可将计算不需要的部分钢筋弯起,作为抗剪钢筋或承受支座负弯矩的钢筋,而不应将梁底部承受正弯矩的钢筋在受拉区截断。

对于连续梁和框架梁中承受支座负弯矩的纵向受拉钢筋,可以根据弯矩图的变化将计算不需要的钢筋进行截断,但其断点的位置应满足两个条件:一是保证该钢筋截断后斜截面仍有足够的受弯承载力,即钢筋实际截断点满足从理论截断点以外延伸的长度不小于 l_1;二是被截断的钢筋应保证必要的黏结锚固长度,即实际截断点满足从该钢筋充分利用点截面延伸的长度不小于 l_2。《规范》根据斜截面剪力值的大小规定出 l_1 和 l_2 的最小值,按表 3-11 取用。设计时钢筋断点的实际延伸长度取 l_1 和 l_2 中的较大值,如图 3-39 所示。

表 3-11 负弯矩延伸长度的最小值

截面条件	l_1	l_2
$V \leq 0.7 f_t b h_0$	$\geq 20d$	$\geq 1.2 l_a$
$V > 0.7 f_t b h_0$	$\geq 20d$,且 $\geq h_0$	$\geq 1.2 l_a + h_0$
$V > 0.7 f_t b h_0$,且按上述规定的截断点仍位于负弯矩受拉区内	$\geq 20d$,且 $\geq 1.3 h_0$	$\geq 1.2 l_a + 1.7 h_0$

注:l_1 为从该钢筋理论截断点伸出的长度,l_2 为从该钢筋充分利用截面伸出的长度。

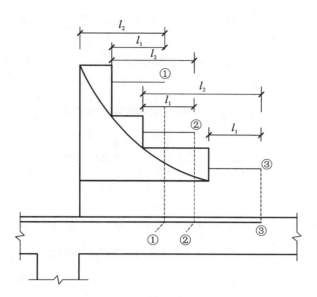

图 3-39　纵向钢筋截断的构造

在钢筋混凝土悬臂梁中,应有不少于两根的上部钢筋伸至悬臂梁端部,并向下弯折不小于 $12d$;其余钢筋不应在梁的上部截断,而应按规定的弯起点位置将部分纵向受拉钢筋向下弯折,且在弯折钢筋的终点外留有平行于轴线方向的锚固长度,在受压区不应小于 $10d$,在受拉区不应小于 $20d$,如图 3-40 所示。

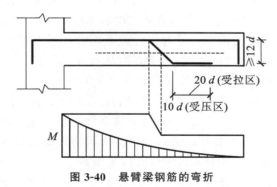

图 3-40　悬臂梁钢筋的弯折

4. 纵向钢筋在支座处的锚固

为了保证钢筋混凝土构件正常可靠地工作,防止纵向受力钢筋在支座处被拔出而导致构件发生沿斜截面的弯曲破坏,因此,钢筋混凝土梁和板中的纵向受力钢筋伸入梁支座内的锚固长度应满足《规范》规定的构造要求。

1) 梁端纵筋的锚固

对于简支梁和连续梁简支端的下部纵向受力钢筋,其伸入梁支座范围内的锚固长度 l_{as}(见图 3-36)应符合下列规定要求:

(1) 当 $V \leqslant 0.7 f_t b h_0$ 时,$l_{as} \geqslant 5d$。

（2）当 $V>0.7f_tbh_0$ 时，对带肋钢筋 $l_{as}\geqslant12d$；对光面钢筋 $l_{as}\geqslant15d$，此处 d 为纵向受力钢筋的直径。

如果纵向受力钢筋伸入梁支座范围内的锚固长度 l_{as} 不符合上述要求时，应采用钢筋的附加机械锚固形式，详见图 3-41 所示。

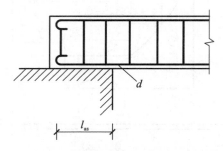

图 3-41　简支梁支座纵向受力钢筋的锚固

2）板端纵筋的锚固

简支板和连续板简支端的下部纵向受力钢筋伸入支座的锚固长度 l_{as} 不应小于 $5d$（d 为纵向受力钢筋的直径）。当板采用分离式配筋时，跨中纵向受力钢筋应全部伸入支座。

本章小结

钢筋混凝土受弯构件正截面工作分三个阶段，第 I_a 应力状态将作为受弯构件抗裂度验算的依据，第 II 阶段的应力状态是使用阶段的裂缝宽度和变形验算的依据，第 III_a 阶段的应力状态是受弯构件正截面承载力计算的依据。受弯构件正截面破坏形态根据配筋率的不同分为适筋破坏、超筋破坏和少筋破坏三种，根据它们的破坏特征可知：适筋梁发生延性破坏，超筋梁和少筋梁发生脆性破坏。正截面承载力的计算公式都是在适筋梁的延性破坏基础上建立起来的。

单筋矩形截面、T 形截面、双筋矩形截面受弯构件正截面承载力的计算公式是以适筋梁第 III_a 阶段的应力状态为依据，经过基本假定，并取等效矩形混凝土压应力图形代替实际的应力图形而建立起来的。同时，必须满足相应的适用条件。受弯构件正截面承载力的计算分截面设计和截面复核两类问题。在截面设计和复核时可直接采用基本公式法进行，也可采用表格计算法进行。无论采用哪种方法都必须满足基本公式的适用条件，防止超筋破坏和少筋破坏发生，这是需要引起重视的。

受弯构件产生斜裂缝的原因是主拉应力引起的，受弯构件斜截面的受剪破坏形态有斜拉破坏、剪压破坏、斜压破坏三种，它们都是脆性破坏。影响抗剪能力的因素有剪跨比、混凝土强度等级、箍筋配箍率、弯起钢筋、纵向钢筋的配筋率等。

受弯构件斜截面受剪承载力计算公式是以剪压破坏为依据建立的。需要注意的是斜截面受剪承载力计算公式较复杂，分仅配置箍筋和同时配有箍筋和弯起钢筋两种情况，每种情况下又分为一般受弯构件和集中荷载作用下的独立梁两种类型，无论哪种情况都必须满足适用条件，即通过限制截面尺寸和控制最小配筋率来防止斜压破坏和斜拉破坏的发生。

斜截面承载力包括斜截面受剪承载力和斜截面受弯承载力两个方面。斜截面受剪承载力是经过计算在梁中配置足够的腹筋来保证的，而斜截面受弯承载力则是通过构造措施来保证的。这些构造措施包括纵向钢筋的弯起和截断位置、纵筋的锚固要求、弯起钢筋和箍筋的构造要求等。

1. 钢筋混凝土梁和板中通常配置哪几种钢筋？各起什么作用？

2. 混凝土保护层的作用是什么？室内正常环境中梁、板保护层的最小厚度取为多少？

3. 适筋梁正截面受弯全过程可划分为几个阶段？受弯构件正截面承载力计算是以哪个阶段为依据的？

4. 钢筋混凝土梁正截面有哪几种破坏形态？各有何特点？

5. 何谓等效矩形应力图形？确定等效矩形应力图形的原则是什么？

6. 单筋矩形截面受弯构件正截面承载力计算公式建立的依据是什么？并说明适用条件的意义。

7. 两类 T 形截面梁如何判别？为何第一类 T 形梁可按 $b'_f \times h$ 的矩形截面计算？

8. 整体现浇梁板结构中的连续梁,其跨中截面和支座截面应按哪种截面梁计算？为什么？

9. 什么是双筋截面？在什么情况下才采用双筋截面？双筋截面中的受压钢筋和单筋截面中的架立钢筋有何不同？

10. 受弯构件斜截面受剪破坏有哪几种形态？如何防止各种破坏形态的发生？

11. 影响梁斜截面受剪承载力的主要因素有哪些？它们与受剪承载力有何关系？

12. 钢筋混凝土梁中纵筋的弯起和截断应满足哪些方面的要求？如何满足要求？

13. 什么是抵抗弯矩图？抵抗弯矩图与设计弯矩图相比较能说明什么问题？什么是钢筋的充分利用点和理论截断点？

14. 已知钢筋混凝土矩形截面简支梁,截面尺寸 $b \times h = 250\ \text{mm} \times 550\ \text{mm}$,需承受弯矩设计值 $M = 175\ \text{kN·m}$, $\gamma_0 = 1$,环境类别为一类,混凝土强度等级为 C30,纵向受拉钢筋为 HRB400 级,试分别用基本公式法和表格计算法计算纵向受拉钢筋的截面面积 A_s 并选配钢筋。

15. 某教学楼内廊为简支在砖墙上的钢筋混凝土现浇板,板厚 $h = 80\ \text{mm}$,计算跨度 $l_0 = 2.45\ \text{m}$,承受均布荷载设计值为 $6.6\ \text{kN/mm}^2$(包括板自重),采用 C25 混凝土,HRB400 级钢筋,环境类别为二类,试求板中受拉钢筋的截面面积,选配钢筋并绘制截面配筋图。

16. 某矩形截面梁,$b = 250\ \text{mm}$,$h = 500\ \text{mm}$,采用 C25 混凝土,HRB400 级钢筋,承受均布恒荷载标准值为 $g_k = 12\ \text{kN/mm}^2$(包括梁自重),均布活荷载标准值为 $q_k = 7.5\ \text{kN/mm}^2$,计算跨度 $l_0 = 6\ \text{m}$,环境类别为一类,试求该梁的纵向受拉钢筋截面面积,并绘制截面配筋图。

17. 有一钢筋混凝土矩形截面梁,$b \times h = 250\ \text{mm} \times 450\ \text{mm}$,混凝土等级为 C30,钢筋采用 HRB400 级,受拉钢筋为 4 Φ 18($A_s = 1017\ \text{mm}^2$),环境类别为一类,弯矩设计值 $M = 108\ \text{kN·m}$,构件安全等级为二级。试复核该梁的正截面承载力是否安全。

18. 已知某肋形楼盖的次梁如图 3-42 所示。梁跨中承受弯矩设计值 $M = 150\ \text{kN·m}$,梁的计算跨度 $l_0 = 6\ \text{m}$,混凝土强度等级为 C30,钢筋采用 HRB400 级钢筋配筋,环境类别为一类。求该次梁所需的纵向受拉钢筋截面面积 A_s。

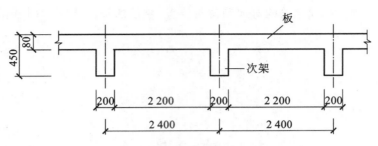

图 3-42 某肋形楼盖的次梁

19. 已知某 T 形截面独立梁,截面尺寸 $b_f' = 600$ mm,$h_f' = 100$ mm,$b = 300$ mm,$h = 800$ mm,承受弯矩设计值 $M = 550$ kN·m;采用 C30 级混凝土,HRB400 级钢筋,环境类别为一类,构件安全等级为二级,求该梁的受拉钢筋截面面积。

20. 某 T 形截面梁,截面尺寸 $b_f' = 400$ mm,$h_f' = 100$ mm,$b = 200$ mm,$h = 600$ mm,采用 C30 混凝土,HRB400 级钢筋,受拉钢筋为 4Φ16($A_s = 804$ mm²),弯矩设计值 $M = 160$ kN·m,环境类别为一类,构件安全等级为二级。试验算该梁的正截面承载力是否安全。

21. 某钢筋混凝土矩形截面梁,$b = 200$ mm,$h = 500$ mm,混凝土强度等级为 C30,钢筋为 HRB400 级,承受弯矩设计值 $M = 215$ kN·m,环境类别为一类。求该梁所需钢筋截面面积。

22. 某钢筋混凝土矩形截面梁,截面尺寸 $b = 250$ mm,$h = 450$ mm,$a_s = 45$ mm,梁的净跨度 $l_n = 5.4$ m,承受均布荷载设计值(包括梁自重)$q = 45$ kN/m,混凝土采用 C30,箍筋采用 HPB300 级,采用只配箍筋方案,试对该梁的斜截面进行计算。

23. 有一两端支承在砖墙上的钢筋混凝土简支梁,其截面尺寸 $b = 250$ mm,$h = 500$ mm,$a_s = 45$ mm,梁的净跨度 $l_n = 4$ m,承受均布荷载设计值(包括梁自重)$q = 90$ kN/m,混凝土采用 C25,箍筋采用 HRB335 级,根据正截面承载力计算已配置 2Φ16+2Φ25 的 HRB400 级纵向受拉钢筋,试分别按下述两种腹筋配置方案对梁进行斜截面受剪承载力进行计算。

(1) 梁内仅配箍筋时,确定箍筋的数量。

(2) 箍筋按构造要求沿梁长均匀布置,试计算所需弯起钢筋的数量。

构件正常使用极限状态设计

学习目标

（1）了解钢筋混凝土构件变形和裂缝宽度验算的目的和规定。

（2）掌握钢筋混凝土构件变形和裂缝宽度的验算。

（3）熟悉减小构件变形和裂缝宽度的方法。

新课导入

　　结构设计应同时满足安全性、适用性和耐久性的要求。因此,建筑结构及其构件除必须考虑安全性要求进行承载能力计算外,对某些构件还需要考虑适用性和耐久性要求进行正常使用极限状态的验算,即对构件进行变形及裂缝宽度验算。这是因为构件过大的变形和裂缝会影响结构的正常使用。例如,楼盖中梁板变形过大使粉刷层开裂、剥落,甚至导致隔墙或填充墙开裂以及屋面积水等后果;屋面构件挠度过大会妨碍屋面排水;吊车梁挠度过大会影响吊车的正常运行等等;水池、油罐开裂会导致渗漏现象。而构件的裂缝宽度过大还会影响观瞻,引起使用者的不安,并使钢筋锈蚀,从而降低结构的耐久性。因此,对结构构件的变形及裂缝宽度进行验算是十分必要的。钢筋混凝土构件的裂缝图片如图 4-1 所示。

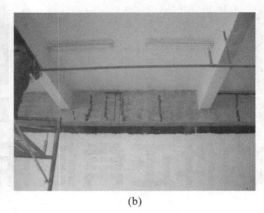

(a)　　　　　　　　　　　　　　　　(b)

图 4-1　钢筋混凝土构件裂缝图片

任务 1　受弯构件的变形验算

一、构件变形控制的目的和规定

1. 变形控制的目的

实际工程中,对混凝土构件的变形有一定的限制要求,主要出于以下几个方面的考虑。

(1) 保证结构的使用功能要求。

结构构件的变形过大时,会对结构产生严重影响,甚至丧失其使用功能。例如,楼盖梁、板的挠度过大将使仪器设备难以保持水平;桥梁上部结构产生过大的变形会使桥面凹凸不平,影响车辆行驶,严重时可导致桥面破坏;屋面或悬挑构件挠度过大会造成积水和渗漏;吊车梁的挠度过大,会妨碍吊车的正常运行,也增加了对轨道扣件的磨损。

(2) 防止对其他结构构件产生不良影响。

如果结构构件的变形过大,会导致结构构件的实际受力与设计中的假定不符,并影响到与它连接的其他结构构件也发生过大的变形,有时甚至会改变荷载的传递路线以及大小。例如,梁端的旋转将使支承面积减小,当梁支承在砖墙上时,可能使墙体沿梁顶和梁底出现内外水平裂缝,严重时将产生局部承压破坏或者墙体失稳破坏;又如,吊车在变形过大的吊车梁上行驶会引起厂房的共振。

(3) 避免非结构构件的破坏。

非结构构件一般是指自承重构件或建筑构造构件。其支承结构变形过大会导致这类构件的破坏。例如,梁变形过大时会使门窗等活动部件不能正常开关,甚至损坏门窗;承重构件变形过大可能会引起隔墙及天花板开裂甚至损坏。

(4) 满足观瞻性和使用者的心理要求。

结构构件变形过大,不仅有碍观瞻性,还会引起使用者心理上的不安。

2. 变形控制的规定

对于一般的钢筋混凝土结构受弯构件,其挠度变形可按式(4-1)进行验算。

$$f_{max} \leqslant f_{lim} \tag{4-1}$$

式中,f_{max} 为受弯构件的最大挠度值,应按荷载的准永久组合并考虑荷载长期作用影响进行计算;f_{lim} 为规范规定的最大挠度限值,按表 4-1 取用。

表 4-1 受弯构件的挠度限值

构件类型		挠度限值
吊车梁	手动吊车	$l_0/500$
	电动吊车	$l_0/600$
屋盖、楼盖及楼梯构件	当 $l_0 < 7$ m 时	$l_0/200(l_0/250)$
	当 7 m$\leqslant l_0 \leqslant 9$ m 时	$l_0/250(l_0/300)$
	当 $l_0 > 9$ m 时	$l_0/300(l_0/400)$

注:(1) 表中 l_0 为构件的计算跨度,计算悬臂梁构件的挠度限值时,其计算跨度 l_0 按实际悬臂长度的 2 倍取用。

(2) 表中括号内数值适用于使用上对挠度有较高要求的构件。

二、受弯构件的刚度计算

1. 钢筋混凝土梁抗弯刚度的特点

在材料力学中介绍了匀质弹性材料梁的挠度计算方法,如简支梁挠度计算的一般公式为:

$$f = \alpha \cdot \frac{Ml_0^2}{EI} \tag{4-2}$$

式中,f 为梁中最大挠度;α 为与荷载形式和支承条件有关的荷载效应系数,如计算均布荷载作用下的简支梁跨中挠度时,$\alpha = 5/48$;M 为梁中最大弯矩;EI 为匀质材料梁的截面抗弯刚度;l_0 为梁的计算跨度。

对于匀质弹性材料,当梁的截面尺寸和材料给定时,EI 为常数,挠度 f 与弯矩 M 为直线关系。但对于钢筋混凝土构件,材料属弹塑性,在受弯的全过程中,截面抗弯刚度不再是常数。随着 M 的增大以及裂缝的出现和开展,挠度 f 增大且速度加快,因而抗弯刚度逐渐减小。同时,随着荷载作用时间的增加,钢筋混凝土梁的截面抗弯刚度将进一步减小,梁的挠度将进一步加大,故不能用 EI 来表示钢筋混凝土梁的抗弯刚度。

因此,要想计算钢筋混凝土受弯构件的挠度,关键是确定截面的抗弯刚度。《规范》规定:荷载的准永久组合短期作用下的截面抗弯刚度即短期刚度,用 B_s 表示;按荷载的准永久组合并考虑荷载长期作用影响的截面抗弯刚度即长期刚度,用 B 表示。在求得截面抗弯刚度后,构件的挠度就可按匀质弹性材料的挠度公式进行计算。

2. 钢筋和混凝土的应变分布特征

在正常使用阶段,钢筋混凝土梁是处于带裂缝工作阶段的。在纯弯段内,钢筋和混凝土的应变分布具有如下特征,如图 4-2 所示。

(1)受拉钢筋的拉应变沿梁长是不均匀分布的。在受拉区的裂缝截面处,混凝土退出工作,其应力为零,钢筋应力最大,其应变 ε_{sq} 也最大;而在裂缝之间由于钢筋与混凝土之间的黏结作用,混凝土应力逐渐增大,钢筋应力逐渐减小,钢筋应变沿梁轴线方向呈波浪形变化。

(2)受压区边缘混凝土的压应变沿梁长也呈波浪形分布,在裂缝截面处,混凝土的应变 ε_{cq} 较大,裂缝之间应变 ε_{cq} 变小,但其变化幅度不大。可近似取混凝土的平均应变 $\overline{\varepsilon}_{cq} \approx \varepsilon_{cq}$。

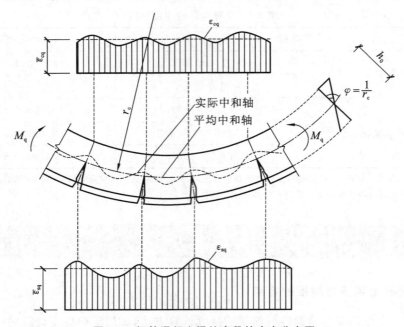

图 4-2　钢筋混凝土梁纯弯段的应变分布图

(3)混凝土受压区高度 x 在各截面也是变化的。在裂缝截面处 x 较小,裂缝之间 x 较大,故中和轴呈波浪形曲线变化。计算时取该区段各截面受压区高度 x 的平均值 $\overline{x}$(即平均中和轴)及相应的平均曲率 $1/\gamma_c$。

(4)平均应变沿截面高度基本上呈直线分布,仍符合平截面假定。

3. 受弯构件的短期刚度 B_s

综合应用截面应变的几何关系、材料应变与应力的物理关系以及截面内力的平衡关系,得到钢筋混凝土矩形、T 形、倒 T 形、I 形截面受弯构件短期刚度 B_s 的计算公式为:

$$B_s = \frac{E_s A_s h_0^2}{1.15\Psi + 0.2 + \dfrac{6\alpha_E \rho}{1+3.5\gamma_f}} \tag{4-3}$$

式中,B_s 为受弯构件短期刚度;E_s 为钢筋的弹性模量;A_s 为纵向受拉钢筋的截面面积;h_0 为截面有效高度;α_E 为钢筋弹性模量与混凝土弹性模量的比值,$\alpha_E = E_s/E_c$;ρ 为纵向受力钢筋的配筋率,$\rho = A_s/bh_0$;Ψ 为纵向受拉钢筋应变不均匀系数,按公式(4-4)计算。

$$\Psi = 1.1 - 0.65\frac{f_{tk}}{\rho_{te}\sigma_{sq}} \tag{4-4}$$

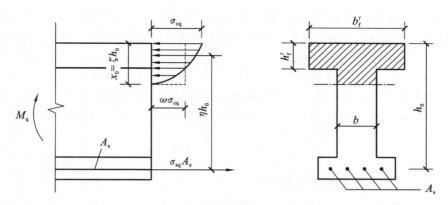

图 4-3 裂缝截面的应力图

当 $\Psi < 0.2$ 时,取 $\Psi = 0.2$;当 $\Psi > 1.0$ 时,取 $\Psi = 1.0$;对直接承受重复荷载的构件,取 $\Psi = 1.0$;f_{tk} 为混凝土轴心抗拉强度标准值;σ_{sq} 为按荷载准永久组合 M_q 计算的纵向受拉钢筋应力,对钢筋混凝土受弯构件按下式计算:

$$\sigma_{sq} = \frac{M_q}{0.87 A_s h_0} \tag{4-5}$$

ρ_{te} 为按有效受拉混凝土截面面积 A_{te} 计算的纵向受拉钢筋配筋率。当 $\rho_{te} < 0.01$ 时,取 $\rho_{te} = 0.01$。ρ_{te} 可按下式计算:

$$\rho_{te} = \frac{A_s}{A_{te}} \tag{4-6}$$

A_{te} 为有效受拉混凝土截面面积,如图 4-4 所示,可按下式计算:

$$A_{te} = 0.5bh + (b_f - b)h_f \tag{4-7}$$

r_f' 为受压翼缘挑出面积与腹板有效面积之比,按下式计算:

$$\gamma_f' = \frac{(b_f' - b)h_f'}{bh_0} \tag{4-8}$$

当 $h_f' > 0.2h_0$ 时,取 $h_f' = 0.2h_0$;当截面受压区为矩形时,$r_f' = 0$。

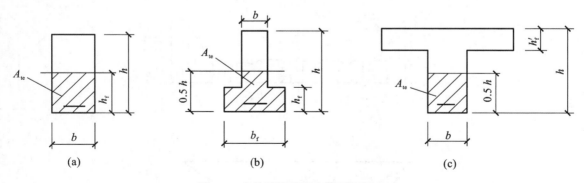

图 4-4 有效受拉混凝土截面面积 A_{te}

4. 钢筋混凝土受弯构件的长期刚度 B

钢筋混凝土受弯构件在长期荷载作用下,由于受压区混凝土的徐变、混凝土的收缩以及受拉区混凝土与钢筋间的黏结、滑移等,导致曲率将随时间缓慢增大,也就是构件的抗弯刚度将随时间逐渐降低,这一过程往往持续数年之久。钢筋混凝土受弯构件考虑长期作用影响的长期刚度为:

$$B = \frac{B_s}{\theta} \tag{4-9}$$

式中,θ 为荷载长期作用下挠度增大的影响系数。《规范》规定:对钢筋混凝土受弯构件当 $\rho' = 0$ 时,取 $\theta = 2.0$;当 $\rho' = \rho$ 时,取 $\theta = 1.6$;当 ρ' 为中间数值时,θ 按直线内插法取用,即:

$$\theta = 2.0 - 0.4 \frac{\rho'}{\rho} \geqslant 1.6 \tag{4-10}$$

式中,ρ'、ρ 分别为受压及受拉钢筋的配筋率,$\rho' = \dfrac{A'_s}{bh_0}$,$\rho = \dfrac{A_s}{bh_0}$。

上述 θ 值适用于一般情况下的矩形、T 形和 I 形截面梁。对于翼缘位于受拉区的倒 T 形梁,由于在长期荷载作用下受拉翼缘退出工作的影响较大,θ 应增大 20%。

三、受弯构件的挠度验算

钢筋混凝土受弯构件的截面抗弯刚度随着弯矩的增大而减小。因此,即使是等截面梁(如图 4-5 所示的简支梁),沿梁纵向配筋相同,但在荷载作用下,梁各截面的弯矩不相同,故其抗弯刚度也不相等。靠近支座的截面弯矩较小,刚度较大,跨中附近区域截面的弯矩较大,刚度较小。由此可见,沿梁长不同区段的平均刚度是变化的值,这就给挠度计算带来了一定的复杂性。为了简化计算,对图 4-5 所示的简支梁,可近似地按纯弯区段平均的截面抗弯刚度来处理,即该区段最小刚度 B_{min} 作为全梁的抗弯刚度,这一计算原则通常称为"最小刚度原则"。

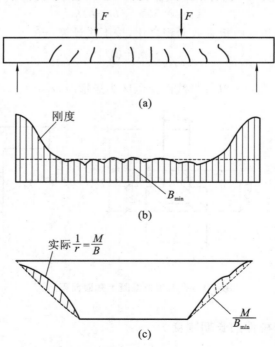

图 4-5 沿梁长的刚度和曲率分布图

"最小刚度原则"就是在梁全跨范围内,取弯矩最大截面的刚度作为全梁的抗弯刚度。对于简支梁,即取最大正弯矩截面的刚度;对于框架梁、连续梁、悬臂梁,则取最大正弯矩截面和最小负弯矩截面的刚度,分别作为相应弯矩区段的刚度来计算变形。

《规范》规定:在等截面构件中,可假定各同号弯矩区段内的刚度相等,并取用该区段内最大弯矩处的刚度(即最小刚度)。按照最小刚度 B_{min} 简化计算的结果与实测结果比较,误差较小,可满足工程要求。

钢筋混凝土受弯构件的挠度计算,可按一般材料力学公式进行,但抗弯刚度 EI 应以长期刚度 B 代替,即:

$$f = \alpha \cdot \frac{M_q l_0^2}{B} \leqslant f_{lim} \tag{4-11}$$

式中,f 为受弯构件的最大挠度;α 为荷载效应系数;M_q 为按荷载准永久组合来处理的弯矩值;f_{lim} 为受弯构件的挠度限值,见表 4-1。

当钢筋混凝土梁产生的挠度值不满足《规范》规定的限值要求时,可采取提高刚度的措施,增加构件截面高度是提高截面刚度最有效的措施;当构件截面尺寸受限制不能改变时,可考虑增加纵筋面积(即增大受拉钢筋配筋率)或提高混凝土强度等级;当受拉钢筋配筋率一定时,可以在构件受压区配置一定数量的受压钢筋,利用纵向受压钢筋对长期刚度的有利影响来提高截面刚度;当其他条件受限制不能改变时,采用预应力混凝土结构,提高构件的抗裂性和刚度,能有效提高截面刚度。

例 4-1 某办公楼钢筋混凝土矩形截面简支梁,截面尺寸 $b \times h = 200\ mm \times 500\ mm$,计算跨度 $l_0 = 6\ m$;承受均布荷载,其中永久荷载标准值(含自重)$g_k = 8\ kN/m$,可变荷载标准值 $q_k = 10\ kN/m$,准永久值系数 $\Psi_q = 0.4$;采用 C25 混凝土,配置三根直径为 20 mm 的 HRB400 级纵向受拉钢筋($A_s = 941\ mm^2$);环境类别为一类,梁的允许挠度 $f_{lim} = l_0/200$,试验算该梁的跨中最大挠度是否满足要求。

解 (1)求梁内最大弯矩值。按荷载准永久组合计算的弯矩值为:

$$M_q = \frac{1}{8}(g_k + \Psi_c q_k) l_0^2 = \frac{1}{8}(8 + 0.4 \times 10) \times 6^2 = 54\ kN \cdot m$$

(2)计算钢筋应变不均匀系数:设箍筋直径为 8 mm,最小保护层厚度为 25 mm。

$$h_0 = 500 - (25 + 20/2 + 8) = 457\ mm$$

C25 混凝土:$f_{tk} = 1.78\ N/mm^2$,$E_c = 2.80 \times 10^4\ N/mm^2$;HRB400 级钢筋:$E_s = 2 \times 10^5\ N/mm^2$。

$$\rho_{te} = \frac{A_s}{0.5bh} = \frac{941}{0.5 \times 200 \times 500} = 0.019 > 0.01$$

$$\sigma_{sq} = \frac{M_q}{0.87 A_s h_0} = \frac{54 \times 10^6}{0.87 \times 941 \times 457} = 144.3\ N/mm^2$$

$$\Psi = 1.1 - 0.65 \frac{f_{tk}}{\rho_{te} \sigma_{sq}} = 1.1 - 0.65 \times \frac{1.78}{0.019 \times 144.3} = 0.678$$

$$0.2 < \Psi < 1.0$$

(3)计算短期刚度 B_s。因为矩形截面 $r_f' = 0$,则:

$$\alpha_E = \frac{E_s}{E_c} = \frac{2.00 \times 10^5}{2.80 \times 10^4} = 7.14$$

$$\rho=\frac{A_s}{bh_0}=\frac{941}{200\times457}\times100\%=1.03\%$$

$$B_s=\frac{E_sA_sh_0^2}{1.15\Psi+0.2+\frac{6\alpha_E\rho}{1+3.5\gamma_f}}$$

$$=\frac{2\times10^5\times941\times457^2}{1.15\times0.678+0.2+\frac{6\times7.14\times0.0103}{1+3.5\times0}}\ \text{N·mm}^2=2.766\times10^{13}\ \text{N·mm}^2$$

（4）计算长期刚度 B。

因为 $\rho'=0$，故 $\theta=2.0$。

$$B=\frac{B_s}{\theta}=\frac{2.766\times10^{13}}{2}\ \text{N·mm}^2=1.383\times10^{13}\ \text{N·mm}^2$$

（5）计算跨中挠度 f。

$$f=\frac{5}{48}\times\frac{M_ql_0^2}{B}=\frac{5}{48}\times\frac{54\times10^6\times6\ 000^2}{1.383\times10^{13}}\ \text{mm}=14.6\ \text{mm}<f_{\lim}=\frac{6\ 000}{200}\ \text{mm}=30\ \text{mm}$$

故梁的挠度满足要求。

任务 2 裂缝宽度验算

钢筋混凝土构件形成裂缝的原因是多方面的。其中一类是由荷载直接作用引起的，如正截面裂缝、斜截面裂缝等；另一类是由非荷载因素引起的裂缝，如温度变化、混凝土收缩、地基不均匀沉降、钢筋锈蚀等原因引起的裂缝。很多裂缝的产生往往是多种因素共同作用的结果。调查结果表明，工程中结构的裂缝主要由非荷载因素引起的占 80%，主要由荷载因素引起的占 20%。非荷载因素引起的裂缝很复杂，目前主要通过构造措施进行控制，对于由荷载直接作用引起的裂缝，主要通过计算进行控制。下面介绍的裂缝宽度验算均指由荷载引起的裂缝。

一、裂缝控制的目的和要求

1. 裂缝控制的目的

由于混凝土的抗拉强度远低于其抗压强度，结构构件在荷载不大的情况下截面的拉应力就能达到其抗拉强度。故构件在正常使用状态下，受拉区出现裂缝是不可避免的。裂缝宽度过大影响建筑物的观瞻性，会造成人们心理上的不安。另外，裂缝的出现会导致钢筋锈蚀，引发耐久性方面的问题，必须对裂缝进行控制。

2. 裂缝控制的等级与要求

根据结构的功能要求、环境条件对钢筋的腐蚀影响、荷载作用的时间等因素，将混凝土结构构件的正截面裂缝控制等级分为三级，具体如下。

● 一级：严格要求不出现裂缝的构件，按荷载标准组合计算时，构件受拉边缘混凝土不应产生拉应力。

● 二级：一般要求不出现裂缝的构件，按荷载标准组合计算时，构件受拉边缘混凝土拉应力不应大于混凝土抗拉强度的标准值。

● 三级：允许出现裂缝的构件，对钢筋混凝土构件，按荷载准永久组合并考虑长期作用影响计算时，构件的最大裂缝宽度不应超过规范规定的最大裂缝宽度限值，见表 4-2。

$$\omega_{max} \leqslant \omega_{lim} \tag{4-12}$$

式中：ω_{max}——按荷载效应的标准组合并考虑长期作用影响计算的最大裂缝宽度；

ω_{lim}——最大裂缝宽度限值。

表 4-2　结构构件的裂缝控制等级及最大裂缝宽度限值

环境类别	钢筋混凝土结构		预应力混凝土结构	
	裂缝控制等级	ω_{lim}/mm	裂缝控制等级	ω_{lim}/mm
一	三级	0.30(0.40)	三级	0.20
二 a		0.2		0.10
二 b			二级	—
三 a、三 b			一级	—

注：(1) 对处于年平均相对湿度小于 60% 地区一类环境下的受弯构件，其最大裂缝宽度可采用括号内的数值。

(2) 在一类环境下，对钢筋混凝土屋架、托架及需作疲劳验算的吊车梁，其最大裂缝宽度限值应取为 0.2 mm，对钢筋混凝土屋面梁和托梁，其最大裂缝宽度限值应取为 0.3 mm。

(3) 表中的最大裂缝宽度限值用于验算荷载作用引起的最大裂缝宽度。

二、裂缝的发生及其分布

现以受弯构件纯弯段为例，说明垂直裂缝的出现、开展及其分布特点。

(1) 在裂缝未出现前，即 $M < M_{cr}$ 时，受拉区混凝土和钢筋的应力（应变）沿构件的轴线方向基本是均匀分布的，且混凝土拉应力 σ_{ct} 小于混凝土抗拉强度 f_{tk}。由于混凝土的离散性，实际抗拉能力沿构件的轴线长度分布并不均匀。

(2) 当混凝土的拉应力 σ_{ct} 达到其抗拉强度 f_{tk}，即 $M = M_{cr}$ 时，第一条（批）裂缝将在抗拉能力最薄弱的截面出现，位置是随机的，如图 4-6(a) 中的 a—a 截面或同时出现 c—c 截面。裂缝出现后，该截面上受拉混凝土退出工作，应力变为零；同时，该截面上钢筋的应力突然增加，钢筋应力的变化使钢筋与混凝土之间产生黏结力和相对滑移，原来受拉的混凝土各自向裂缝两侧回缩，促成裂缝的开展。随着离裂缝截面距离的增大，黏结力把钢筋的应力逐渐传递给混凝土，混凝土拉应力逐渐增大，钢筋应力逐渐减小，直到距裂缝截面 $l_{cr,min}$ 处，混凝土的拉应力 σ_{ct} 再次增加到 f_{tk}，有可能出现新的裂缝。显然，在距第一条（批）裂缝两侧 $l_{cr,min}$ 范围内由于 $\sigma_{cr} < f_{tk}$，不会出现新的裂缝。

(3) 当 $M > M_{cr}$ 时，将在距离裂缝截面 $\geqslant l_{cr,min}$ 的另一薄弱截面处出现新的第二条（批）裂缝，如图 4-6(b) 中的 b—b 截面处。第二条（批）裂缝处的混凝土同样向两侧回缩滑移，混凝土的拉应力又逐渐增大直至 f_{tk} 时，有可能出现新的裂缝。依此类推，新的裂缝不断产生，裂缝间距不断减小,直到裂缝之间混凝土拉应力 σ_{cr} 无法达到混凝土抗拉强度 f_{tk},即裂缝的间距介于 $l_{cr,min}$ ～ $2l_{cr,min}$ 之间时,就不会再出现新的裂缝,裂缝分布处于稳定状态。

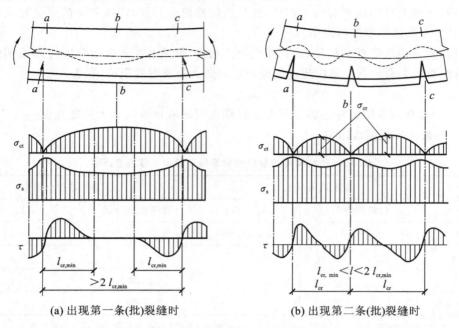

(a) 出现第一条(批)裂缝时　　　　　　(b) 出现第二条(批)裂缝时

图 4-6　梁中裂缝的发生、分布及应力变化

三、裂缝宽度验算

1. 平均裂缝间距 l_{cr}

大量试验和理论分析表明,平均裂缝间距不仅与钢筋和混凝土的黏结特性有关,而且还与混凝土保护层厚度、纵向钢筋的直径及配筋率等因素有关,《规范》采用下式计算构件的平均裂缝间距:

$$l_{cr}=\beta\left(1.9c_s+0.08\frac{d_{eq}}{\rho_{te}}\right) \tag{4-13}$$

式中,β 为与构件受力状态有关的系数,对受弯构件,取 $\beta=1.0$,对轴心受拉构件,取 $\beta=1.1$;c_s 为最外层纵向受拉钢筋外边缘至受拉区边缘的距离,当 $c_s<20$ mm 时,取 $c_s=20$ mm,当 $c_s>65$ mm时,取 $c_s=65$ mm;ρ_{te} 为按有效受拉混凝土截面面积 A_{te} 计算的纵向受拉钢筋配筋率;d_{eq} 为纵向受拉钢筋的等效直径;可按下式计算:

$$d_{eq}=\frac{\sum n_i d_i^2}{\sum n_i v_i d_i} \tag{4-14}$$

式中,d_i 为第 i 种纵向受拉钢筋的公称直径;n_i 为第 i 种纵向受拉钢筋的根数;v_i 为第 i 种纵向受拉钢筋的相对黏结特性系数,对光面钢筋,取 $v_i=0.7$,对带肋钢筋,取 $v_i=1.0$。

2. 平均裂缝宽度 ω_{cr}

裂缝的产生是由于混凝土的回缩造成的,因此,纵向受拉钢筋重心处的平均裂缝宽度 w_{cr} 应等于钢筋与混凝土在平均裂缝间距 l_{cr} 之间的平均伸长值 $\bar{\varepsilon}_s l_{cr}$ 与 $\bar{\varepsilon}_c l_{cr}$ 的差值(见图 4-7),即

$$w_{cr} = \bar{\varepsilon}_s l_{cr} - \bar{\varepsilon}_c l_{cr} = \bar{\varepsilon}_s l_{cr}\left(1 - \frac{\bar{\varepsilon}_c}{\bar{\varepsilon}_s}\right) \qquad (4\text{-}15)$$

令 $\alpha_c = 1 - \dfrac{\bar{\varepsilon}_c}{\bar{\varepsilon}_s}$,$\alpha_c$ 为考虑裂缝间混凝土伸长对裂缝宽度的影响系数,根据试验资料分析,统一取 $\alpha_c =$

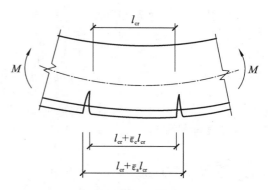

图 4-7 受弯构件开裂后的平均裂缝宽度

0.85,再引入裂缝间纵向受拉钢筋应变不均匀系数 Ψ,则 $\bar{\varepsilon}_s = \Psi \dfrac{\sigma_{sq}}{E_s}$,将 α_c、$\bar{\varepsilon}_s$ 代入式(4-15),则可得:

$$\omega_{cr} = 0.85 \Psi \frac{\sigma_{sq}}{E_s} l_{cr} \qquad (4\text{-}16)$$

式中,Ψ 为裂缝之间纵向受拉钢筋应变的不均匀系数,计算同前;σ_{sq} 为按荷载效应标准组合计算的裂缝截面纵向受拉钢筋重心处的拉应力。

3. 最大裂缝宽度 ω_{max}

最大裂缝宽度由平均裂缝宽度乘以扩大系数得到。扩大系数主要考虑以下两个方面:一是在荷载标准组合作用下裂缝宽度的不均匀性,引入扩大系数 τ_s,对受弯构件取 $\tau_s = 1.66$;二是在荷载长期作用下,由于受拉混凝土的应力松弛、钢筋和混凝土间的滑移徐变、混凝土收缩等原因,将使裂缝宽度进一步增大,引入扩大系数 τ_l,取 $\tau_l = 1.5$。因此,综合上述因素,《规范》中给出的最大裂缝宽度 ω_{max} 的计算公式为:

$$\omega_{max} = \alpha_{cr} \Psi \cdot \frac{\sigma_{sq}}{E_s}\left(1.9c_s + 0.08\frac{d_{eq}}{\rho_{te}}\right) \qquad (4\text{-}17)$$

式中,α_{cr} 为构件受力特征系数,对于受弯、偏心受压构件,$\alpha_{cr} = 1.9$,对于偏心受拉构件,$\alpha_{cr} = 2.4$;对于轴心受拉构件,$\alpha_{cr} = 2.7$。

从式(4-17)中可看出,当混凝土保护层 c 为定值时,c_s 为定值,最大裂缝宽度 ω_{max} 主要与钢筋应力 σ_{sq}、有效配筋率 ρ_{te} 及钢筋直径 d_{eq} 等有关。当计算裂缝宽度 ω_{max} 超过裂缝宽度限值 ω_{lim} 不大时,常采用减小钢筋直径的办法解决,即选择较细直径的变形钢筋,以增大钢筋和混凝土的接触表面积,提高钢筋与混凝土的黏结强度。但钢筋直径的选择也要考虑施工方便。改变截面形式和尺寸,提高混凝土强度等级,效果较差,一般不采用。必要时可适当增大配筋;如 ω_{max} 超过 ω_{lim} 较多时,最有效的措施是施加预应力。

例 4-2 某矩形截面简支梁,已知条件同例 4-1,最大裂缝宽度限值 ω_{lim} 为 0.3 mm,试对该梁进行裂缝宽度验算。

解 查取基本参数 $E_s = 2.0 \times 10^5$ N/mm²,混凝土保护层厚度 $c = 25$ mm,因受力钢筋为同一直径,故 $d_{eq} = 20$ mm。

由例 4-1 已求得有:$\rho_{te} = 0.019$,$\sigma_{sq} = 144.3$ N/mm²,$\Psi = 0.678$。

计算最大裂缝宽度为：

$$\omega_{max} = \alpha_{cr} \Psi \cdot \frac{\sigma_{sq}}{E_s}\left(1.9c_s + 0.08\frac{d_{eq}}{\rho_{te}}\right)$$

$$= 1.9 \times 0.678 \times \frac{144.3}{2 \times 10^5} \times \left(1.9 \times (25+8) + 0.08 \times \frac{20}{0.019}\right) \text{mm}$$

$$= 0.137 \text{ mm} < \omega_{lim} = 0.3 \text{ mm}$$

裂缝宽度满足要求。

本章小结

　　钢筋混凝土构件在正常使用极限状态下应满足《规范》规定的挠度及最大裂缝宽度的限值。钢筋混凝土受弯构件的抗弯刚度是一个变量，随荷载的增大以及时间的增加而降低，并分为短期刚度 B_s 和长期刚度 B；受弯构件的挠度验算采用了材料力学的公式，但必须用长期刚度 B 代替 EI。构件的计算挠度，应小于等于挠度限值；裂缝宽度验算时，按荷载的准永久组合并考虑荷载长期作用影响计算的最大裂缝宽度应小于等于最大裂缝宽度限值；若挠度和最大裂缝宽度不满足要求，则应采取必要的措施。

思考与习题

　　1. 钢筋混凝土受弯构件与匀质弹性材料受弯构件的挠度计算有何异同？

　　2. 什么是最小刚度原则？为什么采用最小刚度原则？

　　3. 如何减小梁的挠度？最有效的措施是什么？

　　4. 影响钢筋混凝土构件裂缝宽度的主要因素有哪些？若 $\omega_{max} > \omega_{lim}$，可采取哪些措施？最有效的措施是什么？

　　5. 一钢筋混凝土矩形截面简支梁，截面尺寸 $b \times h = 200 \text{ mm} \times 450 \text{ mm}$，计算跨度 $l_0 = 5.2 \text{ m}$。承受均布荷载，其中永久荷载标准值 $g_k = 5 \text{ kN/m}$，可变荷载标准值 $q_k = 10 \text{ kN/m}$，准永久值系数 $\Psi_q = 0.5$。采用 C30 混凝土，配 3Φ16（HRB400 级）纵向受拉钢筋。梁的允许挠度 $f_{lim} = l_0/250$，试验算该梁的跨中最大挠度是否满足要求。

　　6. 某楼层钢筋混凝土矩形截面简支梁，计算跨度为 $l_0 = 5 \text{ m}$，截面尺寸 $b \times h = 200 \text{ mm} \times 500 \text{ mm}$，承受楼面荷载传来的均布恒荷载标准值（含自重）$g_k = 25 \text{ kN/m}$，均布活荷载标准值 $q_k = 14 \text{ kN/m}$，准永久值系数 $\Psi_q = 0.5$。采用 C30 混凝土，HRB400 级钢筋，实配 6Φ18（$A_s = 1562 \text{ mm}^2$），梁的允许裂缝宽度为 $\omega_{lim} = 0.2 \text{ mm}$，混凝土保护层厚度 $c = 25 \text{ mm}$，试验算该梁的裂缝宽度。

受扭构件承载力设计

学习目标

（1）了解钢筋混凝土受扭构件的受力特点。

（2）掌握受扭构件的配筋构造要求。

（3）熟悉矩形截面纯扭构件的承载力计算原理。

（4）了解扭矩对受弯构件、受剪构件承载力的影响及弯剪扭复合受力构件承载力的计算要点。

新课导入

扭转是结构构件受力的基本形式之一，凡是在构件截面中有扭矩作用的构件，都称为受扭构件。钢筋混凝土结构中经常出现承受扭矩作用的构件，如图 5-1 所示的雨棚梁、现浇框架边梁、吊车梁等均属于受扭构件。在实际结构中很少有单独受扭的纯扭构件，大多都处于弯矩、剪力、扭矩共同作用的复合受力状态。按照构件截面上存在的内力情况，受扭构件可分为纯扭、剪扭、弯扭和弯剪扭等多种受力情况，其中以弯剪扭复合受力的情况最为常见。

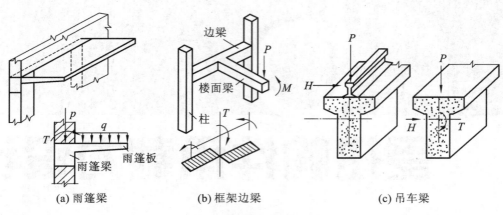

(a) 雨篷梁　　　　　　　　　(b) 框架边梁　　　　　　　　(c) 吊车梁

图 5-1　常见受扭构件示例

任务 1　受扭构件的受力特点及构造要求

一、受扭构件的受力特点

　　钢筋混凝土受扭构件中矩形截面居多,并且纯扭构件的受力性能是其他复合受力分析的基础,下面以矩形截面纯扭构件为例介绍受扭构件的受力特点。

1. 素混凝土矩形截面纯扭构件的受力分析

　　由材料力学的相关知识可知,匀质弹性材料的矩形截面构件在扭矩 T 的作用下,截面上各点只产生剪应力 τ,而没有正应力 σ,最大剪应力 τ_{max} 产生在截面长边中点,截面剪应力分布如图 5-2 所示。剪应力 τ_{max} 在构件侧面产生与剪应力方向成45°的主拉应力 σ_{tp} 和主压应力 σ_{cp},其大小为 $\sigma_{tp} = \sigma_{cp} = \sigma_{max}$。

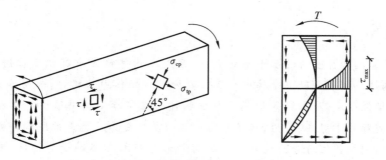

图 5-2　纯扭构件的弹性应力分布

　　由试验可知,素混凝土矩形截面构件在纯扭矩作用下,当主拉应力 σ_{tp} 值超过混凝土的抗拉强度时,混凝土将在矩形截面的长边中点处,沿垂直于主拉应力的方向出现斜裂缝。在纯扭构件中,构件的裂缝方向总是与轴线成45°角。斜裂缝出现后,迅速向相邻两边延伸,最后形成三面开裂、一面受压的空间扭曲面(见图 5-3),使构件立即破坏,其特征是没有明显预兆的脆性破坏。

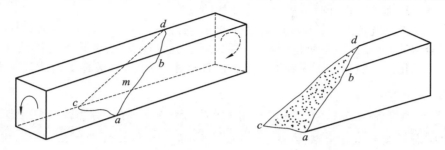

图 5-3 素混凝土纯扭构件破坏的截面形式

2. 钢筋混凝土矩形截面纯扭构件的破坏形态

试验研究表明,钢筋混凝土矩形截面构件在纯扭矩作用下,会在矩形截面的长边中点处,沿垂直于主拉应力的方向首先出现斜裂缝,配置受扭钢筋对提高受扭构件的抗裂性能作用不大。但当斜裂缝出现后,斜截面上的拉应力将由钢筋承担,因而能使构件的受扭承载力大大提高。受扭钢筋的数量,尤其是箍筋的数量及间距对受扭构件的破坏形态影响很大,钢筋混凝土纯扭构件根据配筋量的不同可分为以下四种破坏形态。

(1)适筋破坏。当受扭箍筋和纵筋配置都适量时,构件开裂后并不会立即破坏,随着扭矩的增加,构件将会出现多条大体连续、倾角接近于45°的螺旋状裂缝(见图 5-4(b)),此时裂缝处原混凝土承担的拉力改由与裂缝相交的钢筋承担。多条螺旋形裂缝形成后的钢筋混凝土构件可以看成如图 5-4(c)所示的空间桁架,其中纵向钢筋相当于受拉弦杆,箍筋相当于受拉的竖向腹杆,而裂缝之间靠近表面一定厚度的混凝土则形成受压的斜腹杆。直到与临界斜裂缝相交的纵筋及箍筋均达到屈服强度后,裂缝迅速向相邻面扩展,形成三面开裂、一面受压的空间扭曲破坏面,进而受压边混凝土被压碎,构件被破坏。因整个破坏过程有明显的预兆,故这种破坏属于延性破坏。设计时应尽可能把受扭构件设计为适筋受扭构件。

(2)部分超筋破坏。当受扭箍筋或纵筋两者中有一种配置过量时,构件破坏时配置适量的钢筋先屈服,之后混凝土被压碎,构件被破坏,此时配置过量的钢筋仍未屈服;破坏尚具有一定的延性。设计时允许采用这类构件。

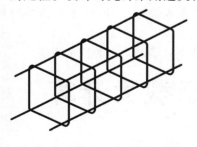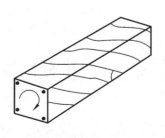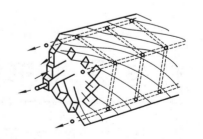

(a) 抗扭钢筋骨架　　　　(b) 纯扭构件的裂缝分布　　　　(c) 纯扭构件的适筋破坏

图 5-4 钢筋混凝土纯扭构件的适筋破坏

（3）完全超筋破坏。当受扭箍筋和纵筋均配置过量,在二者都未达到屈服强度时,构件裂缝之间的混凝土被压碎而突然破坏,这种破坏属于脆性破坏。这类构件的受扭承载力取决于截面尺寸和混凝土抗压强度。设计时应避免这种破坏的发生。

（4）少筋破坏。当受扭箍筋和纵筋配置过少时,构件在一个长边表面上的斜裂缝一出现,混凝土便卸荷给钢筋,钢筋应力很快达到屈服,导致斜裂缝迅速发展,使构件立即破坏,其破坏特点与素混凝土受扭构件类似。少筋破坏过程迅速且突然,属于脆性破坏。设计时应避免少筋破坏的发生。

二、受扭钢筋的构造要求

由前面分析可知,在纯扭构件中,受扭钢筋最合理的配筋方式是在靠近构件表面处设置呈45°走向的螺旋形钢筋,其方向与混凝土的主拉应力方向相平行。但螺旋形钢筋施工复杂,并且这种配筋方法也不能适应扭矩方向的改变,实际很少采用。在实际工程中,一般是采用靠近构件表面设置的横向箍筋和沿构件周边均匀对称布置的纵向钢筋共同组成的抗扭钢筋骨架(见图 5-4(a)),它恰好与构件中抗弯钢筋和抗剪钢筋的配置方式相协调。

1. 受扭纵筋构造要求

（1）受扭纵筋应沿构件截面周边均匀对称布置,并且在截面四角必须设置受扭纵筋。

（2）受扭纵筋的间距不应大于 200 mm,且不大于截面短边尺寸,如图 5-5 所示。

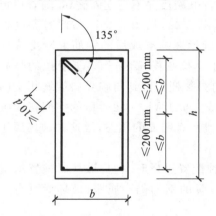

图 5-5　受扭钢筋的构造要求

（3）受扭纵筋的接头与锚固均应按受拉钢筋的构造要求处理。

（4）梁内的梁侧纵向构造钢筋和架立钢筋也可作为受扭纵筋来利用。

2. 受扭箍筋构造要求

（1）在受扭构件中,抗扭箍筋应做成封闭式,且应沿截面周边布置。

（2）当采用复合箍筋时,位于截面内部的箍筋不应计入受扭计算所需的箍筋面积。

（3）当采用绑扎骨架时,箍筋末端应做成135°弯钩,弯钩端头平直段长度不应小于 $10d$（d 为箍筋直径）,如图 5-5 所示。

（4）抗扭箍筋的最小直径和最大箍筋间距均应满足受弯构件中对箍筋的有关构造规定。

任务 2　矩形截面纯扭构件承载力计算

一、配筋强度比

为了保证受扭纵筋和受扭箍筋能相互匹配,共同有效地发挥作用,应将两种钢筋在数量和强度上的配比控制在一定的范围内。《规范》采用受扭纵向钢筋与箍筋的配筋强度比值 ξ 进行控制,如图 5-6 所示。

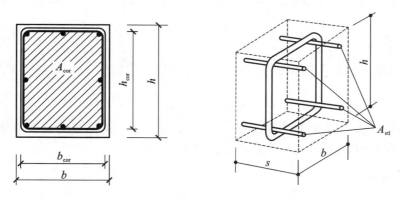

图 5-6　受扭纵筋与箍筋配筋强度比的计算示意图

$$\xi = \frac{A_{stl} \cdot s}{A_{st1} \cdot u_{cor}} \cdot \frac{f_y}{f_{yv}} \quad\quad\quad (5-1)$$

式中,ξ 为受扭的纵向钢筋与箍筋的配筋强度比值;A_{stl} 为截面中对称布置的全部受扭纵筋的截面面积;A_{st1} 为受扭箍筋的单肢截面面积;f_y 为受扭纵向钢筋的抗拉强度设计值;f_{yv} 为受扭箍筋的抗拉强度设计值;s 为沿构件长度方向的箍筋间距;u_{cor} 为截面核心部分的周长,$u_{cor} = 2(b_{cor} + h_{cor})$,$b_{cor}$、$h_{cor}$ 分别为箍筋内表面范围内截面核心部分的短边和长边尺寸。

图 5-6 中,A_{cor} 为截面核心部分的面积,$A_{cor} = b_{cor} h_{cor}$。

试验表明,当 $0.5 \leqslant \xi \leqslant 2.0$ 时,构件破坏时其受扭纵筋和箍筋基本上都能达到屈服强度。为了安全起见,规范中取 ξ 的限制条件为 $0.6 \leqslant \xi \leqslant 1.7$;当 $\xi > 1.7$ 时,取 $\xi = 1.7$;为施工方便,设计中通常取 $\xi = 1.0 \sim 1.3$。

二、计算公式

《规范》根据国内试验研究的统计分析,并考虑结构的可靠度要求,给出了钢筋混凝土矩形截面纯扭构件的承载力计算公式。该公式是根据适筋破坏形式而建立的,抗扭承载力由混凝土的受扭承载力和受扭钢筋的受扭承载力两部分组成,即:

$$T \leqslant T_C + T_S = 0.35 f_t W_t + 1.2\sqrt{\xi} \cdot \frac{f_{yv} A_{st1}}{s} \cdot A_{cor} \quad\quad (5-2)$$

式中,T 为扭矩设计值;f_t 为混凝土的抗拉强度设计值;W_t 为截面受扭塑性抵抗矩,矩形截面可按 $W_t = \dfrac{b^2}{6}(3h - b)$ 确定,b、h 分别为矩形截面的短边和长边尺寸;ξ 为受扭的纵向钢筋与箍筋的配筋强度比值;f_{yv} 为受扭箍筋的抗拉强度设计值;A_{st1} 为受扭箍筋的单肢截面面积;s 为沿构件长度方向的箍筋间距;A_{cor} 为截面核心部分的面积。

三、构造要求

1. 截面尺寸

为了防止构件发生超筋破坏的脆性破坏,受扭构件的截面尺寸不能太小,截面尺寸应符合如下条件:

$$T \leqslant 0.2\beta_c f_c W_t \tag{5-3}$$

式中,T 为扭矩设计值;β_c 为混凝土强度影响系数,其取值与斜截面受剪承载力计算相同;f_c 为混凝土抗压强度设计值;W_t 为截面受扭塑性抵抗矩。

2. 最小配筋率

当 $T \leqslant 0.7 f_t W_t$ 时,截面处于抗裂状态,因此可不进行抗扭承载力计算,按配筋率的下限及构造要求配筋。为了防止少筋破坏,受扭纵筋和受扭箍筋的配筋率应满足下列要求。

1)受扭箍筋最小配筋率

《规范》规定抗扭箍筋的配筋率应满足如下条件:

$$\rho_{sv} = \frac{nA_{st1}}{bs} \geqslant \rho_{sv,min} = 0.28 \frac{f_t}{f_{yv}} \tag{5-4}$$

2)受扭纵筋最小配筋率

《规范》规定抗扭纵筋的配筋率应满足如下条件:

$$\rho_{tl} = \frac{A_{stl}}{bh} \geqslant \rho_{tl,min} = 0.85 \frac{f_t}{f_y} \tag{5-5}$$

任务 3 矩形截面弯剪扭构件承载力计算

一、矩形截面弯剪扭构件配筋计算要点

1. 弯剪扭承载力之间的相关性

在实际工程中,受扭构件一般在有扭矩作用的同时,还伴有弯矩和剪力的作用。当构件处于弯矩、剪力、扭矩共同作用的复合应力状态时,其受力情况比较复杂。试验表明,扭矩与弯矩或剪力同时作用于构件时,会使原来受单独内力作用时的构件承载力降低。例如,受弯构件受到扭矩作用时,扭矩的存在使构件的受弯承载力降低,这是因为扭矩的作用使纵筋产生了拉应力,加重了受弯构件纵向受拉钢筋的负担,使其应力提前达到屈服,因而降低了其受弯承载力;同时受到剪力和扭矩作用的构件,其承载力也低于剪力和扭矩单独作用时的承载力。这种现象称为构件承担的各种承载力之间的相关性。

2. 剪扭构件混凝土受扭承载力降低系数 β_t

由于弯剪扭三者之间的相关性过于复杂,完全按照其相关关系对承载力进行计算是很困难的。实用的计算方法是,将受弯承载力所需纵筋与受扭承载力所需纵筋分别计算,然后进行叠加;箍筋按受扭承载力和受剪承载力分别计算其用量,然后进行叠加。这是一种简单而且偏于安全的设计方法。

对于剪扭构件,由于混凝土部分在受扭和受剪承载力计算中被重复利用,过高地估计了其抗力作用,《规范》采用剪扭构件混凝土受扭承载力降低系数 β_t 来考虑剪扭共同作用的影响。对于一般剪扭构件,β_t 应按式(5-6)计算。

$$\beta_t = \frac{1.5}{1+0.5\frac{V}{T}\cdot\frac{W_t}{bh_0}} \tag{5-6}$$

式中,各符号意义同前。

对于集中荷载作用下的独立剪扭构件,β_t 的计算公式为:

$$\beta_t = \frac{1.5}{1+0.2(\lambda+1)\frac{V}{T}\cdot\frac{W_t}{bh_0}} \tag{5-7}$$

式中,β_t 为剪扭构件混凝土受扭承载力降低系数,当 $\beta_t<0.5$ 时,取 $\beta_t=0.5$,当 $\beta_t>1$ 时,取 $\beta_t=1$;λ 为计算截面的剪跨比,当 $\lambda<1.5$ 时,取 $\lambda=1.5$,当 $\lambda>3$ 时,取 $\lambda=3$。

二、矩形截面弯剪扭构件承载力计算公式

1. 弯剪扭构件混凝土受扭承载力计算公式

矩形截面钢筋混凝土弯剪扭构件配筋计算的一般原则是:纵向钢筋应按受弯构件正截面受弯承载力和剪扭构件的受扭承载力计算所需的钢筋截面面积,并配置在相应的位置,箍筋应按剪扭构件的受剪承载力和受扭承载力计算所需的箍筋截面面积,并配置在相应的位置。在考虑了承载力降低系数 β_t 后,矩形截面弯剪扭构件的承载力应分别按如下公式计算。

(1) 受扭承载力。

$$T\leqslant T_u = 0.35\beta_t f_t W_t + 1.2\sqrt{\xi}f_{yv}\frac{A_{st1}A_{cor}}{s} \tag{5-8}$$

式中,各符号意义同前。

(2) 受剪承载力。

$$V\leqslant V_u = 0.7(1.5-\beta_t)f_t bh_0 + f_{yv}\frac{A_{sv}}{s}h_0 \tag{5-9}$$

式中,各符号意义同前。

对于集中荷载作用下的独立剪扭构件,式(5-9)改为:

$$V\leqslant V_u = (1.5-\beta_t)\frac{1.75}{\lambda+1}f_t bh_0 + f_{yv}\frac{A_{sv}}{s}h_0 \tag{5-10}$$

式中,各符号意义同前。

2. 弯剪扭构件的承载力计算步骤

1) 验算适用条件

(1) 验算构件截面尺寸。

为避免超筋破坏,构件截面尺寸应满足式(5-11)或式(5-12)的要求,否则应增大截面尺寸或提高混凝土强度等级。

① 当 $h_w/b \leqslant 4$ 时,有:

$$\frac{V}{bh_0} + \frac{T}{0.8W_t} \leqslant 0.25\beta_c f_c \tag{5-11}$$

式中,各符号意义同前。

② 当 $h_w/b = 6$ 时,有:

$$\frac{V}{bh_0} + \frac{T}{0.8W_t} \leqslant 0.2\beta_c f_c \tag{5-12}$$

式中,各符号意义同前。

当 $4 < h_w/b < 6$ 时,按线性内插法确定。

(2) 当满足式(5-13)要求时,可不进行构件剪扭承载力计算,仅按构造要求配置箍筋和抗扭纵筋。

$$\frac{V}{bh_0} + \frac{T}{W_t} \leqslant 0.7f_t \tag{5-13}$$

式中,各符号意义同前。否则按计算配置箍筋和抗扭纵筋。

2) 确定箍筋用量

根据剪扭相关作用,分别计算受扭箍筋、受剪箍筋。

(1) 受扭箍筋。

$$\frac{A_{st1}}{s} = \frac{T - 0.35\beta_t f_t W_t}{1.2\sqrt{\xi} \cdot f_{yv} A_{cor}} \tag{5-14}$$

(2) 受剪箍筋。

$$\frac{nA_{sv1}}{s} = \frac{V - (1.5 - \beta_t)\alpha_{cv} f_t bh_0}{f_{yv} h_0} \tag{5-15}$$

其中,α_{cv} 对于一般弯剪扭构件取 0.7,集中荷载作用下的独立弯剪扭构件取 $\frac{1.75}{\lambda + 1}$。

对于箍筋,根据式(5-14)和式(5-15)求得箍筋用量后,再进行叠加可得到剪扭构件所需的箍筋总用量 A_{svt1}/s,即:

$$\frac{A_{svt1}}{s} = \frac{A_{st1}}{s} + \frac{nA_{sv1}}{s} \tag{5-16}$$

式中,各符号意义同前。

再根据 A_{svt1}/s 选用所需箍筋的直径和间距。

3) 确定纵筋用量

纵向钢筋用量根据纵向钢筋与箍筋的配筋强度比 ξ 公式进行变形得到。

$$A_{stl} = \xi \cdot \frac{A_{st1}}{s} \cdot \frac{f_{yv}}{f_y} \cdot u_{cor} \tag{5-17}$$

4）验算最小配筋率

为了避免发生少筋破坏，《规范》规定，弯剪扭构件受扭纵筋的最小配筋率为：

$$\rho_{tl} = \frac{A_{stl}}{bh} \geqslant \rho_{tl,min} = 0.6 \sqrt{\frac{T}{Vb}} \cdot \frac{f_t}{f_y} \tag{5-18}$$

抗扭箍筋的最小配筋率同纯扭构件，应满足式（5-4）的要求。

本章小结

凡是在构件截面中有扭矩作用的构件，都称为受扭构件。实际结构中，常见的受扭构件处于弯矩、剪力、扭矩共同作用的复合受力状态。受扭构件的抗扭钢筋有纵筋和箍筋两种，受扭纵筋沿构件截面周边均匀对称布置，且在截面四角必须设置；受扭箍筋要做成封闭式，其直径和最大箍筋间距应满足有关构造要求。

钢筋混凝土矩形截面纯扭构件根据受扭钢筋的数量不同可分为少筋破坏、适筋破坏、部分超筋破坏和完全超筋破坏等。根据它们的破坏特征可知，适筋破坏属于延性破坏，少筋破坏和超筋破坏属于脆性破坏，部分超筋破坏介于二者之间。

矩形截面纯扭构件的承载力计算公式以适筋破坏为计算依据，由混凝土的受扭承载力和受扭钢筋的受扭承载力两部分组成。通过限制截面尺寸防止发生完全超筋破坏，通过控制受扭纵筋与箍筋的配筋强度比 ξ 防止部分超筋破坏，通过满足受扭纵筋和箍筋最小配筋率的要求防止发生少筋破坏。

对于弯剪扭构件，当扭矩与弯矩或剪力同时作用于构件时，其抵抗某种内力的能力受其他同时作用内力的影响而降低。实际计算中，将受弯所需纵筋与受扭所需纵筋分别计算，然后进行叠加；箍筋按受扭承载力和受剪承载力分别计算其用量，然后进行叠加；但必须注意受弯纵筋布置在受弯时的受拉区，而受扭纵筋沿截面周边均匀对称布置。

思考与习题

1. 什么是受扭构件？在实际工程中哪些构件中有扭矩作用？
2. 钢筋混凝土矩形截面纯扭构件有哪几种破坏形态？各有什么特点？
3. 在抗扭计算中如何避免钢筋混凝土受扭构件的少筋破坏和超筋破坏？
4. 纯扭构件承载力计算公式中 ξ 的物理意义是什么？它的取值有何限制？
5. 在剪扭构件计算时为何引入承载力降低系数 β_t？β_t 取值有何限制？

受压构件承载力设计

学习目标

- ○ ○ ○ ○

（1）了解受压构件的概念及工程应用，熟悉受压构件的构造要求。

（2）了解轴心受压构件的破坏特征，掌握其正截面承载力计算方法。

（3）了解螺旋箍筋柱的应用。

（4）理解偏心受压构件正截面的两种破坏形态。

（5）掌握两种破坏的判别方法，掌握对称配筋矩形截面偏心受压构件正截面承载力计算方法。

（6）了解偏心受压构件斜截面抗剪承载力计算。

新课导入

1986 年 3 月 15 日，新加坡的新世界酒店在一分钟内变成一片废墟，事故造成 33 人死亡、104 人受伤，17 人获救，如图 6-1 所示。新世界酒店处在一座六层高的名为联益大厦的楼房里，联益大厦的一楼是银行，二楼是一家夜总会，三楼至六楼是拥有 67 间房间的新世界酒店。

事故调查结果：（1）结构设计强度不足。设计人员发生了低级错误，他忘记了计算静荷载。这是个惊人的发现，大楼的柱子完全无法承受大楼自身的重量。

（2）施工质量差，实际施工中存在多处与施工图纸严重不符的现象。

（3）使用过程中施加了额外荷载，包括约 22 吨的屋顶水箱、22 吨的银行密室和 53 吨的外墙贴面和保温装修，这些荷载都是原设计中没有的。

图 6-1　新世界酒店倒塌事故现场图片

（4）在使用过程中多次出现破坏迹象，但没采取任何补救措施，最终导致大楼倒塌的惨剧。

在工程结构中，以承受纵向压力为主的构件称为受压构件，建筑结构中最常见的受压构件为钢筋混凝土柱，此外桥梁结构的桥墩，高层建筑中的剪力墙以及屋架的受压弦杆、腹杆均属于受压构件，如图 6-2 所示。

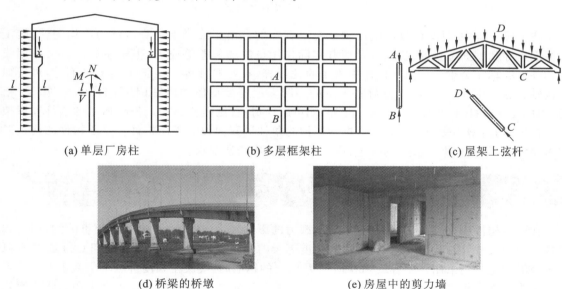

(a) 单层厂房柱　　　　　　(b) 多层框架柱　　　　　　(c) 屋架上弦杆

(d) 桥梁的桥墩　　　　　　(e) 房屋中的剪力墙

图 6-2　钢筋混凝土受压构件示例

任务 1　受压构件的分类及构造要求

一、受压构件分类

钢筋混凝土受压构件按照纵向压力作用位置的不同，分为轴心受压构件和偏心受压构件。

当纵向压力作用线与构件截面形心轴重合时,称为轴心受压构件,如图 6-3(a)所示。当纵向压力作用线偏离构件截面形心轴或当轴向力和弯矩共同作用在构件上时,称为偏心受压构件。如果纵向压力只在一个方向有偏心,称为单向偏心受压构件,如图 6-3(b)所示;如果在两个方向都偏心时,则称为双向偏心受压构件,如图 6-3(c)所示。

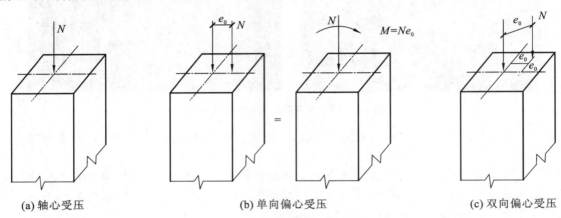

(a) 轴心受压　　　　　　　　　(b) 单向偏心受压　　　　　　　　(c) 双向偏心受压

图 6-3　受压构件的分类

在实际工程中,理想的轴心受压构件是不存在的。由于混凝土自身质量的不均匀性,施工时截面尺寸和钢筋位置的误差,以及荷载实际作用位置的偏差等原因,很难使纵向压力作用线与构件形心轴完全重合。但在设计中为了简化计算,有些构件因弯矩很小而忽略不计,可近似地按轴心受压构件计算,如以恒荷载为主的多跨多层框架房屋的内柱(见图 6-2(b))、屋架(桁架)中的受压腹杆等(见图 6-3(c))。此外,如单层厂房柱(见图 6-2(a))、框架房屋的边柱和屋架上弦杆等,均按偏心受压构件计算。框架结构的角柱属双向偏心受压构件。受压构件的构造要求多而复杂,下面根据《规范》的规定,仅介绍一些基本构造要求。

二、材料强度

在受压构件中,混凝土的强度等级对承载力的影响较大,选择高强度混凝土可节约钢材,减少构件截面尺寸,因此受压构件宜采用高强度等级的混凝土。一般设计中应采用 C20 或 C20 以上等级混凝土。当采用强度等级 400 MPa 及以上的钢筋时,混凝土强度等级不应低于 C25。

因为高强度钢筋在受压构件中不能充分发挥其作用,故在受压构件中不宜采用高强度钢筋来提高其承载力,所以受压构件中纵向受力钢筋通常采用 HRB400、HRB500、HRBF400、HRBF500 级钢筋。

三、截面形式及尺寸

轴心受压柱截面一般采用正方形,也可以是矩形或圆形等。偏心受压柱当截面高度 $h\leqslant$ 600 mm 时,宜采用矩形截面;600 mm$<h\leqslant$800 mm 时,宜采用矩形或 I 形截面;800 mm$<h\leqslant$ 1400 mm 时,宜采用 I 形截面。I 形截面的翼缘厚度不宜小于 120 mm,腹板厚度不宜小于 100 mm。

柱截面尺寸主要根据内力的大小、构件长度及构造要求等条件确定,为了避免构件由于长细比过大,导致承载能力降低过多,柱截面不宜过小。现浇钢筋混凝土柱的截面尺寸不宜小于

250 mm×250 mm。圆形截面柱直径不宜小于 350 mm。为了施工方便，当截面边长在 800 mm 以内时，以 50 mm 为模数；当截面边长为 800 mm 以上时，以 100 mm 为模数。

四、配筋构造

1. 纵向受力钢筋

钢筋混凝土受压构件中纵向受力钢筋的作用是：与混凝土共同承担由外荷载引起的内力，提高柱的抗压承载力；改善混凝土构件破坏的脆性性质；承担由于混凝土收缩、徐变、荷载的初始偏心、构件温度变形等因素引起的拉应力等。

（1）纵向受力钢筋宜采用直径较大的钢筋，以增大钢筋骨架的刚度、减少施工时可能产生的纵向弯曲和受压时的局部屈曲。

（2）纵向受力钢筋的直径不宜小于 12 mm，通常在 16～32 mm 范围内选用，方形和矩形截面柱中纵向受力钢筋不少于 4 根，圆柱中不宜少于 8 根且不应少于 6 根，且宜沿周边均匀布置。

（3）柱中纵向受力钢筋的净间距不应小于 50 mm；且不宜大于 300 mm。在偏心受压柱中，垂直于弯矩作用平面的侧面上的纵向受力钢筋以及轴心受压柱中各边的纵向受力钢筋，其中距不宜大于 300 mm，如图 6-4 所示。

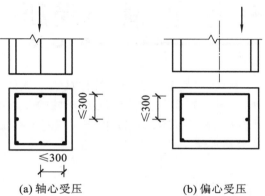

(a) 轴心受压　　　　(b) 偏心受压

图 6-4　柱纵向钢筋布置

2. 箍筋

钢筋混凝土受压构件中箍筋的作用是固定纵向钢筋并与纵向钢筋组成整体骨架，防止纵向钢筋受压时被压屈，对混凝土受压后的侧向膨胀起约束作用，而且在偏心受压柱中可以抵抗斜截面剪力。

（1）箍筋直径不应小于 $d/4$，且不应小于 6 mm，d 为纵向钢筋的最大直径；当柱中全部纵向受力钢筋的配筋率大于 3‰时，箍筋直径不应小于 8 mm。

（2）箍筋应采用封闭式，箍筋末端应做成 135°弯钩，且弯钩末端平直段长度不应小于 $10d$，d 为纵向受力钢筋的最小直径；箍筋也可焊成封闭环式，如图 6-5(a) 所示。

（3）柱内箍筋间距不应大于 400 mm 及构件截面的短边尺寸，且不应大于 $15d$，d 为纵向受力钢筋的最小直径。

（4）当柱截面短边尺寸大于 400 mm，且各边纵向钢筋多于 3 根时；或当柱截面短边尺寸不大于 400 mm，但各边纵向钢筋多于 4 根时，应设置复合箍筋，如图 6-5(b) 所示。复合箍筋的直径和间距与原箍筋相同。对截面形状复杂的柱，不可采用具有内折角的箍筋，以避免向外的拉力将折角处的混凝土剥落，而应采用分离式箍筋，如图 6-5(c) 所示。

（5）当偏心受压柱的截面高度 $h \geqslant 600$ mm 时，在柱的侧面上应设置直径为 10～16 mm 的纵向构造钢筋，并设置复合箍筋或拉筋，以保证钢筋骨架的稳定性。

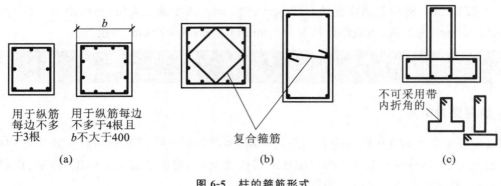

用于纵筋　用于纵筋每边
每边不多　不多于4根且
于3根　　b不大于400

复合箍筋

不可采用带
内折角的

(a)　　　　　　　　　(b)　　　　　　　　　(c)

图 6-5　柱的箍筋形式

任务 2　轴心受压构件承载力计算

钢筋混凝土轴心受压柱按箍筋形式的不同分为两种类型,即普通箍筋柱和螺旋箍筋柱两种,如图 6-6 所示。两种轴心受压柱的受力特点不同,因此计算公式也不一相同,相对而言,螺旋式箍筋(或焊接环式箍筋)由于对混凝土有较强的环向约束作用,可在一定程度上提高构件的承载力和延性。

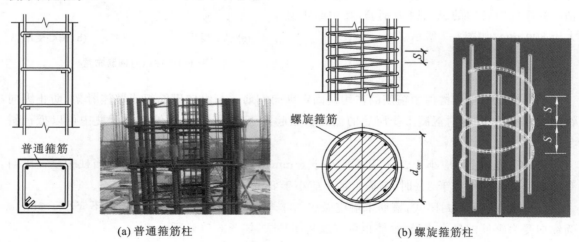

普通箍筋

螺旋箍筋

d_{cor}

S

(a) 普通箍筋柱　　　　　　　　　　　(b) 螺旋箍筋柱

图 6-6　普通箍筋柱与螺旋箍筋柱

一、普通箍筋轴心受压构件的破坏特征

1. 轴心受压短柱和长柱的划分

轴心受压柱根据长细比(构件计算长度 l_0 与构件截面回转半径 i 的比值)的不同,分为短柱和长柱。当柱的长细比满足以下条件时为短柱,否则为长柱。

（1）对于矩形截面：

$$\frac{l_0}{b} \leq 8 \qquad (6\text{-}1a)$$

（2）对于圆形截面：

$$\frac{l_0}{d} \leq 7 \qquad (6\text{-}1b)$$

（3）对于任意截面：

$$\frac{l_0}{i} \leq 28 \qquad (6\text{-}1c)$$

式中，l_0 为柱的计算长度；b 为矩形截面短边尺寸；d 为圆形截面的直径；i 为任意截面的最小回转半径。

2. 轴心受压短柱的受力特点及破坏形态

普通箍筋的钢筋混凝土矩形截面短柱，对其逐级施加轴向压力 N，在压力 N 的作用下整个截面的应变是均匀分布的，随着轴向压力的增加，应变也迅速增加，最后构件的混凝土达到极限压应变，柱子出现纵向裂缝，混凝土保护层剥落，混凝土的侧向膨胀推挤纵向钢筋，使箍筋间的纵向钢筋向外凸出，构件将因混凝土被压碎而破坏，如图 6-7 所示。无论构件中受压钢筋是否屈服，其承载力都是由混凝土压碎来控制的。

图 6-7　钢筋混凝土轴心受压短柱破坏形态

当受压短柱破坏时，混凝土达到极限压应变 $\varepsilon_c = 0.002$。此时，钢筋的最大压应力为 $\sigma'_s = E_s \varepsilon'_s = E_s \varepsilon_c = 2 \times 10^5 \times 0.002 = 400 \ \text{N/mm}^2$。此时对于 HRB336、HRB400、RRB400 级钢筋已达到抗压屈服强度，但对于屈服强度超过 $400 \ \text{N/mm}^2$ 的钢筋，其抗压强度设计值只能取 $f'_y = 400 \ \text{N/mm}^2$，钢筋的强度不能充分发挥，此后增加的荷载全部由混凝土来承受。因此，在轴心受压构件内配置高强度钢筋不能充分发挥其作用，是不经济的。

3. 轴心受压长柱的受力特点及破坏形态

实验结果表明，长柱在轴心压力作用下其破坏形态与短柱有所不同，不仅发生压缩变形，还有不能忽略的侧向挠度，柱子出现弯曲现象。附加弯矩和侧向挠度都随荷载增大而增加，二者相互影响，在柱的凹侧先出现纵向裂缝，混凝土压碎，纵筋压屈，侧向挠度急增，凸边混凝土拉裂，柱宣告破坏，如图 6-8 所示。柱的长细比愈大，其承载力也就愈低。对于长细比 $l_0/b > 30$ 的细长柱，当轴向压力增大到一定程度时，构件会突然产生较大的侧向挠曲变形，导致构件不能保持稳定平衡，即发生"失稳破坏"。这时构件截面虽未产生材料破坏，但已达到了所能承担的最大轴向压力。

图 6-8　钢筋混凝土轴心受压长柱破坏形态

1) 稳定系数

经实验测得在截面相同、材料相同、配筋相同的条件下,长柱承载力低于短柱承载力。混凝土规范采用构件的稳定系数 φ 来表示长柱承载力降低的程度。试验分析表明,稳定系数 φ 主要与构件的长细比有关,混凝土强度等级及配筋率对其影响较小,φ 的取值可直接按表 6-1 采用。从表 6-1 中可看出,长细比 l_0/b 越大,φ 值越小;长细比 l_0/b 越小,φ 值越大。当 $l_0/b \leqslant 8$ 时,$\varphi=1$,说明短柱的侧向挠度很小,对构件承载力的影响可忽略。

表 6-1　钢筋混凝土轴心受压构件的稳定系数 φ

l_0/b	l_0/d	l_0/i	φ	l_0/b	l_0/d	l_0/i	φ
$\leqslant 8$	$\leqslant 7$	$\leqslant 28$	1.00	30	26	104	0.52
10	8.5	35	0.98	32	28	111	0.48
12	10.5	42	0.95	34	29.5	118	0.44
14	12	48	0.92	36	31	125	0.40
16	14	55	0.87	38	33	132	0.36
18	15.5	62	0.81	40	34.5	139	0.32
20	17	69	0.75	42	36.5	146	0.29
22	19	76	0.70	44	38	153	0.26
24	21	83	0.65	46	40	160	0.23
26	22.5	90	0.60	48	41.5	167	0.21
28	24	97	0.56	50	43	174	0.19

注:表中 l_0 为构件计算长度;b 为矩形截面的短边尺寸;d 为圆形截面的直径;i 为截面最小回转半径,$i=\sqrt{\dfrac{I}{A}}$。

稳定系数也可按公式计算:
$$\varphi = \frac{1}{1+0.002\,(l_0/b-8)^2}$$

2）柱的计算长度

柱的计算长度 l_0 与柱两端支承情况有关,在实际工程中,由于柱支承情况并非完全符合理想条件,钢筋混凝土柱计算长度的确定是一个较复杂的问题。《规范》规定,对一般多层房屋的钢筋混凝土框架各层柱(梁柱为刚接)的计算长度 l_0 可按表 6-2 取用。

表 6-2　框架结构各层柱的计算长度

楼盖类型	柱的类别	l_0
现浇楼盖	底层柱	$1.0H$
	其余各层柱	$1.25H$
装配式楼盖	底层柱	$1.25H$
	其余各层柱	$1.5H$

注:对底层柱,H 为从基础顶面到一层楼盖顶面的高度;对其余各层柱,H 为上、下两层楼盖顶面之间的高度。

二、普通箍筋柱正截面承载力计算

1. 承载力计算公式

钢筋混凝土轴心受压柱的正截面承载力由混凝土承载力和纵向钢筋承载力两部分组成,普通箍筋柱的截面计算简图如图 6-9 所示。根据静力平衡条件,并考虑稳定系数 φ 后,可得配有普通箍筋的轴心受压柱,其正截面受压承载力计算公式为:

$$N \leqslant N_u = 0.9\varphi(f_c A + f_y' A_s') \tag{6-2}$$

式中　N——荷载作用下产生的轴向压力设计值;

　　　N_u——截面受压承载力设计值;

　　　0.9——承载力折减系数,是考虑到初始偏心的影响,以及主要承受永久荷载作用的轴心受压柱的可靠性;

　　　φ——钢筋混凝土构件的稳定系数,按表 6-1 采用;

　　　f_c——混凝土的轴心抗压强度设计值;

　　　f_y'——纵向钢筋的抗压强度设计值;

　　　A——构件截面面积,当纵向钢筋配筋率 $\rho' = \dfrac{A_s'}{A} > 3\%$ 时,A 取混凝土的净截面面积 $A_n = A - A_s'$;

　　　A_s'——全部纵向钢筋的截面面积。

2. 计算方法

在实际工程中遇到的轴心受压构件的承载力计算问题可分为截面设计和截面复核两大类,具体计算方法与步骤如下。

1）截面设计

已知轴向压力设计值 N,并选定材料强度等级 f_c、f_y',构件的计算长度 l_0。设计柱的截面尺寸 $b \times h$ 及配筋。

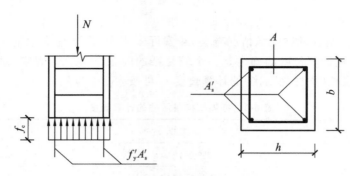

图 6-9　轴心受压构件计算应力图形

由于 A_s'、A、φ 均为未知数,无法用式(6-2)直接求解,因此,可用试算法求解,其具体步骤如下。

(1) 初步确定截面形式和尺寸。设 $\varphi = 1$,按 $\rho' = \dfrac{A_s'}{A} = 1\%$,估算出 A。由 $A = \dfrac{N}{0.9\varphi(f_c + \rho'f_y')}$,进而求出截面尺寸。一般正方形截面 $b = h = \sqrt{A}$。

(2) 确定稳定系数 φ。由构件长细比 l_0/b 查表 6-1 可得 φ。

(3) 求纵向钢筋截面面积。由公式(6-2)计算钢筋截面面积 A_s',即 $A_s' = \dfrac{\dfrac{N}{0.9\varphi} - f_c A}{f_y'}$,并验算纵向钢筋的配筋率。纵向钢筋的最小配筋率见表 3-8 所示,若配筋率大于 3%,说明选择的截面过小,需增大截面尺寸;若配筋率小于最小配筋率,说明选择的截面过大,需减小截面尺寸后重新计算。

(4) 按构造配置箍筋。

例 6-1　已知某四层现浇内框架结构房屋,底层中柱按轴心受压构件计算,如图 6-10 所示。该房屋安全等级为二级($\gamma_0 = 1.0$)。轴向力设计值 $N = 1\,460$ kN,从基础顶面到一层楼面的高度 $H = 4.5$ m,混凝土强度等级为 C30($f_c = 14.3$ N/mm^2),钢筋采用 HRB400 级($f_y' = 360$ N/mm^2)。求该柱截面尺寸并配置钢筋。

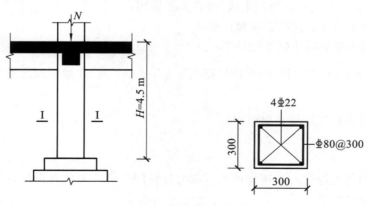

图 6-10　例 6-1 图

解　(1) 初步确定截面形式和尺寸。

设 $\varphi=1$，$\rho'=\dfrac{A_s'}{A}=1\%$，即 $A_s'=0.01A$，可得：

$$A=\frac{N}{0.9\varphi(f_c+\rho'A_s')}=\frac{1\,460\times10^3}{0.9\times1\times(14.3+0.01\times360)}=90\,627\ \text{mm}^2$$

选用正方形截面，截面边长 $b=h=\sqrt{90\,627}=301\ \text{mm}$，采用 $b\times h=300\ \text{mm}\times300\ \text{mm}$。

（2）确定稳定系数 φ。

按《规范》规定，取底层柱的计算长度 $l_0=1.0H=1\times4\,500=4\,500\ \text{mm}$。

则长细比 $\dfrac{l_0}{b}=\dfrac{4\,500}{300}=15$，查表 6-1 用内插法，得 $\varphi=0.895$。

（3）计算纵向钢筋。由式（6-1）得：

$$A_s'=\frac{\dfrac{N}{0.9\varphi}-f_cA}{f_y'}=\frac{\dfrac{1\,460\times10^3}{0.9\times0.895}-14.3\times300^2}{360}=1\,460\ \text{mm}^2$$

选用 4 ⊕ 22，$A_s'=1\,520\ \text{mm}^2$。

$0.55\%<\rho'=\dfrac{A_s'}{A}=\dfrac{1520}{300\times300}=1.7\%<3\%$，满足要求。

（4）按构造配置箍筋。

箍筋直径的选取：

$$d\geqslant6\ \text{mm}，d\geqslant\frac{22}{4}=5.5\ \text{mm}$$

故直径取 ⊕8。

间距的选取 $s\leqslant400\ \text{mm}$，$s\leqslant b=300\ \text{mm}$，且 $\leqslant15d=330\ \text{mm}$，取 $s=300\ \text{mm}$。

箍筋选用 ⊕8@300，满足构造要求。

例 6-2 某现浇钢筋混凝土框架结构房屋，底层中柱按轴心受压构件计算，承受轴向力设计值 $N=2\,600\ \text{kN}$，柱截面尺寸 $b\times h=400\ \text{mm}\times400\ \text{mm}$，层高 $H=5.6\ \text{m}$，混凝土强度等级为 C30（$f_c=14.3\ \text{N/mm}^2$），钢筋采用 HRB400 级（$f_y'=360\ \text{N/mm}^2$）。求该柱截面尺寸并配置纵向配筋和箍筋。

解 （1）确定稳定系数 φ。

按《规范》规定，取底层柱的计算长度 $l_0=1.0H=1\times5.6=5.6\ \text{m}$。

则长细比 $\dfrac{l_0}{b}=\dfrac{5.6}{0.4}=14$，查表 6-1 得 $\varphi=0.92$。

（2）计算纵向钢筋。由式（6-2）得：

$$A_s'=\frac{\dfrac{N_u}{0.9\varphi}-f_cA}{f_y'}=\frac{\dfrac{2600\times10^3}{0.9\times0.92}-14.3\times400\times400}{360}=2\,367\ \text{mm}^2$$

选用 8 ⊕ 20，$A_s'=2\,513\ \text{mm}^2$。

$0.55\%<\rho'=\dfrac{A_s'}{A}=\dfrac{2\,513}{400\times400}=1.57\%<3\%$，满足要求。

（3）按构造配置箍筋。

箍筋直径的选取：$d\geqslant6\ \text{mm}$，$d\geqslant\dfrac{22}{4}=5.5\ \text{mm}$，直径取 ⊕8。

间距的选取：$s\leqslant400\ \text{mm}$，$s\leqslant b=400\ \text{mm}$，且 $\leqslant15d=300\ \text{mm}$，取 $s=300\ \text{mm}$。

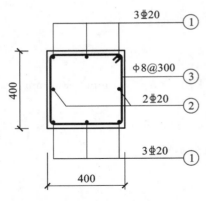

3⚊20 ①
φ8@300 ③
2⚊20 ②
3⚊20 ①

400

400

图 6-11 【例 6-2】截面配筋图

箍筋选用φ8@300,满足构造要求。

(4)配筋图(如图 6-11 所示)。

2)承载力复核

已知柱的截面尺寸 $b \times h$,纵向受力钢筋截面面积 A'_s,材料强度等级及计算长度 l_0。求轴心受压柱的承载力设计值 N_u(或已知轴向压力设计值 N,复核轴心受压柱是否安全)。计算步骤如下。

(1)确定稳定系数 φ。由构件长细比 l_0/b,查表 6-1 可得 φ。

(2)计算柱截面承载力 N_u。先验算纵筋配筋率 ρ',再使用公式(6-2)求解 N_u。

例 6-3 某现浇底层钢筋混凝土轴心受压柱,截面尺寸 $b \times h = 300$ mm $\times 300$ mm,采用 4⚊20 的 HRB400 级钢筋($f'_y = 360$ N/mm^2),混凝土为 C30($f_c = 14.3$ N/mm^2),柱的计算长度 $l_0 = 3.9$ m,该柱承受的轴向压力设计值 $N = 1\,160$ kN,试复核该柱截面是否安全。

解 (1)确定稳定系数 φ。

$\dfrac{l_0}{b} = \dfrac{3\,900}{300} = 13$,查表 6-1 得稳定系数 $\varphi = 0.935$。

(2)计算柱截面承载力。

$A = 300 \times 300 = 90\,000$ mm^2;4⚊20 由附表 A-1 得 $A'_s = 1\,256$ mm^2。

$$0.55\% < \rho' = \frac{A'_s}{A} = \frac{1256}{90\,000} = 1.4\% < 3\%$$

由式(6-2)得:

$$N_u = 0.9\varphi\,(f_c A + f'_y A'_s) = 0.9 \times 0.935 \times (14.3 \times 90\,000 + 360 \times 1\,256)$$
$$= 1\,464 \times 10^3 \text{ N} = 1\,464 \text{ kN} > N = 1\,160 \text{ kN}$$

故该柱截面安全。

三、螺旋箍筋柱简介

当柱承受较大的轴向受压荷载,并且柱截面尺寸由于施工及使用要求上的限制,按照配置普通箍筋柱计算时,即使提高混凝土强度等级和增加纵向钢筋的配筋量也不能满足承载力的要求时,可考虑采用螺旋式箍筋柱来提高构件的承载力。螺旋箍筋柱是指配有纵向钢筋和螺旋箍筋或焊接环筋(有时又将螺旋箍筋或焊接环筋称为间接钢筋)的柱。但由于这种柱施工比较复杂,钢筋用量大且造价较高,一般应用较少。

在配有普通箍筋的轴心受压柱中,箍筋是构造钢筋。柱破坏时,混凝土处于单向受压状态。采用如图 6-12 所示螺旋式箍筋的轴心受压柱,由于螺旋箍筋的连续性,且沿柱轴线的间距较小($s \leqslant 80$ mm 及 $d_{cor}/6$),螺旋式箍筋的套箍作用可约束其包围的核心混凝土的横向变形,使得被约束混凝土处于三向受压的应力状态,可以提高混凝土的抗压强度和变形能力,从而提高构件的承载能力。

1. 基本公式

由《规范》可以直接查得螺旋箍筋的计算公式如下：

$$N \leqslant 0.9(f_c A_{cor} + f'_y A'_s + 2\alpha f_y A_{sso}) \tag{6-3}$$

$$A_{sso} = \frac{\pi d_{cor} A_{ss1}}{S} \tag{6-4}$$

式中，f_{yv} 为间接钢筋（箍筋）的抗拉强度设计值；A_{cor} 为构件的核心截面面积，即间接钢筋内表面范围内的混凝土面积，$A_{cor} = \pi d_{cor}^2/4$；$A_{sso}$ 为间接钢筋的换算截面面积；d_{cor} 为构件的核心截面直径，即间接钢筋内表面之间的距离；A_{ss1} 为螺旋式或焊接环式单根间接钢筋（箍筋）的截面面积；S 为间接钢筋（箍筋）沿构件轴线方向的间距；α 为间接钢筋对混凝土约束的折减系数，当混凝土强度等级不超过 C60 时，取 $\alpha = 1.0$，当混凝土强度等级为 C80 时，取 $\alpha = 0.86$，其间按线性内插法取用。

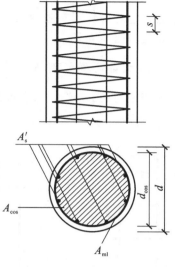

图 6-12　配置螺旋式箍筋柱

2. 设计螺旋箍筋柱时的注意事项

（1）为了防止混凝土保护层过早剥落，按规范要求，按式（6-3）计算的构件轴心受压承载力设计值不应大于按式（6-2）计算的构件轴心受压承载力设计值的 1.6 倍。

（2）当遇到以下情况时，不应计入间接钢筋的影响，应按式（6-2）进行计算。

① $l_0/d > 12$ 时，因构件长细比较大，由于初始偏心引起的侧向弯曲使构件承载力降低，因此间接钢筋不能发挥作用。

② 按式（6-3）算得的构件受压承载力小于按式（6-2）算得的受压承载力时。

③ 当间接钢筋的换算截面面积 A_{sso} 小于纵向钢筋全部截面面积的 26% 时，可以认为间接钢筋配置太少，对核心混凝土约束作用不明显。

3. 构造要求

螺旋式（或焊接环式）箍筋柱的截面形状常做成圆形或正多边形，纵向钢筋沿截面四周均匀布置，螺旋式（或焊接环式）箍筋的间距不应大于 80 mm 及 $d_{cor}/6$，且不宜小于 40 mm。间接钢筋的直径要求同普通箍筋。

任务 3 偏心受压构件承载力计算

一、偏心受压构件的受力性能

偏心受压构件是指同时承受轴向压力 N 和弯矩 M 作用的构件，偏心受压构件的荷载可以等效为一个偏心距为 $e_0 = M/N$ 的偏心力 N 的作用。在工程实践中，偏心受压构件有着非常广泛的应用,如多层框架柱中的边柱、单层厂房排架柱、高层建筑中的剪力墙等。偏心受压构件的受力性能和破坏形态随着轴向力的偏心矩和配筋情况的不同分为两种情况,即大偏心受压破坏和小偏心受压破坏。

1. 大偏心受压破坏

当偏心距 e_0 较大,且截面距轴向力 N 较远一侧的钢筋配置不太多时,所发生的破坏就是大偏心受压破坏,其破坏过程类似受弯构件双筋适筋梁。如图 6-13 所示,随着荷载逐级增加,距轴向力 N 较远一侧的截面受拉,距轴向力 N 较近一侧的截面受压。当荷载加到一定程度时,首先受拉区混凝土出现横向裂缝,裂缝截面的拉力由钢筋来承担;随着荷载进一步增加,横向裂缝不断开展并向受压区延伸,受拉钢筋应力达到屈服强度。此后,裂缝迅速展开,受压区混凝土高度不断减小,混凝土应变急剧增加,最后受压区混凝土达到极限压应变 ε_{cu} 而被压碎。此时,若受压区高度不是太小,受压钢筋应力也能达到屈服强度。

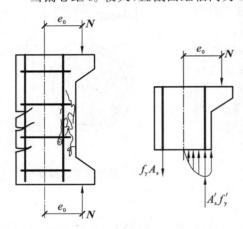

大偏心受压构件破坏时,受拉钢筋应力先达到屈服强度,然后是受压区混凝土被压碎而导致构件破坏,而且受压钢筋一般也能屈服。破坏时有明显的预兆,

图 6-13 大偏心受压破坏形态

受拉区横向裂缝开展明显,有主裂缝,属延性破坏。因大偏心受压破坏始于受拉钢筋屈服,故又称为"受拉破坏"。

2. 小偏心受压破坏

当构件的轴向力偏心距 e_0 较小或很小,或虽然偏心距 e_0 较大但配置的受拉钢筋过多时,将会发生小偏心受压破坏。小偏心受压的应力状态可分为以下三种情况。

(1)当偏心距 e_0 较小时(见图 6-14(a)),加荷后整个截面全部受压,靠近轴向力 N 一侧的混凝土压应力较大,远离轴向力一侧的混凝土压应力较小。破坏时,压应力较大一侧的混凝土达到极限压应变 ε_{cu} 被压碎,该侧的受压钢筋也屈服,而远离轴向力 N 一侧的混凝土应力较小,钢筋也未达到屈服强度。

(2)当 e_0 稍大时(见图 6-14(b)),加荷后截面大部分受压,远离轴向力 N 一侧的小部分截面受拉且拉应力很小,受拉区混凝土可能出现微小裂缝,也可能不出现裂缝。破坏时,由靠近轴向力 N 一侧的混凝土被压碎而引起,该侧的受压钢筋的应力达到屈服强度,而远离轴向力一侧的混凝土及受拉钢筋的应力均较小,因此受拉钢筋不会屈服。

(3)当 e_0 较大,但受拉钢筋配置很多时(见图 6-14(c)),其破坏特征与超筋梁类似。随着荷载的增加,受拉区横向裂缝发展缓慢,受拉钢筋未达到屈服强度,其破坏是由于受压区混凝土被压碎而引起的,相应的受压钢筋也达到屈服强度。

综上所述,小偏心受压的破坏特征为:截面在靠近轴向力较近一侧受压,受压钢筋先达到屈服强度,受压区混凝土达到极限压应变被压碎。而远离轴向力一侧的钢筋无论是受拉还是受压,均未达到屈服强度。截面全部或大部分受压,破坏无明显预兆,属于脆性破坏。由于这种破坏是从受压区开始的,故又称为"受压破坏"。

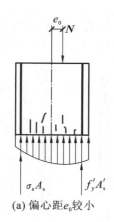
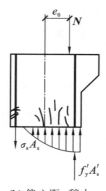
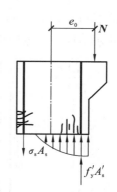

(a) 偏心距e_0较小　　　(b) 偏心距e_0稍大　　　(c) 偏心距e_0较大,且受拉钢筋较多

图 6-14　小偏心受压破坏形态

3. 大小偏心受压的界限

大、小偏心受压破坏之间的界限状态,称为界限破坏。其破坏特征为:受拉钢筋屈服的同时,受压侧混凝土达到极限压应变。根据界限破坏特征和平截面假定,界限破坏时截面相对受压区高度 ξ_b 取值与受弯构件相同。

由于大、小偏心受压破坏的特征明显不同,故承载力计算公式也不相同,计算时,应首先判别偏心受压构件的破坏形态。大小偏心受压破坏的根本区别在于构件截面破坏时,远离轴向力一侧的钢筋是否屈服。大偏心受压破坏类似于受弯构件正截面的适筋破坏。小偏心受压破坏类似于受弯构件正截面的超筋破坏。因此,大、小偏心受压破坏的界限,仍可用受弯构件正截面的适筋破坏与超筋破坏的界限加以划分,即:

(1) 当 $\xi \leqslant \xi_b$ 时,为大偏心受压破坏;

(2) 当 $\xi > \xi_b$ 时,为小偏心受压破坏。

其中,ξ_b 的取值按表 3-7 采用。

4. 附加偏心距 e_a 及初始偏心距 e_i

在实际工程中,由于荷载实际作用位置的偏差、混凝土质量的不均匀性以及施工的误差等原因,都会使轴向力 N 对截面重心产生的实际偏心距 $e_0 = M/N$ 增大,即产生附加偏心距 e_a,而这种偏心距对受压构件的承载力影响较大,因此在偏心受压构件的正截面承载力计算中应考虑 e_a 的影响。《规范》规定,e_a 应取 20 mm 和偏心方向截面最大尺寸的 1/30 两者中的较大值。初始偏心距 e_i 为轴向力作用点到截面重心的偏心距离。考虑附加偏心距的不利影响后,初始偏心距 e_i 由 e_0 和 e_a 两者相加而成,即:

$$e_i = e_0 + e_a \tag{6-5}$$

式中　e_0——轴向压力 N 对截面重心的偏心距,$e_0 = M/N$,mm;

$\quad\quad e_a$——附加偏心距,$e_a = h/30$,且 $\geqslant 20$ mm。

5. 弯矩增大系数 η_{ns} 及弯矩设计值

在偏心力作用下,钢筋混凝土受压构件将产生纵向弯曲,即会产生侧向挠度,此时截面上弯矩将增加,增加的弯矩称为附加弯矩或二阶弯矩。随着荷载的增加,侧向挠度不断加大,因而弯矩增长速度也越来越快,由于弯矩的增加,将使偏心受压构件的承载力明显降低。这种偏心受压构件截面内的弯矩受轴向力和侧向挠度变化影响的现象称为"压弯效应",如图 6-15 所示。《规范》采用将弯矩乘以一个弯矩增大系数 η_{ns} 的方法来考虑这一影响的。

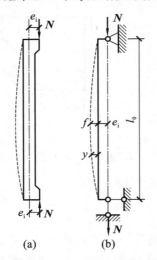

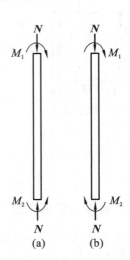

图 6-15　钢筋混凝土长柱在荷载作用下的横向变形　　　　图 6-16　偏心受压构件的弯曲

《规范》规定:弯矩作用平面内截面对称的偏心受压构件,当同一主轴方向的杆端弯矩比值 M_1/M_2 不大于 0.9 且设计轴压比不大于 0.9 时,若构件的长细比满足(式 6-6)的要求,可不考虑该方向构件自身挠曲产生的附加弯矩影响;若不满足,需按截面的两个主轴方向分别考虑构件挠曲产生的附加弯矩影响。

$$l_c/i \leqslant 34-12(M_1/M_2) \tag{6-6}$$

式中　M_1、M_2——偏心受压构件两端截面按结构分析确定的对同一主轴的弯矩设计值,绝对值较大端为 M_2,绝对值较小端为 M_1,当构件按单向曲率弯曲时 M_1/M_2 取正值图(见图 6-16a),否则取负值图(见图 6-16b);

　　l_c——构件的计算长度,可近似取偏心受压构件相应主轴方向上下支撑点之间的距离;

　　i——偏心方向的截面回转半径。

偏心受压构件考虑轴向压力在杆件中产生的压弯效应后控制截面弯曲设计值为:

$$M = C_m \eta_{ns} M_2 \tag{6-7}$$

$$C_m = 0.7 + 0.3 \frac{M_1}{M_2} \tag{6-8}$$

$$\eta_{ns} = 1 + \frac{1}{1\,300(M_2/N + e_a)/h_0} \left(\frac{l_c}{h}\right)^2 \zeta_c \tag{6-9}$$

$$\zeta_c = \frac{0.5 f_c A}{N} \tag{6-10}$$

式中　C_m——构件端截面偏心距调节系数,当小于 0.7 时取 0.7;

　　η_{ns}——弯矩增大系数;

　　N——与弯矩设计值 M_2 相应的轴向压力设计值;

　　ζ_c——截面曲率修正系数,当计算值大于 1.0 时取 1.0;

　　h——截面高度;

　　h_0——截面有效高度;

　　A——构件截面面积。

二、矩形截面偏心受压柱的正截面承载力计算公式

1. 大偏心受压构件$(\xi \leqslant \xi_b)$

1）计算公式

矩形截面大偏心受压构件正截面承载力计算方法与受弯构件截面计算相同,其应力图形如图 6-17 所示。由静力平衡条件可列出大偏心受压构件正截面承载力的计算公式：

$$\sum N = 0, \quad N = \alpha_1 f_c bx + f'_y A'_s - f_y A_s \tag{6-11}$$

$$\sum M = 0, \quad Ne = \alpha_1 f_c bx \left(h_0 - \frac{x}{2} \right) + f'_y A'_s (h_0 - a'_s) \tag{6-12}$$

式中　N—— 荷载作用下产生的轴向压力设计值；

x—— 混凝土受压区高度；

e—— 轴向压力作用点至纵向受拉钢筋合力点之间的距离：

$$e = e_i + \frac{h}{2} - a_s \tag{6-13}$$

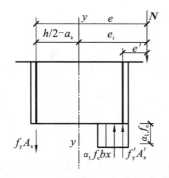 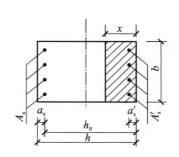

图 6-17　矩形截面大偏心受压构件计算应力图形

2）计算公式的适用条件

（1）$\xi \leqslant \xi_b$ 或 $x \leqslant h_0 \xi_b$。

此条件保证了构件在破坏时,受拉钢筋应力能够达到抗拉强度设计值 f_y。

（2）$x \geqslant 2a'_s$。

此条件保证了构件在破坏时,受压钢筋应力能够达到抗压强度设计值 f'_y。

当 $x = \xi h_0 < 2a'_s$ 时,表示受压钢筋的应力可能达不到抗压强度设计值 f'_y,与双筋受弯构件相似,近似取 $x = 2a'_s$。

2. 小偏心受压构件$(\xi > \xi_b)$

1）计算公式

由于小偏心受压构件在破坏时,远离轴向力一侧的钢筋 A_s 无论受拉还是受压均未达到强度设计值,其应力用 σ_s 来表示。根据图 6-18 所示的小偏心受压构件的截面计算应力图形,由平衡方程可列出其正截面承载力计算公式：

$$\sum N = 0, \quad N = \alpha_1 f_c b x + f'_y A'_s - \sigma_s A_s \tag{6-14}$$

$$\sum M = 0, \quad Ne = \alpha_1 f_c b x \left(h_0 - \frac{x}{2}\right) + f'_y A'_s (h_0 - a'_s) \tag{6-15}$$

《规范》根据试验结果,建议按下列简化公式计算:

$$\sigma_s = \frac{f_y}{\xi_b - \beta_1}(\xi - \beta_1) \tag{6-16}$$

式中,β_1 为系数,当混凝土强度等级不超过 C50 时,$\beta_1 = 0.8$;当混凝土强度等级为 C80 时,$\beta_1 = 0.74$;其间按线性内插法取用。

钢筋应力 σ_s 应符合下列条件:$-f'_y \leqslant \sigma_s \leqslant f_y$,当 σ_s 值为正时,钢筋受拉;当 σ_s 值为负时,钢筋受压。

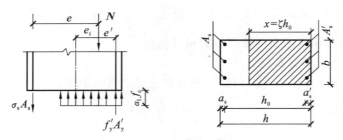

图 6-18 矩形截面小偏心受压构件计算应力图形

2)计算公式的适用条件

① $\xi > \xi_b$。

② $x \leqslant h$,如 $x > h$ 时,取 $x = h$ 计算。

此外,无论大小偏心受压构件计算出的钢筋面积 A_s 及 A'_s 均要满足最小配筋率的要求,即 A_s(或 A'_s)$\geqslant 0.2\% bh$。

三、对称配筋矩形截面偏心受压构件正截面承载力计算

所谓对称配筋就是在柱截面两侧配置的钢筋规格相同,面积相等的配筋形式。即 $A_s = A'_s$,$f_y = f'_y$,$a_s = a'_s$。实际工程中,偏心受压构件在各种不同荷载(如竖向荷载、风荷载、地震作用等)组合作用下,在同一截面内的弯矩方向是变化的,即在某一种荷载组合作用下受拉的部位在另一种荷载组合作用下可能就变为受压,当这两种不同符号的弯矩相差不大时,采用对称配筋的偏心受压构件可以承受变号弯矩作用,施工也较方便,对装配式柱还可以避免弄错安装方向而造成事故。因此,对称配筋在实际工程中应用比较广泛。

已知:轴向压力和弯矩设计值 N、M,构件的截面尺寸 $b \times h$,构件计算长度 l_0,材料强度设计值 f_y、f'_y、f_c。求:钢筋截面面积 A_s、A'_s。

1. 大小偏心受压构件的判别

因对称配筋时 $A_s = A'_s$,$f_y = f'_y$,由式(6-11)可得 $x = \dfrac{N}{\alpha_1 f_c b}$ 或 $\xi = \dfrac{x}{h_0} = \dfrac{N}{\alpha_1 f_c b h_0}$

当 $\xi \leqslant \xi_b$ 时,为大偏心受压构件;当 $\xi > \xi_b$ 时,为小偏心受压构件。

2. 大偏心受压

当 $2a'_s \leqslant x \leqslant \xi_b h_0$ 时,由式(6-12)可直接得出:

$$A_s = A'_s = \frac{Ne - \alpha_1 f_c bx \left(h_0 - \dfrac{x}{2} \right)}{f'_y (h_0 - a'_s)} \qquad (6-17)$$

3. 小偏心受压

将 $f_y = f'_y$,$A_s = A'_s$ 及 σ_s 代入小偏心受压构件基本公式(6-14)和式(6-15)中,并将 x 换成 ξ,可得到关于 ξ 的三次方程式,很难求解。对于常用材料强度,可采用下述近似计算公式:

$$\xi = \frac{N - \xi_b \alpha_1 f_c bh_0}{\dfrac{Ne - 0.43 \alpha_1 f_c bh_0^2}{(\beta_1 - \xi_b)(h_0 - a'_s)} + \alpha_1 f_c bh_0} + \xi_b \qquad (6-18)$$

将 ξ 代入式(6-17)可得:

$$A_s = A'_s = \frac{Ne - \alpha_1 f_c bh_0^{\ 2} \xi (1 - 0.5\xi)}{f'_y (h_0 - a'_s)} \qquad (6-19)$$

当计算的 $A_s + A'_s > 5\% bh$ 时,说明截面尺寸过小,宜加大柱的截面尺寸。

当求得 $A'_s < 0$ 时,说明柱的截面尺寸较大,这时应按受压钢筋最小配筋率的构造要求配置钢筋,取 $A_s = A'_s = 0.002bh$。

例 6-4 某偏心受压柱,截面尺寸 $b \times h = 300 \text{ mm} \times 500 \text{ mm}$,采用 C40 混凝土,HRB400 级钢筋,柱计算长度 $l_0 = 3.6 \text{ m}$,柱两端弯矩设计值分别为 $M_2 = 280 \text{ kN·m}$,$M_1 = 260 \text{ kN·m}$,轴向压力设计值 $N = 600 \text{ kN}$,$a_s = a'_s = 40 \text{ mm}$,采用对称配筋。求纵向受力钢筋的截面面积 $A_s = A'_s$。

解 $f_c = 19.1 \text{ N/mm}^2$,$f_y = f'_y = 360 \text{ N/mm}^2$,$\xi_b = 0.518$,$\rho'_{min} = 0.55\%$。

(1)计算柱设计弯矩。

由于 $M_1/M_2 = 260/280 = 0.93 > 0.9$,故需要考虑附加弯矩的影响。

$$\xi_c = \frac{0.5 f_c A}{N} = \frac{0.5 \times 19.1 \times 300 \times 500}{600 \times 10^3} = 2.388 > 1.0,取 1.0$$

$$C_m = 0.7 + 0.3 \frac{M_1}{M_2} = 0.7 + 0.3 \times \frac{260}{280} = 0.979$$

$$e_a = \frac{h}{30} = \frac{500}{30} = 16.7 < 20 \text{ mm}$$

取 $e_a = 20 \text{ mm}$。

$$\eta_{ns} = 1 + \frac{1}{1\,300(M_2/N + e_a)/h_0} \left(\frac{l_c}{h} \right)^2 \zeta_c$$

$$= 1 + \frac{1}{1300 \times (280\,000/600 + 20)/(500 - 40)} \times \left(\frac{3\,600}{500} \right)^2 \times 1 = 1.038$$

$$M = C_m \eta_{ns} M_2 = 0.979 \times 1.038 \times 280 = 284.5 \text{ kN·m}$$

(2)计算初始偏心距。

$$e_0 = \frac{M}{N} = \frac{284.5 \times 10^3}{600} = 474 \text{ mm}$$

$$e_i = e_0 + e_a = 474 + 20 = 494 \text{ mm}$$

（3）判别大小偏心。

$$h_0 = h - a_s = 500 - 40 = 460 \text{ mm}$$

$$\xi = \frac{N}{\alpha_1 f_c b h_0} = \frac{600 \times 10^3}{1.0 \times 19.1 \times 300 \times 460} = 0.228 \leqslant \xi_b = 0.518$$

（4）计算 A_s 和 A_s'。

$$2a_s'/h_0 = \frac{2 \times 40}{460} = 0.174 < \xi = 0.228$$

$$e = e_i + \frac{h}{2} - a_s = 494 + \frac{500}{2} - 40 = 704 \text{ mm}$$

$$A_s = A_s' = \frac{Ne - \alpha_1 f_c b h_0^2 \left(\xi - \frac{\xi^2}{2} \right)}{f_y' (h_0 - a_s')}$$

$$= \frac{600 \times 10^3 \times 704 - 1.0 \times 19.1 \times 300 \times 460^2 \times (0.228 - 0.5 \times 0.228^2)}{360 \times (460 - 40)}$$

$$= 1174 \text{ mm}^2$$

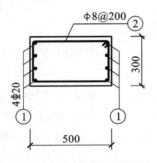

Φ8@200

300

4Φ20

500

图 6-19　例 6-4 截面配筋图

柱每侧各选配 4Φ20 钢筋（$A_s = A_s' = 1256 \text{ mm}^2$）。

$$\rho = \frac{A_s + A_s'}{bh} = \frac{2512}{300 \times 500} = 1.67 > \rho_{\min} = 0.55\%，满足要求。$$

（5）选配箍筋，按构造要求选配Φ8@200。

（6）配筋图如图 6-19 所示。

例 6-5　某矩形偏心受压框架柱，截面尺寸 $b \times h = 400 \text{ mm} \times 600 \text{ mm}$，$a_s = a_s' = 45 \text{ mm}$，柱计算长度 $l_0 = 6 \text{ m}$，混凝土强度等级为 C25（$f_c = 11.9 \text{ N/mm}^2$），钢筋采用 HRB400（$f_y' = f_y = 360 \text{ N/mm}^2$），承受轴向力设计值 $N = 500 \text{ kN}$，考虑轴向压力二阶效应后控制截面的弯矩设计值 $M = 300 \text{ kN·m}$，弯矩作用方向平行于柱长边，采用对称配筋，求纵向钢筋截面面积 $A_s = A_s'$。

解　$h_0 = h - a_s = 600 - 45 = 555 \text{ mm}$；$\xi_b = 0.518$。

（1）求初始偏心距 e_i。

$$e_0 = \frac{M}{N} = \frac{300}{500} = 0.6 \text{ m} = 600 \text{ mm}$$

e_a 在 20 mm 和 $\dfrac{h}{30} = \dfrac{600}{30} = 20 \text{ mm}$ 二者中取其较大者，故 $e_a = 20 \text{ mm}$。

$$e_i = e_0 + e_a = 600 + 20 = 620 \text{ mm}$$

（2）判别大小偏心。

$$x = \frac{N}{\alpha_1 f_c b} = \frac{500 \times 10^3}{1.0 \times 11.9 \times 400} = 105 \text{ mm} < \xi_b h_0 = 0.518 \times 555 = 287 \text{ mm}$$

故属于大偏心受压，且 $x = 105 \text{ mm} > 2a_s' = 2 \times 45 = 90 \text{ mm}$。

（3）求纵筋面积 A_s 和 A_s'。

$$e = e_i + \frac{h}{2} - a_s = 620 + \frac{600}{2} - 45 = 875 \text{ mm}$$

$$A_s = A_s' = \frac{Ne - \alpha_1 f_c bx \left(h_0 - \dfrac{x}{2}\right)}{f_y'(h_0 - a_s')} = \frac{500 \times 10^3 \times 875 - 1.0 \times 11.9 \times 400 \times 105 \times \left(555 - \dfrac{105}{2}\right)}{360 \times (555 - 45)}$$

$$= 1\,015\ \text{mm}^2 > 0.002bh = 0.002 \times 400 \times 600 = 480\ \text{mm}^2$$

柱每侧各选配 3 ⚹22 钢筋（$A_s = A_s' = 1140\ \text{mm}^2$）。

例 6-6　某矩形截面偏心受压柱，截面尺寸 $b \times h = 300\ \text{mm} \times 500\ \text{mm}$，$a_s = a_s' = 40\ \text{mm}$，柱计算长度 $l_0 = 2\,400\ \text{mm}$，混凝土强度等级为 C30（$f_c = 14.3\ \text{N/mm}^2$），钢筋采用 HRB400 级（$f_y = f_y' = 360\ \text{N/mm}^2$），承受轴向力设计值 $N = 1\,600\ \text{kN}$，考虑轴向压力二阶效应后控制截面的弯矩设计值 $M = 180\ \text{kN·m}$，采用对称配筋，求纵向钢筋截面面积 A_s 及 A_s'。

解　$h_0 = h - a_s = 500 - 40 = 460\ \text{mm}$；$\xi_b = 0.518$；C30 混凝土，$\beta_1 = 0.8$。

（1）求初始偏心距 e_i。

$$e_0 = \frac{M}{N} = \frac{180 \times 10^3}{1\,600} = 112.5\ \text{mm}$$

e_a 在 20 mm 和 $\dfrac{h}{30} = \dfrac{500}{30} = 16.67\ \text{mm}$ 二者中取较大者，故 $e_a = 20\ \text{mm}$。

$$e_i = e_0 + e_a = 112.5 + 20 = 132.5\ \text{mm}$$

（2）判别大小偏心。

$$\xi = \frac{N}{\alpha_1 f_c bh_0} = \frac{1600 \times 10^3}{1.0 \times 14.3 \times 300 \times 460} = 0.81 > \xi_b = 0.518$$

故属于小偏心受压构件。

（3）求实际 ξ 值。

$$e = e_i + \frac{h}{2} - a_s = 132.5 + \frac{500}{2} - 40 = 342.5\ \text{mm}$$

$$\xi = \frac{N - \xi_b \alpha_1 f_c bh_0}{\dfrac{Ne - 0.43 \alpha_1 f_c bh_0^2}{(\beta_1 - \xi_b)(h_0 - a_s')} + \alpha_1 f_c bh_0} + \xi_b$$

$$= \frac{1600 \times 10^3 - 0.518 \times 1.0 \times 14.3 \times 300 \times 460}{\dfrac{1\,600 \times 10^3 \times 342.5 - 0.43 \times 1.0 \times 14.3 \times 300 \times 460^2}{(0.8 - 0.518)(460 - 40)} + 1.0 \times 14.3 \times 300 \times 460} + 0.518$$

$$= 0.693 > \xi_b = 0.518$$

（4）求纵筋面积 A_s 和 A_s'。

$$A_s = A_s' = \frac{Ne - \alpha_1 f_c bh_0^2 \xi(1 - 0.5\xi)}{f_y'(h_0 - a_s')}$$

$$= \frac{1\,600 \times 10^3 \times 342.5 - 1.0 \times 14.3 \times 300 \times 460^2 \times 0.693(1 - 0.5 \times 0.693)}{360 \times (460 - 40)}$$

$$= 905\ \text{mm}^2 > 0.002bh = 0.002 \times 300 \times 500 = 300\ \text{mm}^2$$

柱每侧各选用 3 ⚹20（$A_s = A_s' = 942\ \text{mm}^2$）。

四、偏心受压构件斜截面承载力计算

偏心受压构件除了承受轴力和弯矩作用外，一般还承受剪力作用。在一般情况下剪力值相对较小，可不进行斜截面承载力的验算，但对于有较大水平力作用的框架柱（如地震作用的框架柱),有横向力作用的桁架上弦压杆等,剪力影响相对较大,还需对其进行斜截面受剪力承载力验算。

轴向压力对构件的抗剪承载力起有利作用。由于轴向压力的存在,延缓了斜裂缝的出现和开展,增大了截面的混凝土剪压区高度,从而剪压区面积相应增大,进而提高了剪压区混凝土的抗剪承载力。试验表明,当轴压比 $\frac{N}{f_c A} \leqslant 0.3$ 时,偏心受压构件的斜截面抗剪承载力随轴力的增大而增强。《规范》给出矩形截面偏心受压构件的受剪承载力计算公式及规定如下。

(1)为了防止斜压破坏,截面应符合下式条件,否则需加大截面尺寸。

$$V \leqslant 0.25\beta_c f_c bh_0 \tag{6-20}$$

(2)抗剪承载力计算公式:

$$V \leqslant \frac{1.75}{\lambda+1} f_t bh_0 + f_{yv} \frac{A_{sv}}{s} h_0 + 0.07N \tag{6-21}$$

式中 N——与剪力设计值 V 相应的轴向压力设计值,当 $N>0.3f_c A$ 时,取 $N=0.3f_c A$。此处 A 为构件截面面积;

A_{sv}——配置在同一截面内箍筋各肢的全部截面面积;

λ——偏心受压构件计算截面的剪跨比 $\lambda = M/Vh_0$,按下列规定采用:

① 对于框架结构的框架柱,当其反弯点在层高范围内时,取 $\lambda = H_n/(2h_0)$;当 $\lambda < 1$ 时,取 $\lambda = 1$;当 $\lambda > 3$ 时,取 $\lambda = 3$。此处 H_n 为柱净高,M 为计算截面上与剪力设计值 V 相应的弯矩设计值。

② 对于其他偏心受压构件,当承受均布荷载时,取 $\lambda = 1.5$;当承受集中荷载时(包括作用有多种荷载,其中集中荷载产生的剪力占总剪力值的 75% 以上的情况)取 $\lambda = a/h_0$(a 为集中荷载至支座或节点边缘的距离);当 $\lambda < 1.5$ 时,取 $\lambda = 1.5$;当 $\lambda > 3$ 时,取 $\lambda = 3$。

(3)当符合下列条件时,则可不进行斜截面受剪承载力计算,仅需按构造要求配置箍筋。

$$V \leqslant \frac{1.75}{\lambda+1} f_t bh_0 + 0.07N \tag{6-21}$$

例 6-7 某矩形截面偏心受压框架柱,截面尺寸 $b \times h = 400 \text{ mm} \times 500 \text{ mm}$,$a_s = a_s' = 40 \text{ mm}$,柱净高 $H_n = 3.5 \text{ m}$,混凝土强度等级为 C30($f_c = 14.3 \text{ N/mm}^2$,$f_t = 1.43 \text{ N/mm}^2$),箍筋采用 HPB300($f_{yv} = 270 \text{ N/mm}^2$),承受轴向力设计值 $N = 700 \text{ kN}$,剪力设计值 $V = 160 \text{ kN}$,求该柱所需箍筋数量。

解 (1)验算截面尺寸是否满足要求。

$$h_0 = h - a_s = 500 - 40 = 460 \text{ mm}$$

$$0.25\beta_c f_c bh_0 = 0.25 \times 1.0 \times 14.3 \times 400 \times 460 = 658 \text{ kN} > V = 160 \text{ kN}$$

截面尺寸满足要求。

(2)验算是否需按计算配置箍筋。

$$\lambda = \frac{H_n}{2h_0} = \frac{3500}{2 \times 460} = 3.8 > 3$$

取 $\lambda = 3$。

$$0.3f_c A = 0.3 \times 14.3 \times 400 \times 500 = 858 \text{ kN} > N = 700 \text{ kN}$$

$$\frac{1.75}{\lambda+1.0} f_t bh_0 + 0.07N = \frac{1.75}{3+1.0} \times 1.43 \times 400 \times 460 + 0.07 \times 700 \times 10^3 = 164 \text{ kN} > V = 160 \text{ kN}$$

故可不必按计算配箍筋,仅需按构造要求配置箍筋即可,选用双肢箍筋 Φ8@200。

本章小结

配有普通箍筋的钢筋混凝土轴心受压构件的承载力由混凝土和纵向钢筋两部分抗压能力组成。对于长细比较大的柱子,引入稳定系数 φ 来反映由于纵向弯曲使承载力降低的影响。而短柱($l_0/b \leqslant 8$)的稳定系数 φ 的值等于 1。

轴心受压构件若配置螺旋式或焊环式箍筋,因其对核心混凝土的约束作用,可提高混凝土的抗压强度,故与普通箍筋柱相比,螺旋式或焊环式间接箍筋柱的承载力提高了。

偏心受压构件按其破坏特征的不同,分大偏心受压构件和小偏心受压构件。大偏心受压构件破坏时,远离轴向力一侧的受拉钢筋先屈服,另一侧受压区混凝土被压碎,受压钢筋也屈服;小偏心受压构件破坏时,靠近轴向力一侧的混凝土先被压碎,受压钢筋达到屈服强度,但远离轴向力一侧的钢筋无论受拉还是受压均未达到屈服强度。因此,大、小偏心受压构件的界限破坏与受弯构件适筋梁和超筋梁的界限完全相同,即当 $\xi \leqslant \xi_b$ 时为大偏心受压;当 $\xi > \xi_b$ 时为小偏心受压。

偏心受压构件的斜截面受剪承载力计算公式,与受弯构件矩形截面独立梁受集中荷载作用的受剪承载力计算公式相似,但偏心受压构件加上一项由于轴向压力的存在对构件受剪承载力产生的有利影响。

1. 受压构件中配置纵向钢筋和箍筋各有什么作用?它们各有哪些构造要求?

2. 轴心受压短柱的破坏特征是什么?长柱和短柱的破坏特点有何不同?轴心受压构件计算时如何考虑长柱纵向弯曲使构件承载力降低的影响?

3. 在轴心受压构件中,为什么不宜采用高强度钢筋?

4. 轴心受压构件配置螺旋式箍筋可以提高承载力的原因是什么?

6. 矩形截面大、小偏心受压构件的破坏特征是怎样的?二者有何本质区别?区分两种破坏的界限条件是什么?

6. 偏心受压构件计算时为什么要考虑附加偏心距 e_a?如何考虑?

7. 试分别绘出大、小偏心受压构件截面的计算应力图形,并按应力图形写出基本公式及适用条件。

8. 偏心受压构件在何种情况下应考虑垂直于弯矩作用平面的受压承载力验算?如何验算?

9. 如何进行偏心受压构件斜截面受剪承载力计算?其与受弯构件受剪承载力计算有何异同?

10. 已知轴心受压柱,截面尺寸为 350 mm×350 mm,计算长度 $l_0 = 5.6$ m,混凝土强度等级为 C30,钢筋级别为 HRB400 级,承受轴向力设计值 $N = 2\ 250$ kN(作用于柱顶),试确定该柱的配筋。

11. 已知现浇钢筋混凝土柱,截面尺寸为 300 mm×300 mm,计算高度 $l_0 = 4.20$ m,混凝土强度等级为 C25,配有 HRB400 级钢筋 4 Φ 22。求该柱所能承受的最大轴向力设计值。

12. 已知钢筋混凝土柱的截面尺寸 $b \times h = 400 \text{ mm} \times 600 \text{ mm}$,计算长度 $l_0 = 6 \text{ m}$,$a_s = a_s' = 45 \text{ mm}$,混凝土强度等级为 C25,钢筋级别为 HRB400 级,承受弯矩设计值 $M = 400 \text{ kN·m}$,轴向力设计值 $N = 800 \text{ kN}$。试确定对称配筋截面的一侧钢筋截面面积。

13. 已知矩形柱截面尺寸 $b \times h = 300 \text{ mm} \times 500 \text{ mm}$,计算长度 $l_0 = 5.4 \text{ m}$,$a_s = a_s' = 40 \text{ mm}$,混凝土强度等级为 C30,采用 HRB400 级钢筋,柱承受弯矩设计值 $M = 80 \text{ kN·m}$,轴向力设计值 $N = 2\,000 \text{ kN}$,采用对称配筋,求纵向钢筋截面面积 A_s 和 A_s',并绘制配筋图。

14. 矩形截面钢筋混凝土受压柱,截面尺寸 $b \times h = 400 \text{ mm} \times 600 \text{ mm}$,柱的净高 $H_n = 3.0 \text{ m}$,混凝土强度等级为 C25,箍筋采用 HPB300 级钢筋,柱承受轴向压力设计值 $N = 750 \text{ kN}$,剪力设计值 $V = 160 \text{ kN}$。求该柱所需的箍筋数量。

预应力混凝土构件

学习目标

（1）理解预应力混凝土的基本概念和特点，熟悉先张法和后张法两种施加预应力的方法，掌握预应力混凝土构件对材料的要求。

（2）掌握张拉控制应力的概念，以及产生各项预应力损失的原因与减少预应力损失的主要措施。

（3）熟悉预应力混凝土构件的构造要求。

新课导入

钢筋混凝土构件的最大缺点是抗裂性能差。为了避免钢筋混凝土结构的裂缝过早出现，充分利用高强度材料，人们在长期的生产实践中创造了预应力混凝土结构。特别是在第二次世界大战后，很多建筑物急需修缮和加固，预应力混凝土结构得到了飞速发展。本学习情境主要阐述预应力混凝土的基本概念、材料性能及施加预应力的方法，分析张拉控制应力和各项预应力损失，介绍预应力混凝土构件的相关构造要求。

任务 1 预应力混凝土概述

一、预应力混凝土的基本概念

1. 预应力在生活中的应用

预应力的基本概念人们早已应用于生活实践中了,如图 7-1。例如,木桶在制作过程中,用竹箍把木桶板箍紧(见图 7-1(a)),目的是使木桶板间产生环向预压应力,装水或装汤后,由水产生环向拉力(见图 7-1(b)),当拉应力小于预压应力(见图 7-1(c))时,木桶就不会漏水。又如,从书架上取下一叠书时,由于受到双手施加的压力,这一叠书就如同一横梁,可以承担全部书的重量(见图 7-1(d))。随着混凝土结构的应用和发展,预应力的概念也应用到混凝土结构中,从最简单的烟囱到复杂的高层电视塔和桥梁(见图 7-2)等的出现,显示着预应力在我们生活中的应用越来越广泛了。

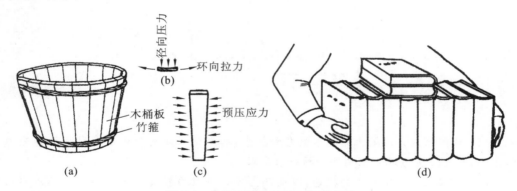

图 7-1 日常生活中预应力应用实例

(a)

(b)

图 7-2 现代建筑中的预应力应用实例

2. 钢筋混凝土结构的缺点

由于混凝土的特点是抗压强度高,抗拉强度低(约为抗压强度的 1/10),所以普通钢筋混凝土的抗裂性能较差。一般情况下,当钢筋的应力超过 20~30 N/mm² 时,混凝土就会开裂。因此,普通钢筋混凝土构件在正常使用时一般都是带裂缝的。对于允许开裂的普通钢筋混凝土构件,当裂缝宽度限制在 0.2~0.3 mm 时,受拉钢筋应力也只能达到 250 N/mm² 左右。因此,若在普通混凝土结构中配置高强度钢筋,其强度远远不能发挥应有的作用。由于混凝土的过早开裂会导致构件刚度降低、变形增大,为了满足变形和裂缝控制的要求,需加大构件的截面尺寸和用钢量,这将使构件自重增加,特别是随着跨度的增大,自重所占的比例也增大,如此使用很不经济,因而导致普通钢筋混凝土结构的应用范围受到了很多限制。

3. 预应力混凝土的概念

为了充分利用高强钢筋和高强混凝土,更好地解决混凝土带裂缝工作的问题,就必须克服混凝土抗拉强度低的缺点,经过人们长期的工程实践总结,创造出了预应力混凝土构件。所谓预应力混凝土构件就是在构件承受外荷载作用之前,预先人为地在构件使用阶段的受拉区施加压力,利用预压应力来减小或抵消外荷载所引起的混凝土拉应力,延缓裂缝的出现,以实现对裂缝的有效控制。这种在混凝土构件受荷载之前预先对使用阶段外荷载作用时的混凝土受拉区施加压应力的构件称为"预应力混凝土构件"。

4. 预应力混凝土的基本原理

如图 7-3 所示为一预应力混凝土简支梁。在外荷载作用之前,预先在梁的受拉区施加一对大小相等、方向相反的偏心集中力 N,使梁截面上边缘混凝土产生预拉应力 σ_t,下边缘混凝土产生预加压应力 σ_{pc},如图 7-3(a)所示。当外荷载 q 作用时,梁的下边缘混凝土产生拉应力 σ_t,上边缘混凝土产生压应力 σ_c,如图 7-3(b)所示。这样在预压力 N 和外荷载 q 的共同作用下,梁的下边缘拉应力将减至 $\sigma_t - \sigma_{pc}$,上边缘混凝土应力一般为压应力,如图 7-3(c)所示。可见,由于预压

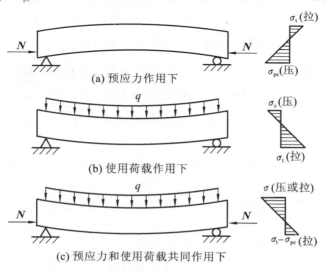

(a) 预应力作用下

(b) 使用荷载作用下

(c) 预应力和使用荷载共同作用下

图 7-3　预应力混凝土受弯构件

应力 σ_{pc} 的作用,将全部或部分抵消由外荷载引起的梁下边缘拉应力 σ_t,甚至变成压应力。因此,可以通过调整预压应力 σ_{pc} 的大小使构件不开裂或裂缝宽度比非预应力混凝土构件小。

二、预应力混凝土结构的优缺点

目前,预应力混凝土结构已经广泛应用于土木工程中,如预应力混凝土空心板、屋面梁、屋架及吊车梁等。同时,在其他方面如地铁站、桥梁、水利、海洋及港口等工程中,预应力混凝土结构也得到广泛的应用和发展,这主要是由于预应力混凝土结构具有一系列显著优点,其主要优点如下。

(1)构件的抗裂性能较好。

预应力混凝土构件对使用阶段可能开裂的受拉区施加了预压应力,而且预压应力的大小可根据需要人为控制,因而可避免普通混凝土构件在正常使用情况下出现裂缝或裂缝过宽的现象,改善了结构的使用性能,提高了结构的耐久性。

(2)构件的刚度较大。

采用了预应力的钢筋混凝土构件,由于施加了预应力,截面抗裂度提高,因而构件的刚度增大,从而减小了构件的变形。

(3)充分利用高强度材料。

预应力混凝土结构在承受外荷载作用之前,预应力钢筋就有一定的拉应力存在,同时混凝土受到较高的预压应力外荷载作用之后,预应力钢筋应力进一步增加,因而在预应力混凝土构件中高强度钢筋和高强度混凝土都能够被充分利用。同时高强度材料的采用可以减小截面尺寸,节省材料,减轻结构自重。

(4)提高构件的抗剪能力。

试验表明,纵向预应力钢筋有着锚栓的作用,阻碍了构件斜裂缝的出现与开展。此外,由于预应力混凝土梁中曲线钢筋合力的竖向分力将部分抵消剪力,因而提高了构件的抗剪能力。

预应力混凝土结构虽然具有一系列的优点,但也存在着一些缺点,如设计计算比较复杂、施工工艺复杂,对质量要求较高,需要有专门的施工设备和技术条件,造价较高等。上述缺点正在不断地被克服,这将使预应力混凝土结构的发展前景更加广阔。

三、预应力混凝土结构的适用范围

由于预应力混凝土具有以上特点,因而在工程结构中得到了广泛的应用,常用于以下一些结构中。

(1)大跨度结构,如大跨度桥梁(见图7-4(a))、体育馆和车间以及机库等大跨度建筑的屋盖、高层建筑结构的转换层等。

(2)对抗裂有特殊要求的结构,如压力容器、压力管道、水工或海洋建筑,还有冶金、化工厂的车间、构筑物等。

(3)用于某些高耸建筑结构,如水塔、烟筒、电视塔(见图7-2)等。

(4)用于某些大量制造的预制构件,如常见的预应力空心楼板(见图7-4(b))、预应力预制桩等。

(a) 预应力桥梁

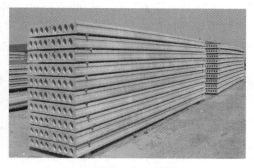

(b) 预应力空心楼板

图 7-4　现代建筑中的预应力应用实例

任务 2 施加预应力的方法

对构件施加预应力的方法有多种,目前工程中常用的方法主要是通过张拉钢筋的方法。根据张拉钢筋与浇筑混凝土的先后次序不同分为先张法和后张法两种。

一、先张法

在浇筑混凝土之前先张拉预应力钢筋的方法,其主要工序如图 7-5 所示。

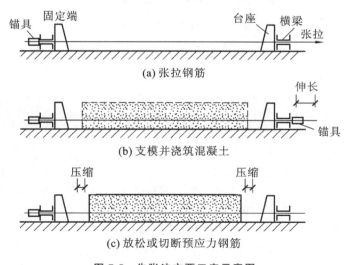

(a) 张拉钢筋

(b) 支模并浇筑混凝土

(c) 放松或切断预应力钢筋

图 7-5　先张法主要工序示意图

(1) 在台座(或钢模)上张拉钢筋至设计规定的拉力,并将钢筋用夹具临时锚固在台座(或钢模)上。

(2) 支模、浇筑混凝土。

（3）待混凝土达到设计强度的 75％ 以上时，切断或放松预应力钢筋。

预应力钢筋被切断后将产生弹性回缩，但钢筋与混凝土之间的黏结力阻止其回缩，使混凝土受到预压应力。先张法预应力的传递是靠钢筋与混凝土之间的黏结强度来完成的。

二、后张法

混凝土结硬后，在构件上张拉预应力钢筋的施工方法称为后张法。后张法的主要工序如图 7-6 所示。

（1）浇筑混凝土构件，并在构件中预留孔道。

（2）待混凝土达到规定强度（如设计强度的 75％ 以上）后，在孔道内穿预应力钢筋，并直接在构件上张拉钢筋至设计拉力。

（3）用锚具锚固预应力钢筋，为防止锈蚀在孔道内压力灌浆（无黏结混凝土无需灌浆）。

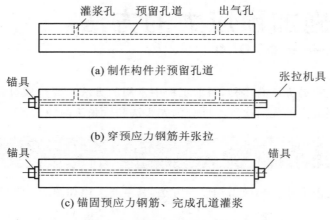

图 7-6　后张法主要工序示意图

由于锚固在构件端部的锚具阻止钢筋回缩，从而对构件施加了预压力。所以后张法预应力的传递是依靠锚具完成的。

三、先张法、后张法的对比

先张法预应力的施工现场见图 7-7 所示，相对于后张法来说，其施工优势为生产工艺简单，工序少，质量易于保证；同时由于省去了锚具和减少了预埋件，构件成本较低；加长先张法台座，一次可生产多个构件，提高工作效率。但先张法需较大的台座（或钢模）、养护池等固定设备；一次性投资较大；预应力钢筋多为直线布置，折线或曲线布筋较困难。因此先张法主要适用于预制厂大量生产，尤其适宜用于长线法生产中、小型构件。

后张法预应力的施工特点是其预应力钢筋直接在构件上张拉，不需要张拉台座，所以后张法构件既可以在预制厂生产，也可在施工现场生产。但后张法构件生产周期较长，需要利用锚具来锚固钢筋，钢材消耗较多，成本较高，工序多，操作较复杂，造价一般高于先张法。而且只能单一逐个地施加预应力，操作也麻烦；构件质量控制难度大，适用于运输不便的大、中型预应力混凝土构件，如图 7-8 所示。

(a)   (b)

图 7-7　先张法预制厂施工现场

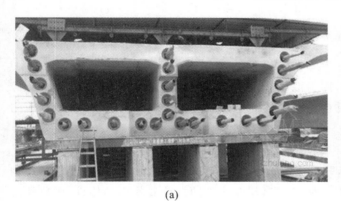
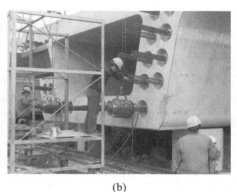

(a)   (b)

图 7-8　后张法施工

任务 3 预应力混凝土材料

一、混凝土

预应力钢筋混凝土结构对混凝土的要求如下。

（1）高强度。预应力混凝土需要采用高强度混凝土，才能建立起较高的预压应力。对先张法构件采用高强度混凝土，可以提高钢筋和混凝土之间的黏结强度；对后张法构件采用高强度混凝土，可以提高锚固端的局部抗压承载力。

《规范》规定，预应力混凝土结构的混凝土强度等级不宜低于 C40，且不应低于 C30。

（2）收缩、徐变小。混凝土的收缩和徐变小，可以减小由于混凝土的收缩和徐变引起的预应力损失。

（3）快硬、早强。可以提高张拉设备周转率，加快施工进度。

二、钢筋

我国目前在预应力混凝土构件中采用的预应力钢筋分为中强度预应力钢丝、预应力螺纹钢筋、消除应力钢丝和钢绞线四种,如图 7-9 所示。对预应力钢筋的力学性能有如下要求。

| (a) | (b) | (c) |

图 7-9　预应力钢筋

(1)高强度。

预应力钢筋首先应具有很高的强度,因为混凝土预压应力的大小,取决于预应力钢筋张拉应力的大小。张拉应力较大,才能在构件中建立起较高的预压应力,以保证在发生各项预应力损失后仍能满足使用要求。

(2)较好的塑性。

高强度钢筋的塑性性能一般较低,为了避免预应力混凝土构件发生脆性破坏,要求预应力钢筋在拉断前应具有一定的伸长率,特别是处于低温环境和受冲击荷载作用的构件,更应注意对钢筋塑性性能和抗冲击韧性的要求。《规范》规定,各类预应力钢筋在最大拉力下的总伸长率不得大于 3.5%。

(3)具有良好的加工性能。

要求预应力钢筋有良好的可焊性,焊后不裂,不产生大的变形。同时,要求钢筋在"镦粗"前后,其物理力学性能应基本不变。

(4)与混凝土之间有较好的黏结强度。

先张法构件的预应力主要依靠钢筋与混凝土之间的黏结强度来传递,因此钢筋与混凝土之间必须要有良好的黏结强度。当采用光面高强度钢丝时,表面应"刻痕"处理。

三、锚具

在施加预应力时,为了阻止被张拉的钢筋发生回缩,必须将钢筋端部进行锚固。锚固预应力钢筋和钢丝的工具通常分为夹具和锚具两种类型。在构件制作完毕后,能够取下重复使用的,称为夹具;在构件端部,与构件连成一体共同受力,不能取下重复使用,称为锚具。锚具应具有足够的强度、刚度,以保证安全可靠,并尽可能不使钢筋滑移,还要构造简单、降低造价。目前国内常用的锚具有螺丝端杆锚具、夹片式锚具和镦头锚具等,如图 7-10 所示。

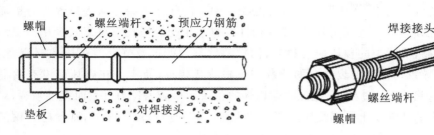

(a) 螺丝端杆锚具

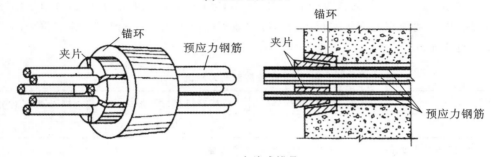

(b) Jm12夹片式锚具

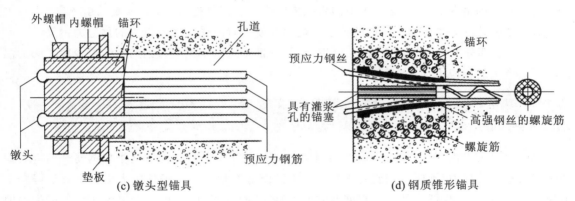

(c) 镦头型锚具   (d) 钢质锥形锚具

图 7-10　后张法常用锚具示意图

任务 4　张拉控制应力、预应力损失和减少损失的方法

一、张拉控制应力

张拉控制应力是指张拉预应力钢筋时，钢筋所控制达到的最大应力值，以 σ_{con} 表示。

$$\sigma_{\mathrm{con}}=\frac{N}{A_{\mathrm{p}}}\qquad(7-1)$$

式中，N 为张拉设备所指示的总张拉力；A_{p} 为预应力钢筋截面面积。

张拉控制应力的取值大小,直接影响预应力混凝土构件的使用效果。从提高预应力钢筋的利用率来说,张拉控制应力 σ_{con} 越高越好,这样在构件抗裂性相同的情况下可以减少用钢量。另外,张拉控制应力越高,混凝土的预压应力越高,构件的抗裂性能也越好。但张拉控制应力 σ_{con} 也不能过高,这样会导致构件出现裂缝时的荷载与极限荷载接近,使构件在破坏前没有明显预兆,构件的延性较差;此外,σ_{con} 过高,在施工阶段构件的预拉区可能因拉力过大而直接开裂,对后张法构件则可能造成端部混凝土局部受压破坏。如果张拉控制应力取值过低,则预应力钢筋经过各种损失后对混凝土产生的预压力过小,达不到使用效果。

《规范》规定,预应力钢筋的张拉控制应力 σ_{con} 不宜超过表 7-1 规定的限值,且对于消除应力钢丝、钢绞线、中强度预应力钢丝的张拉控制应力值不应小于 $0.4f_{ptk}$;预应力螺纹钢筋的张拉控制应力值不宜小于 $0.5f_{pyk}$。

表 7-1　张拉控制应力限值

钢筋种类	消除应力钢丝、钢绞线	中强度预应力钢丝	预应力螺纹钢筋
σ_{con}	$0.75f_{ptk}$	$0.70f_{ptk}$	$0.85f_{pyk}$

注:f_{ptk} 为预应力钢筋极限强度标准值,f_{pyk} 为预应力螺纹钢筋屈服强度标准值。

当符合下列情况之一时,表 7-1 中的张拉控制应力限值可提高 $0.05f_{ptk}$ 或 $0.05f_{pyk}$。

(1)要求提高构件在施工阶段的抗裂性能而在使用阶段受压区内设置的预应力钢筋。

(2)要求部分抵消由于应力松弛、摩擦、钢筋分批张拉以及预应力钢筋与张拉台座之间的温差等因素产生的预应力损失。

二、预应力损失

预应力损失是由于张拉工艺和材料特性等原因,预应力混凝土构件从张拉钢筋开始直到构件使用的整个过程中,预应力钢筋的张拉应力不断降低的现象。由于预应力损失会降低混凝土中的预压应力,从而降低构件的抗裂度及刚度,因此正确分析、估算预应力损失并且尽可能采取措施减少预应力损失是非常重要的。下面分析论述预应力损失产生的原因、预应力损失值的计算方法以及减少预应力损失值的措施。

1. 张拉端锚具变形和预应力钢筋内缩引起的预应力损失 σ_{l1}

预应力钢筋张拉至 σ_{con} 后,锚固在台座或构件上时,由于锚具受力后变形,锚具、垫板与构件之间的缝隙被挤紧,以及由于钢筋在锚具中的内缩滑移,造成预应力钢筋松动回缩而引起该项预应力损失,用 σ_{l1} 表示。它既产生于先张法构件,也产生于后张法构件中。对于预应力直线钢筋,σ_{l1} 可按下式计算:

$$\sigma_{l1} = \frac{a}{l}E_s \tag{7-2}$$

式中,a 为张拉端锚具变形和钢筋内缩值,mm,可按表 7-2 采用;l 为张拉端至锚固端之间的距离,mm;E_s 为预应力钢筋的弹性模量,N/mm²。

表 7-2　锚具变形和预应力钢筋内缩值 a　　　　　　　　　　　　单位：mm

锚具类别		a
支承式锚具(钢丝束镦头锚具等)	螺帽缝隙	1
	每块后加垫板的缝隙	1
夹片式锚具	有顶压时	5
	无顶压时	6～8

对于块体拼成的结构，其预应力损失还应考虑块体间填缝的预压变形。当采用混凝土或砂浆作为填缝材料时，每条填缝的预压变形值可取为 1 mm。

减少此项损失的措施如下。

（1）选择变形小和钢筋内缩小的锚具、夹具，并尽量减少垫板的数量。

（2）增加先张法台座长度，当台座长度超过 100 m 时，σ_{l1} 可忽略不计。

2. 预应力钢筋的摩擦引起的预应力损失 σ_{l2}

这类损失包括后张法预应力混凝土构件中的预应力筋与孔道壁之间的摩擦损失，张拉端锚口摩擦损失，以及构件内预应力筋在转向装置处的摩擦损失等。

对于后张法预应力混凝土构件，当采用直线孔道张拉钢筋时，由于孔道尺寸偏差、孔壁粗糙、预应力钢筋不直、表面粗糙等原因，使预应力钢筋与孔道壁之间产生摩擦阻力而引起预应力损失。这种摩擦损失距离预应力钢筋张拉端越远，影响越大，如图 7-11 所示。当采用曲线孔道张拉钢筋时，因贴紧孔道壁，摩擦损失会更大。这种预应力损失 σ_{l2} 可按下式计算。

$$\sigma_{l2}=\sigma_{\text{con}}\left(1-\frac{1}{e^{kx+\mu\theta}}\right) \tag{7-3}$$

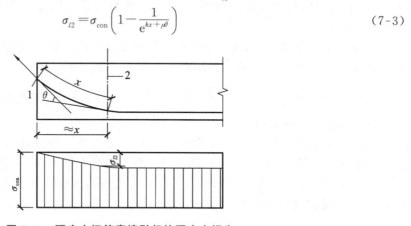

图 7-11　预应力钢筋摩擦引起的预应力损失
1—张拉端；2—计算截面

当 $kx+\mu\theta\leqslant0.3$ 时，σ_{l2} 可按如下近似公式计算：

$$\sigma_{l2}=(kx+\mu\theta)\sigma_{\text{con}} \tag{7-4}$$

式中，x 为张拉端至计算截面的孔道长度，可近似取该段孔道在纵轴上的投影长度，m；θ 为张拉端至计算截面曲线孔道部分切线的夹角，rad；k 为考虑孔道每米长度局部偏差的摩擦系数，按表 7-3 采用；μ 为预应力筋与孔道壁之间的摩擦系数，按表 7-3 采用。

表 7-3　摩擦系数 k 及 μ 值

孔道成型方式	k	μ	
		钢绞线、钢丝束	预应力螺纹钢筋
预埋金属波纹管	0.001 5	0.25	0.50
预埋塑料波纹管	0.001 5	0.15	—
预埋钢管	0.001 0	0.30	—
抽芯成型	0.001 4	0.55	0.60
无黏结预应力筋	0.004 0	0.09	—

为了减少摩擦损失,常采取以下措施。

(1) 两端张拉。对较长的构件可在两端进行张拉,则计算孔道长度可减少一半,但将引起 σ_{l2} 的减少。

(2) 超张拉。张拉程序为:$0 \rightarrow 1.1\sigma_{con}$ 持荷载 2 分钟 $\rightarrow 0.85\sigma_{con}$ 持荷载 2 分钟 $\rightarrow \sigma_{con}$。

3. 加热养护时,预应力钢筋与张拉设备之间温差引起的预应力损失 σ_{l3}

为了缩短先张法构件的生产周期,加快台座的周转,在混凝土浇筑后,常采用加热养护的办法加速混凝土的凝结硬化。升温时,新浇筑的混凝土尚未结硬,钢筋受热自由膨胀而伸长,但两端的台座温度基本不升高,距离保持不变,预应力钢筋变松,即张拉应力降低而产生预应力损失 σ_{l3}。降温时,混凝土已结硬,并与钢筋结成整体而一起回缩,加之二者具有相近的温度膨胀系数,故二者的回缩基本相同,所损失的 σ_{l3} 无法恢复。这项预应力损失只发生在采用蒸汽养护的先张法构件中。

当混凝土加热养护时,设预应力钢筋与承受拉力的台座之间的温差为 Δt(℃),钢筋的线膨胀系数 $\alpha = 1 \times 10^{-5}/℃$,台座间的距离为 l,则 σ_{l3} 可按下式计算:

$$\sigma_{l3} = \varepsilon_s E_s = \frac{\Delta l}{l} E_s = \frac{\alpha l \Delta t}{l} E_s = \alpha E_s \Delta t = 1.0 \times 10^{-5} \times 2.0 \times 10^{-5} \times \Delta t = 2\Delta t \tag{7-5}$$

减少温差损失的措施如下。

(1) 采用两次升温养护。先在常温下养护,待混凝土强度达到 C7.5～C10 时,再逐渐升温至规定的养护温度,此时可以认为钢筋与混凝土已结成整体,能一起胀缩而无应力损失。

(2) 在钢模上张拉预应力钢筋。由于预应力钢筋在钢模上,升温时二者温度相同,因而不会产生温差引起的预应力损失。

4. 预应力钢筋的应力松弛引起的预应力损失 σ_{l4}

钢筋在高应力作用下,由于预应力钢筋的塑性变形,在钢筋长度保持不变的条件下,钢筋的应力会随时间的增长而逐渐降低,这种现象称为钢筋的应力松弛。所降低的拉应力值即为预应力损失 σ_{l4}。

钢筋的应力松弛与时间有关,在张拉完毕后的前几分钟内发展较快,24 h 内大约完成80%,之后趋于缓慢。应力松弛的大小还与钢筋的品种和张拉控制应力有关。钢筋应力松弛引起的预应力损失 σ_{l4} 可按下列规定计算。

1）消除应力钢丝、钢绞线

（1）普通松弛：

$$\sigma_{l4} = 0.40\left(\frac{\sigma_{con}}{f_{ptk}} - 0.5\right)\sigma_{con} \tag{7-6}$$

（2）低松弛：

当 $\sigma_{con} \leqslant 0.7f_{ptk}$ 时，

$$\sigma_{l4} = 0.125\left(\frac{\sigma_{con}}{f_{ptk}} - 0.5\right)\sigma_{con} \tag{7-7}$$

当 $0.7f_{ptk} < \sigma_{con} \leqslant 0.8f_{ptk}$ 时，

$$\sigma_{l4} = 0.2\left(\frac{\sigma_{con}}{f_{ptk}} - 0.575\right)\sigma_{con} \tag{7-8}$$

2）中强度预应力钢丝、预应力螺纹钢筋

（1）中强度预应力钢丝：$\sigma_{l4} = 0.08\sigma_{con}$。

（2）预应力螺纹钢筋：$\sigma_{l4} = 0.03\sigma_{con}$。

减少钢筋应力松弛损失的措施是采用超张拉工艺。此外，当 $\frac{\sigma_{con}}{f_{ptk}} \leqslant 0.5$ 时，σ_{l4} 可取为零。

5. 混凝土收缩和徐变引起的预应力损失 σ_{l5}

混凝土在空气中结硬时会产生体积收缩，而在预应力作用下，混凝土沿受压方向会产生徐变。二者均导致构件长度缩短，预应力钢筋也随之回缩，造成预应力损失 σ_{l5}。由于混凝土的收缩和徐变是伴随产生的，而且二者引起的钢筋应力变化规律也基本相同，故可将二者合并在一起考虑。混凝土收缩和徐变引起的受拉区和受压区预应力钢筋的应力损失分别用 σ_{l5} 和 σ'_{l5} 表示，其值可按下列方法确定。

（1）先张法构件。

$$\sigma_{l5} = \frac{60 + 340\frac{\sigma_{pc}}{f'_{cu}}}{1 + 15\rho} \tag{7-9}$$

$$\sigma'_{l5} = \frac{60 + 340\frac{\sigma'_{pc}}{f'_{cu}}}{1 + 15\rho'} \tag{7-10}$$

（2）后张法构件。

$$\sigma_{l5} = \frac{55 + 300\frac{\sigma_{pc}}{f'_{cu}}}{1 + 15\rho} \tag{7-11}$$

$$\sigma'_{l5} = \frac{55 + 300\frac{\sigma'_{pc}}{f'_{cu}}}{1 + 15\rho'} \tag{7-12}$$

式中，σ_{pc}、σ'_{pc} 为受拉区、受压区预应力钢筋合力点处的混凝土法向压应力；f'_{cu} 为施加预应力时的混凝土立方体抗压强度；ρ、ρ' 为受拉区、受压区预应力钢筋和普通钢筋的配筋率，对于先张法构件，$\rho = (A_p + A_s)/A_0$，$\rho' = (A'_p + A'_s)/A_0$，对于后张法构件，$\rho = (A_p + A_s)/A_n$，$\rho' = (A'_p + A'_s)/A_n$，对于对称配置预应力钢筋和普通钢筋的构件，配筋率 ρ、ρ' 应按钢筋总截面面积的一半计算；A_0 为构件换算截面面积；A_n 为构件净截面面积。

当结构处于年平均相对湿度低于 40% 的环境下，σ_{l5} 和 σ'_{l5} 值应增加 30%。

混凝土收缩和徐变引起的预应力损失是所有损失中最大的一种，为了减少此项损失，应采取减少混凝土收缩和徐变的各种措施，具体如下。

（1）采用高强度等级水泥，减少水泥用量，降低水灰比，采用干硬性混凝土。

（2）采用级配好的骨料，加强振捣，提高混凝土的密实性。

（3）加强养护，以减少混凝土的收缩。

6. 环形构件采用螺旋式预应力钢筋时局部挤压混凝土引起的预应力损失 σ_{l6}

用螺旋式预应力钢筋作配筋的环形构件，如水池、油罐、压力管道等，采用后张法直接在混凝土构件上进行张拉时，预应力钢筋将对环形构件外壁产生径向压力，混凝土在预应力钢筋的挤压下会发生局部压陷，使构件直径有所减小，预应力钢筋中的拉应力就会降低，从而引起预应力损失 σ_{l6}。该项预应力损失只发生在后张法构件中。

σ_{l6} 的大小与环形构件的直径 d 成反比。构件的直径 d 越小，σ_{l6} 越大。为了简化计算，《规范》规定，当 $d \leqslant 3$ m 时，$\sigma_{l6} = 30$ N/mm^2；$d > 3$ m 时，$\sigma_{l6} = 0$。

三、预应力损失值的组合

上述六项预应力损失有的只在先张法构件中产生，有的只在后张法构件中产生，有的两种构件均有，另外这些损失不是同时发生的，而是在不同阶段分批产生的，为了便于分析和计算预应力构件在各阶段的预应力损失值，按照混凝土预压结束前和预压结束后，分别对先张法构件和后张法构件的预应力损失值进行组合，见表 7-4。通常把混凝土预压结束前产生的应力损失称为第一批损失（σ_{lI}），混凝土预压后产生的应力损失称为第二批损失（σ_{lC}）。

表 7-4　各阶段预应力损失值的组合

预应力损失值的组合	先张法构件	后张法构件
混凝土预压前（第一批）的损失	$\sigma_{l1} + \sigma_{l2} + \sigma_{l3} + \sigma_{l4}$	$\sigma_{l1} + \sigma_{l2}$
混凝土预压后（第二批）的损失	σ_{l5}	$\sigma_{l4} + \sigma_{l5} + \sigma_{l6}$

注：先张法构件由于钢筋应力松弛引起的损失值 σ_{l4} 在第一批和第二批损失中所占的比例，如需区分，可根据实际情况确定。

当计算求得的预应力总损失 σ_l 小于下列数值时，应按下列数值取用。

（1）先张法构件：100 N/mm^2。

（2）后张法构件：80 N/mm^2。

任务 5　预应力混凝土构件的构造要求

一、一般构造要求

1. 截面形式和尺寸

1）截面形式

对于预应力混凝土梁及预应力混凝土板，当跨度较小时，多采用矩形截面；当跨度或荷载较大时,为减小构件自重,提高构件的承载能力和抗裂性能,可采用 T 形截面、工字形截面或箱形截面。

2)截面尺寸

一般情况下,预应力混凝土梁的截面高度可取 $h=(1/20\sim1/14)l$,翼缘宽度可取$(1/3\sim1/2)h$,翼缘高度可取$(1/10\sim1/6)h$,腹板宽可取为$(1/15\sim1/8)h$。

2. 预应力纵向钢筋的布置

预应力纵向钢筋的布置方式有三种,即直线布置、曲线布置及折线布置。直线布置如图 7-12(a)所示,用于跨度及荷载较小的中小型构件,先张法、后张法均可采用。曲线布置多用于跨度和荷载较大的受弯构件。在预应力混凝土屋面梁、吊车梁等构件靠近支座的斜向主拉应力较大部位,宜将一部分预应力钢筋弯起,使其形成曲线布置,如图 7-12(b)所示,一般采用后张法施工。折线布置一般用于有倾斜受拉边的梁,如图 7-12(c)所示,一般采用先张法施工,此时会产生在转向装置处的摩擦预应力损失。

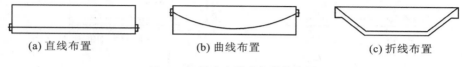

(a)直线布置   (b)曲线布置   (c)折线布置

图 7-12　预应力纵向钢筋的布置

3. 非预应力钢筋的布置

为防止构件在制作、运输、堆放或吊装过程中预拉区混凝土开裂或裂缝宽度过大,可在构件预拉区配置一定数量的非预应力纵向钢筋。

二、先张法构件的构造要求

1. 并筋配筋方式

当先张法预应力钢丝按单根方式配筋困难时,可采用相同直径钢丝并筋的配筋方式。并筋的等效直径,对双并筋应取单筋直径的 1.4 倍,对三并筋应取单筋直径的 1.7 倍。根据我国的工程实践,预应力钢丝并筋不宜超过 3 根。

并筋的保护层厚度、锚固长度、预应力传递长度及正常使用极限状态验算时,均应按等效直径考虑。

当预应力钢绞线等采用并筋方式时,应有可靠的构造措施,如加配螺旋筋或采用缓慢放张预应力的工艺等。

2. 预应力钢筋的净间距

与普通混凝土结构一样,先张法预应力钢筋之间也应根据浇筑混凝土、施加预应力及钢筋锚固等保持足够的净间距。预应力钢筋之间的净间距不应小于其公称直径的 2.5 倍和混凝土粗骨料最大粒径的 1.25 倍,且应符合下列规定:对预应力钢丝,不应小于 15 mm;对三股钢绞线,不应小于 20 mm;对七股钢绞线,不应小于 25 mm。

3. 构件端部加强措施

《规范》规定:对先张法预应力构件,预应力钢筋端部周围的混凝土应采取如下加强措施。

(1) 对单根配置的预应力钢筋,其端部宜设置长度不小于 150 mm 且不少于 4 圈的螺旋筋,如图 7-13(a)所示;有可靠经验时,也可利用支座垫板上的插筋代替螺旋筋,但插筋数量不应少于 4 根,其长度不宜小于 120 mm,如图 7-13(b)所示。

(2) 对分散布置的多根预应力钢筋,在构件端部 $10d$(d 为预应力钢筋的公称直径)范围内应设置 3~5 片与预应力钢筋垂直的钢筋网,如图 7-13(c)所示。

(3) 对采用预应力钢丝配筋的薄板,在板端 100 mm 范围内应适当加密横向钢筋,如图 7-13(d)所示。

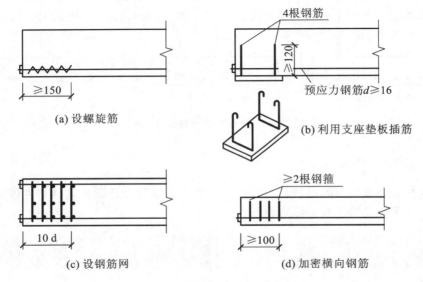

图 7-13　先张法构件端部加强措施

(4) 对槽形板类构件,应在构件端部 100 mm 范围内沿构件板面设置附加横向钢筋,其数量不应少于 2 根。

(5) 对预应力钢筋在构件端部全部弯起的受弯构件或直线配筋的先张法构件,当构件端部与下部支承结构焊接时,应考虑混凝土收缩、徐变及温度变化所产生的不利影响,宜在构件端部可能产生裂缝的部位设置足够的普通纵向构造钢筋。

三、后张法构件的构造要求

1. 配筋要求

(1) 后张法预应力受弯构件中,宜将一部分预应力钢筋在靠近支座处弯起,弯起的预应力钢筋宜沿构件端部均匀布置。

（2）后张法预应力混凝土构件中,曲线预应力钢丝束、钢绞线束的曲率半径不宜小于 4 m；对于折线配筋的构件,在预应力钢筋弯折处的曲率半径可适当减小。

（3）在后张法预应力混凝土构件的预压区和预拉区中,应设置普通纵向构造钢筋,在预应力钢筋弯折处,应加密箍筋或沿弯折处内侧设置钢筋网片。

2. 预留孔道

后张法预应力钢丝束、钢绞线束的预留孔道应符合下列规定。

（1）对于预制构件,孔道之间的水平净间距不宜小于 50 mm,且不宜小于混凝土粗骨料粒径的 1.25 倍；孔道至构件边缘的净间距不宜小于 30 mm,且不宜小于孔道直径的一半。

（2）在现浇混凝土梁中,预留孔道在竖直方向的净间距不应小于孔道外径,水平方向的净间距不应小于 1.5 倍孔道外径,且不应小于粗骨料粒径的 1.25 倍；从孔壁算起的混凝土保护层厚度,梁底不宜小于 50 mm,梁侧不宜小于 40 mm,如图 7-14 所示。

（3）预留孔道的内径应比预应力钢丝束或钢绞线束外径及需穿过孔道的连接器外径大 6～15 mm。

（4）在构件两端及跨中应设置灌浆孔或排气孔,其孔距不宜大于 12 m。

3. 构件端部加强措施

（1）后张法预应力混凝土构件端部尺寸应考虑锚具的布置、张拉设备的尺寸和局部受压的要求,必要时应适当加大。

（2）构件的端部锚固区,应进行局部受压承载力计算,并配置间接钢筋,其体积配筋率不应小于 0.5%；为防止沿孔道发生劈裂,在局部受压间接钢筋配置区以外,在构件端部长度 l 不小于 $3e$（e 为截面重心线上部或下部预应力钢筋的合力点至邻近边缘的距离）、但不大于 $1.2h$（h 为构件端部截面高度）,且高度为 $2e$ 的附加配筋区范围内,应均匀配置附加箍筋或网片,其体积配筋率不应小于 0.5%,如图 7-15 所示。

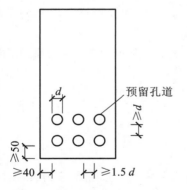

图 7-14 预应力框架梁预留孔道净间距要求

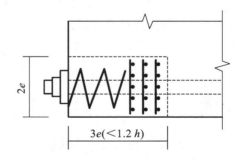

图 7-15 防止沿孔道劈裂的配筋范围

（3）当构件端部预应力钢筋需集中布置在截面下部或集中布置在上部和下部时,应在构件端部 0.2h 范围内设置附加竖向焊接钢筋网、封闭式箍筋或其他形式的构造钢筋,附加竖向钢筋宜采用带肋钢筋。

（4）当构件在端部有局部凹进时,应增设折线构造钢筋或其他有效的构造钢筋,如图 7-16

所示。

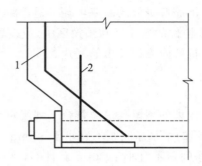

图 7-16　构件端部凹进处构造配筋

1—折线构造钢筋；2—竖向构造钢筋

（5）对外露金属锚具，应采取可靠的防腐及防火措施。

本章小结

预应力混凝土构件是指在结构承受外荷载之前，预先对在外荷载作用下的受拉区混凝土施加预压应力的构件。预应力混凝土构件和普通混凝土构件相比，其抗裂性能好，能充分利用高强度材料，提高构件的刚度和减小构件的变形。

根据施工工艺的不同，施加预应力的方法一般有先张法和后张法两种。先张法是依靠钢筋与混凝土之间的黏结力来建立完成预应力的，适用于工厂批量生产中、小型预应力混凝土构件；后张法是依靠构件两端的锚具来建立完成预应力的，适用于在施工现场制作大型预应力混凝土构件。

张拉控制应力是指张拉预应力钢筋时，钢筋所控制达到的最大应力值，其值应控制在规范规定的范围之内，不能过高，也不能过低。

预应力损失是指预应力混凝土构件在制作和使用的过程中，预应力钢筋拉应力和混凝土压应力逐渐降低的现象。这种应力损失会对构件的承载力、刚度和变形产生不利的影响。因此，应采取各种有效的措施，以减少各项预应力损失。

合理有效的构造要求是保证预应力混凝土构件的设计意图顺利实现和采取方便施工的重要措施。

思考与
习题

1. 为什么在普通钢筋混凝土结构中一般不采用高强度钢筋？而在预应力混凝土结构中则必须采用高强度钢筋及高强度混凝土？

2. 先张法和后张法施工工艺的主要区别是什么？二者的适用范围和用途有什么不同？

3. 什么是张拉控制应力 σ_{con}？为何 σ_{con} 不能取得过高，也不能取得过低？

4. 什么是预应力混凝土？预应力混凝土结构的主要优缺点是什么？

5. 何为预应力损失？预应力损失有哪几种？如何减少各项预应力损失？

8

钢筋混凝土楼(屋)盖

学习目标

(1) 理解单向板和双向板的划分。

(2) 了解塑性铰、塑性内力重分布,弯矩调幅等概念。

(3) 掌握钢筋混凝土单向板肋梁楼盖的设计步骤和方法。

(4) 掌握连续梁、板截面设计特点及配筋构造要求。

新课导入

　　钢筋混凝土梁板结构应用非常广泛,是实际工程中设计各种受弯构件的典型范例。本学习情境所述的基本设计原理和构造措施具有代表性,是前述基本构件计算与构造知识的综合应用。本学习情境主要讲述钢筋混凝土楼(屋)盖的结构布置、受力特点、内力计算方法、截面设计要点以及构造要求等。

任务 1 概述

钢筋混凝土梁板结构是土建工程中应用最为广泛的一种结构形式,如房屋建筑中的楼(屋)盖、筏板基础、扶壁式挡土墙,以及楼梯、阳台、雨棚等,如图 8-1 所示。

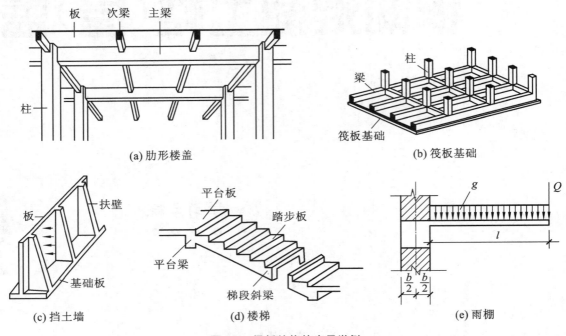

(a) 肋形楼盖

(b) 筏板基础

(c) 挡土墙

(d) 楼梯

(e) 雨棚

图 8-1　梁板结构的应用举例

钢筋混凝土楼(屋)盖是建筑结构中的重要组成部分,在混合结构房屋中,楼盖的造价约占房屋总造价的 $30\%\sim40\%$。因此,正确选择楼盖结构类型和布置方案,合理进行结构计算和设计,对于建筑物的安全使用和经济效果有着非常重要的意义。下面主要介绍钢筋混凝土楼盖的分类。

1. 按施工方法分类

钢筋混凝土楼盖按施工方法的不同,可分为现浇整体式、装配式和装配整体式三种形式。

1) 现浇整体式楼盖

现浇整体式楼盖(见图 8-2)具有整体性好、适应性强、防水性好、抗震性能强等优点,适用于下列情况。

(1) 楼面荷载较大、平面形状复杂或布置上有特殊要求的建筑物。

(2) 对于防渗、防漏或抗震要求较高的建筑物。

(3) 高层建筑。

现浇整体式楼盖的缺点是模板耗用量多,施工现场作业量大,施工周期长。随着施工技术的不断革新和多次重复使用的工具式模板的推广,以及商品混凝土的大量应用和各种早强剂的使用,现浇式整体楼盖结构的应用有日益增多的趋势。

2）装配式楼盖

装配式楼盖采用了预制板或预制梁等预制构件（见图 8-3）,便于工业化生产和机械化施工,加快了施工进度,适用于多层民用建筑和多层工业厂房。但这种楼盖结构的整体性、抗震性、防水性都较差,不便于开设洞口,受房屋平面形状的限制。故对于高层建筑及有抗震设防要求的建筑,以及使用要求防水和开洞的楼面,均不宜采用。

图 8-2　现浇整体式楼盖

(a)

(b)

图 8-3　装配式预制构件

3）装配整体式楼盖

装配整体式楼盖是将部分预制构件现场安装后,再通过节点和面层现浇一混凝土叠合层而成为一个整体,如图 8-4 所示。这种楼盖其整体性较装配式楼盖好,又较现浇式楼盖节省模板和支撑,但该形式楼盖焊接工作量增加,而且需要进行混凝土二次浇筑。

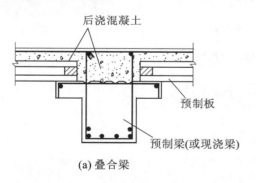

后浇混凝土

预制板

预制梁（或现浇梁）

(a) 叠合梁

(b) 叠合板

图 8-4　叠合梁和叠合板

2. 按布置情况分类

在现浇整体式楼盖中,按梁、板的布置情况不同,可将楼盖分为以下四种类型。

1) 肋形楼盖

肋梁楼盖由板和梁组成，如图8-1(a)所示。梁将板分成多个区格，根据板区格长边尺寸和短边尺寸比值的不同，又可将肋梁楼盖分成为单向板肋梁楼盖和双向板肋梁楼盖。现浇肋形楼盖是最常见的楼盖结构形式。

2) 井式楼盖

如图8-5(a)所示，井式楼盖通常是由于建筑上的需要，用梁把楼板划分成若干个正方形或接近正方形的小区格，两个方向的梁截面相同，不分主次，都直接承受板传来的荷载，整个楼盖支承在周边的柱、墙或更大的边梁上，类似一块大双向板。井式楼盖适用于方形或接近方形的中小礼堂、餐厅及公共建筑的门厅等，其用钢量和造价较高。

3) 无梁楼盖

如图8-5(b)所示，当建筑物柱网接近正方形，柱距小于6 m，且楼面荷载不大的情况下，可完全不设梁，楼板与柱直接整浇，若采用升板施工，可将柱与板焊接，楼面荷载直接由板传给柱(省去梁)，形成无梁楼盖。无梁楼盖柱顶处的板承受较大的集中力，可设置柱帽来扩大柱板接触面积，改善受力。无梁楼盖适用于柱网尺寸不超过6 m的公共建筑，以及矩形水池的顶板和底板等结构。

4) 密肋楼盖

如图8-5(c)所示，密肋楼盖是由排列紧密，肋高较小的梁单向或双向布置形成，由于肋距小，板可以做得很薄，甚至不设钢筋混凝土板，用充填物充填肋间空间，形成平整顶棚。板或充填物承受板面荷载，密肋楼盖由于肋间的空气隔层或填充物的存在，其隔热隔声效果良好。

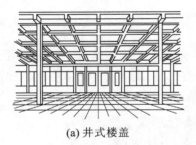

(a) 井式楼盖 　　(b) 无梁楼盖 　　(c) 密肋楼盖

图8-5　楼盖的结构形式

任务 2　现浇单向板肋梁楼盖

一、单向板楼盖的结构布置

1. 单向板与双向板的划分

现浇肋梁楼盖由板、次梁和主梁组成，如图8-1(a)所示。板被梁划分成许多区格，每一区格的板一般是四边支承在梁或砖墙上。四边支承板的竖向荷载通过板的双向弯曲传到两个方向上。

当板的长短边之比超过一定数值时，荷载主要沿短边方向传递，沿长边方向传递的荷载很小，可以忽略不计，认为板仅在短边方向产生弯矩和挠度，这样的四边支承板称为单向板。反之，当板沿长边方向所分配的荷载不可忽略，板沿两个方向均产生一定数值的弯矩，这类板称为双向板，如图 8-6 所示。

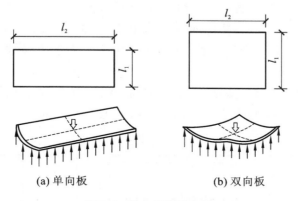

(a) 单向板   (b) 双向板

图 8-6　单向板和双向板

《规范》规定：对于四边支承的板，当长边 l_2 与短边 l_1 之比 l_2/l_1 不小于 3 时，应按沿短边方向受力的单向板计算；当长边 l_2 与短边 l_1 之比 l_2/l_1 小于 3 时，应按双向板计算。

2. 单向板肋梁楼盖的设计步骤

由单向板及其支承梁组成的楼盖，称为单向板肋梁楼盖。在单向板肋梁楼盖中，荷载的传递路线是：板→次梁→主梁→柱（墙）。也就是说，板的支座为次梁，次梁的支座为主梁，主梁的支座为柱或墙。在实际工程中，由于楼盖整体现浇，因此楼盖中的板和梁往往形成多跨连续结构，在内力计算和构造要求上与单跨简支的板和梁均有较大区别，这是现浇楼盖在设计和施工中必须注意的一个重要特点。

单向板肋梁楼盖的设计步骤一般分为以下几步进行。

（1）选择结构平面布置方案。

（2）确定结构计算简图并进行荷载计算。

（3）对板、次梁、主梁分别进行内力计算。

（4）对板、次梁、主梁分别进行截面配筋计算。

（5）根据计算结果和构造要求，绘制楼盖结构施工图。

3. 楼盖结构布置

单向板肋梁楼盖的结构布置，应首先满足房屋建筑的使用功能要求，在结构平面布置上应力求简单、规整、统一，以减少构件类型，方便设计施工。常见的单向板肋梁楼盖结构平面布置方案有以下三种。

（1）主梁沿横向布置，次梁纵向布置，如图 8-7（a）所示。其优点是主梁和柱可形成横向框架，其横向刚度较大，而各榀横向框架间由纵向的次梁相连，房屋的整体性较好。此外，由于主梁与外纵墙垂直，可开设较大的窗洞口，对室内采光有利。

（2）主梁沿纵向布置，次梁横向布置，如图 8-7（b）所示。这种布置适用于横向柱距比纵向柱距大较多时的情况。因主梁沿纵向布置，可以减小主梁的截面高度，增大室内净高，但房屋横向刚度较差。

（3）只布置次梁，不设主梁，如图 8-7（c）所示。其仅适用于有中间走廊的砖混房屋。

在满足使用要求的基础上，要尽量节约材料，降低造价。从图 8-7 中可以看出，板的跨度即为次梁的间距，次梁的跨度即为主梁的间距，主梁的跨度即为柱距。因此，从经济效果上考虑，构件的跨度应选择一个经济合理的范围。通常板、梁的经济跨度为：单向板为 1.7～3.0 m，次梁为 4～6 m，主梁为 5～8 m。

由于板的混凝土用量占整个楼盖混凝土用量的 50%～70%，因此应使板厚尽可能接近构造要求的最小板厚：工业建筑楼板为 70 mm，民用建筑楼板为 60 mm，屋面板为 60 mm。

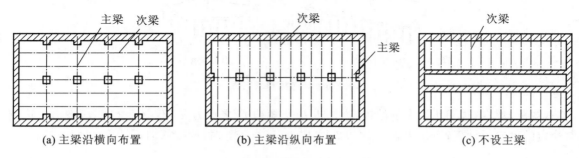

|（a）主梁沿横向布置 | （b）主梁沿纵向布置 | （c）不设主梁 |

图 8-7　单向板肋梁楼盖结构布置示例

二、单向板楼盖的计算简图

楼盖结构布置完成以后，即可确定结构的计算简图，以便对板、次梁、主梁分别进行内力计算。在确定计算简图时，除了应考虑现浇楼盖中板和梁是多跨连续结构这个特点以外，还应对荷载计算、支座影响以及板、梁的计算跨度和跨数进行简化处理。

1. 支座

板支承在次梁或砖墙上。为了简化计算，可将次梁或砖墙作为板的不动铰支座。次梁支承在主梁（柱）或砖墙上，将主梁（柱）或砖墙作为次梁的不动铰支座。对于主梁的支承情况，当主梁支承在砖墙、砖柱上时，将砖墙视为主梁的不动铰支座；与钢筋混凝土柱整浇的主梁，其支承条件应根据梁柱抗弯刚度之比而定。分析表明，如果主梁与柱的线刚度之比大于 3 时，可将主梁视为铰支于柱上的连续梁计算。否则，应按框架进行内力分析。

2. 计算跨度与跨数

连续板、梁各跨的计算跨度 l_0 是指在计算内力时所采用的跨长。它的取值与支座的构造形式、构件的截面尺寸以及内力计算方法有关。对于单跨及多跨连续板、梁在不同支承条件下的计算跨度，通常可按表 8-1 采用。

表 8-1　板和梁的计算跨度

跨数	支座情形		计算跨度 l_0		符号意义
			板	梁	
单跨	两端简支		$l_0 = l_n + h$	$l_0 = l_n + a \leqslant 1.05 l_n$	l_n 为支座间净距；l_c 为支座中心间的距离；h 为板的厚度；a 为边支座宽度；b' 为中间支座宽度
	一端简支、一端与梁整体连接		$l_0 + l_n + 0.5h$		
	两端与梁整体连接		$l_0 = l_n$		
多跨	两端简支		当 $a \leqslant 0.1 l_c$ 时，$l_0 = l_c$	当 $a \leqslant 0.05 l_c$ 时，$l_0 = l_c$	
			当 $a > 0.1 l_c$ 时，$l_0 = 1.1 l_n$	当 $a > 0.05 l_c$ 时，$l_0 = 1.05 l_n$	
	一端入墙内另一端与梁整体连接	按塑性计算	$l_0 = l_n + 0.5h$	$l_0 = l_n + 0.5a \leqslant 1.025 l_n$	
		按弹性计算	$l_0 = l_n + 0.5(h+b)$	$l_0 = l_c \leqslant 1.025 l_n + 0.5 b'$	
	两端均与梁整体连接	按塑性计算	$l_0 = l_n$	$l_0 = l_n$	
		按弹性计算	$l_0 = l_c$	$l_0 = l_c$	

　　当连续梁的某跨受到荷载作用时，它的相邻各跨也会受到影响而产生内力和变形，但这种影响是距该跨愈远愈小。当超过两跨以上时，其影响已很小。因此，对于多跨连续板、梁（跨度相等或相差不超过 10%），若跨数超过五跨时，只按五跨来计算。此时，除连续梁（板）两边的第一、第二跨外，其余的中间各跨跨中及中间支座的内力值均按五跨连续梁（板）的中间跨和中间支座采用（见图 8-8）。如果跨数未超过五跨，则计算时应按实际跨数考虑。

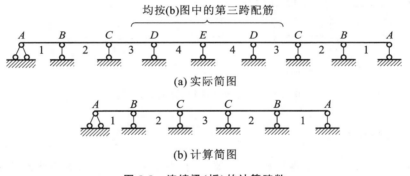

均按(b)图中的第三跨配筋

(a) 实际简图

(b) 计算简图

图 8-8　连续梁（板）的计算跨数

3. 荷载计算

　　作用在楼盖上的荷载有恒荷载和活荷载两种。恒荷载包括构件自重、各种构造层重量、永久设备自重等；活荷载主要为使用时的人群、家具及一般设备的重量，上述荷载通常按均布荷载考虑。楼盖恒荷载的标准值可由所选的构件尺寸、构造层做法及材料容重等通过计算来确定，活荷载标准值按《建筑结构荷载规范》（GB 50009—2012）的有关规定来选取。

　　为了减少计算工作量，结构内力分析时，常常是从实际结构中选取有代表性的一部分作为计算、分析的对象，这一部分称为计算单元。对于楼盖中的板，通常取宽度为 1 m 的板带作为计算单元，在此范围内（称为负荷范围，图 8-9 中用阴影线表示）的楼面均布荷载即为该板带所承受的荷载。

　　在确定板传递给次梁的荷载及次梁传递给主梁的荷载时，一般均忽略结构的连续性而按简支进行计算。对于次梁,取相邻板跨中线所分割出来的面积作为它的负荷范围,次梁所承受的荷载为次梁自重及其负荷范围上板传来的荷载;对于主梁,则承受主梁自重及由次梁传来的集中荷载。但由于主梁自重与次梁传来的荷载相比往往较小,故为了简化计算,一般可将主梁的均布自重荷载变化为若干集中荷载,与次梁传来的集中荷载合并计算。

单向板楼盖的荷载计算单元及板、梁的计算简图如图8-9所示。

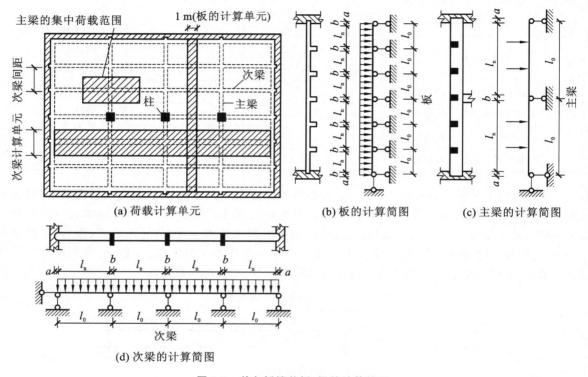

(a) 荷载计算单元   (b) 板的计算简图   (c) 主梁的计算简图

(d) 次梁的计算简图

图 8-9　单向板楼盖板、梁的计算简图

4. 构件的截面尺寸

由上面的内容可知,在确定现浇楼盖板、梁计算简图的过程中,需要事先选定构件截面尺寸才能确定其计算跨度和进行荷载统计。板、次梁、主梁的截面尺寸可按刚度要求,根据高跨比 h/l_0 进行初步假定,一般可参考表8-2确定。初步假定的截面尺寸在承载力计算时如不满足设计要求,则应重新调整再计算,直到满足要求为止。

表 8-2　混凝土板、梁的常规尺寸

构 件 种 类		高跨比(h/l_0)	备　注
单向板	简支	$\geqslant 1/25$	最小板厚: 屋面板　$h \geqslant 60$ mm 民用建筑楼板　$h \geqslant 60$ mm 工业建筑楼板　$h \geqslant 70$ mm 行车道下的楼板　$h \geqslant 80$ mm
	两端连续	$\geqslant 1/30$	

构 件 种 类		高跨比(h/l_0)	备 注
双向板	单跨简支 多跨连续	≥1/35 ≥1/40 （按短向跨度）	最小板厚： $h \geqslant 80$ mm
悬 臂 板		≥1/12	最小板厚： 板的悬臂长度≤500 mm，$h \geqslant 60$ mm 板的悬臂长度>500 mm，$h \geqslant 80$ mm
多跨连续次梁 多跨连续主梁 单跨简支梁 悬臂梁		1/18～1/12 1/14～1/8 1/14～1/8 1/8～1/6	最小梁高： 次梁　$h \geqslant l/25$ 主梁　$h \geqslant l/15$ 宽高比（b/h）：1/3～1/2，以 50 mm 为模数

注：表中 l_0 为板、梁的计算跨度，通常可按表 8-1 采用。

三、单向板楼盖的内力计算——弹性计算法

钢筋混凝土连续板、梁的内力计算方法有两种，即弹性计算法和塑性计算法。按弹性理论方法计算是假定结构构件为理想弹性材料，根据前述方法选取计算简图，其内力按结构力学的原理分析计算，一般常用力矩分配法来求连续板、梁的内力。为了计算方便，对于常用荷载作用下的等跨连续梁（板），均已编制成计算表格可直接查用。计算表格详见附录 B 中附表 B-1。

弹性理论计算方法，概念简单，易于掌握，且计算结果比实际情况偏大，可靠度大，支座配筋量大，施工困难。

通常在下列情况下应按弹性理论计算方法进行设计。

（1）直接承受动力荷载和重复荷载的结构。

（2）在使用阶段不允许出现裂缝或对裂缝开展有较严格限制的结构。

（3）处于重要部位，要求有较大承载力储备的结构，如肋梁楼盖中的主梁。

（4）处于侵蚀性环境中的结构。

1. 活荷载的最不利组合

作用于梁或板上的荷载有恒荷载和活荷载，其中恒荷载的大小和位置是保持不变的，并布满各跨；而活荷载在各跨的分布则是随机的，引起构件各截面的内力也是变化的。因此，为了保证结构在各种荷载下作用都安全可靠，就需要研究活荷载如何布置将使梁截面产生最大内力的问题，即活荷载的最不利组合问题。

如图 8-10 所示为五跨连续梁当活荷载布置在不同跨时梁的弯矩图及剪力图，分析其内力变化规律和不同组合后的内力结果，可以得出确定连续梁（板）最不利活荷载布置的原则如下。

（1）求某跨跨中最大正弯矩时，应在该跨布置活荷载，然后向其左右每隔一跨布置活荷载，如图 8-11(a)所示。

（2）求某跨跨中最小弯矩（最大负弯矩）时，应在该跨不布置活荷载，而在相邻两跨布置活荷

载,然后向其左右每隔一跨布置活荷载,如图 8-11(b)所示。

(3)求某支座截面最大负弯矩时,应在该支座左右两跨布置活荷载,然后向其左右每隔一跨布置活荷载,如图 8-11(c)所示。

(4)求某支座截面(左、右)的最大剪力时,其活荷载布置与求该支座截面最大负弯矩时相同,如图 8-11(c)所示。

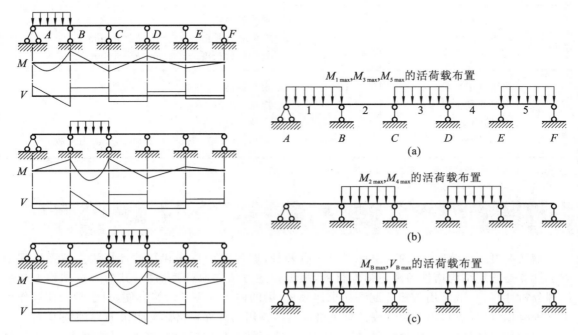

图 8-10　连续梁活荷载布置在不同跨时的内力图　　　　图 8-11　活荷载的不利布置图

求某截面最不利内力时,除按活荷载最不利位置求出该截面的内力外,还应加上恒荷载在该截面产生的内力。恒荷载应按实际情况布置,一般在连续梁(板)各跨均有恒荷载作用。活荷载布置确定之后,即可按力矩分配法或附表计算连续梁的内力。

2. 用查表法计算内力

活荷载的最不利布置确定后,对于等跨(包括跨度差不大于 10%)的连续梁(板),可以直接应用表格(见附表 B-1)查得在恒荷载和各种活荷载最不利位置作用下的内力系数,并按下列公式求出连续梁(板)的各控制截面的弯矩值 M 和剪力值 V。

(1)当均布荷载作用时:

$$M = K_1 g l_0^2 + K_2 q l_0^2 \tag{8-1}$$

$$V = K_3 g l_0 + K_4 q l_0 \tag{8-2}$$

(2)当集中荷载作用时:

$$M = K_1 G l_0 + K_2 Q l_0 \tag{8-3}$$

$$V = K_3 G + K_4 Q \tag{8-4}$$

式中　g、q——单位长度上的均布恒荷载与活荷载设计值;

G、Q——集中恒荷载与活荷载设计值；

$K_1 \sim K_4$——等跨连续梁（板）的内力系数，由附表 B-1 中查取；

l_0——梁的计算跨度，按表 8-1 规定采用。若相邻两跨的跨度不相等（不超过 10%），在
计算支座弯矩时，l_0 取相邻两跨的平均值；而在计算跨中弯矩及剪力时，仍用该跨
的计算跨度。

3. 内力包络图

对于连续梁（板），在恒荷载作用下求出各截面内力的基础上，分别叠加对各截面为最不利
活荷载布置时的内力，可以得到各截面可能出现的最不利内力。在设计中，不必对构件的每个
截面进行计算，只需对若干控制截面（如支座、跨中等）计算内力。因此，对某一种活荷载的最不
利布置将产生连续梁某些控制截面的最不利内力，同时可以画出其对应的内力图形。若将所有
活荷载最不利布置时的各种同类内力图形（如弯矩图、剪力图等），按同一比例画在同一基线上，
所得的图形称为内力叠合图，内力叠合图的外包线所围成的图形，即为内力包络图。内力包络
图包括弯矩包络图和剪力包络图。

如图 8-12 所示为在每跨三分点处作用有集中荷载的两跨等跨连续梁，在恒荷载（$G=$
50 kN）与活荷载（$Q=100$ kN）的三种最不利荷载组合作用下，分别得到其相应的弯矩图，如
图 8-12（a）、（b）、（c）所示。如图 8-12（d）所示为该梁各种 M 图绘在同一基线上的弯矩包络图。
用类似的方法也可以画出连续梁的剪力包络图。

绘制弯矩包络图和剪力包络图的目的，在于合理确定纵向受力钢筋弯起和截断的位置，也
可以检查构件截面承载力是否可靠，材料用量是否节省。

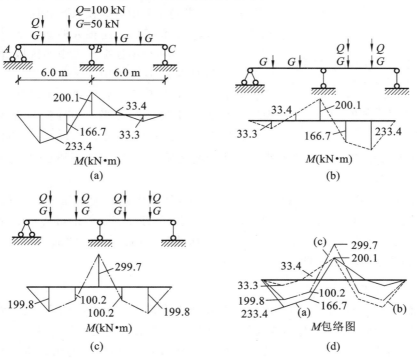

图 8-12　两跨连续梁的弯矩包络图

四、单向板楼盖的内力计算——塑性计算法

钢筋混凝土是钢筋与混凝土两种材料组成的非匀质的弹塑性体。在钢筋混凝土受弯构件正截面的承载力计算中采用的是塑性理论,正确反映了这两种材料的实际受力性能。而按弹性理论计算连续梁(板)的内力时,是假定钢筋混凝土为匀质弹性材料,且结构的刚度不随荷载大小而改变,因此荷载与内力成线性关系。这样显然与截面的承载力计算理论不相协调,不能准确反映结构的实际内力,并且材料强度未能得到充分发挥。一般按弹性计算法求得的支座弯矩远大于跨中弯矩,这样会使支座配筋拥挤、构造复杂、施工不便。

塑性计算法是从结构的实际受力情况出发,考虑材料塑性变形引起的塑性内力重分布来计算连续梁的内力,可调整支座配筋,方便施工。同时充分发挥材料的潜力,能提高结构的极限承载力,节省材料,具有一定的技术经济效益。

采用塑性理论方法进行内力计算,由于其设计方法简单,可以节约钢材,克服支座处钢筋拥挤的现象,更方便施工,因此一般工业与民用建筑现浇肋梁楼盖中的板和次梁,通常采用塑性计算法。但是塑性内力重分布理论是以形成塑性铰为前提,在使用阶段构件的裂缝和变形均较大。

1. 塑性计算法

1)塑性铰的概念

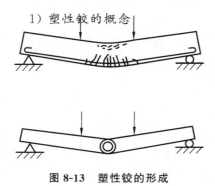

图 8-13 塑性铰的形成

钢筋混凝土受弯构件内塑性铰的形成是结构破坏阶段内力重分布的主要原因。如图 8-13 所示的钢筋混凝土简支梁,当受拉纵筋在跨中弯矩较大的截面达到屈服后,随着荷载的少许增加,钢筋将产生很大的塑性变形,裂缝迅速开展,屈服截面形成一个塑性变形集中的区域,使截面两侧产生较大的相对转角,这个集中区域在构件中的作用,犹如一个能够转动的"铰",称之为塑性铰。可以认为,塑性铰是构件塑性变形集中发展的结果。塑性铰与理想铰的区别在于:塑性铰能承受一定的弯矩,并只能沿弯矩作用方向发生一定限度的转动,作用范围为一个塑性变形集中的区域,而理想铰则不能承受弯矩,但可自由转动,理想铰的作用集中于一点。

简支梁是静定结构,当任一截面出现塑性铰后,其结构就成为几何可变体系,形成破坏机构,将失去承载能力。但多跨连续梁是超静定结构,由于存在多余约束,构件某一截面出现塑性铰并不会导致结构立即破坏,还可以继续承受增加的荷载,直到不断增加的塑性铰使结构成为几何可变体系,才丧失其承载能力。

2)塑性内力重分布

在钢筋混凝土超静定结构中,每出现一个塑性铰将减少一个多余约束,一直到出现足够数目的塑性铰导致超静定结构的整体或局部形成破坏机构,结构才丧失其承载能力。在形成破坏机构的过程中,结构的内力分布不再按原来的弹性规律分布,塑性铰的出现将引起构件各截面间的内力分布发生变化的现象,称为塑性内力重分布。下面以跨中作用有集中荷载的两跨连续

梁为例进行说明。

如图 8-14(a)所示，一个两跨连续梁的跨度均为 $l=3$ m，每跨跨中承受一集中荷载 P。设梁跨中和支座截面能承担的极限弯矩相同，均为 $M_u=30$ kN·m。

（1）塑性铰形成前。

按照弹性理论方法计算，由附表 B-1 查得计算弯矩为：

跨中 $\qquad\qquad\qquad\qquad M_1=M_2=0.156Pl$

支座 $\qquad\qquad\qquad\qquad M_B=-0.188Pl$

由此可得，连续梁两个控制截面弯矩的比值 $M_1:M_B=1:1.2$，以中间支座截面 B 处的弯矩数值 M_B 为最大，则支座在外荷载 $P_1=\dfrac{M_B}{0.188\,l}=\dfrac{30}{0.188\times3}=53.2$ kN 时，将达到该截面的极弯矩 M_u。按照弹性计算法，P_1 就是这根连续梁所能承担的极限荷载，其弯矩图如图 8-14(b)所示。

（2）塑性铰形成后。

按塑性内力重分布考虑，如图 8-14(c)所示，当支座弯矩 M_B 达到极限弯矩时，中间支座 B 处即形成塑性铰，但此时结构并未破坏，仍为几何不变体系。若再继续增加荷载 P_2，该两跨连续梁的工作将类似两根简支梁。此时支座弯矩不再增加，而跨中弯矩在 P_2 作用下，将继续增加，直到跨中总弯矩也达到该截面能承担的极限弯矩值 M_u 而形成塑性铰，此时连续梁将成为几何可变体而丧失其承载能力。

本例中，在外荷载 P_1 作用下，跨中弯矩 $M_1=0.156\times53.2\times3=24.89$ kN·m，此时该截面的受弯承载力还有 $M_u-M_1=30-24.89=5.11$ kN·m 的余量储备。后续增加荷载 P_2 对跨中弯矩的效应为 $\Delta M=\dfrac{1}{4}P_2l$，则 $P_2=\dfrac{5.11\times4}{3}=6.8$ kN。该连续梁所能承受的破坏荷载为 $P=P_1+P_2=53.2+6.8=60$ kN，如图 8-14(c)、图 8-14(d)所示。此时，跨中和支座截面均达到极限弯矩 M_u。

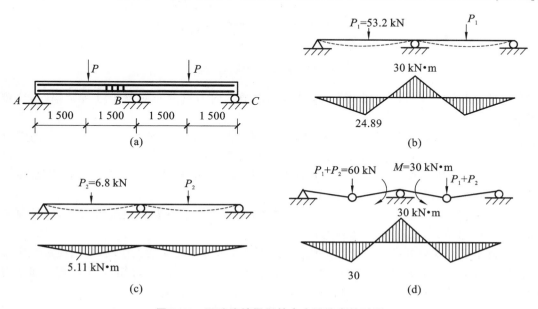

图 8-14　两跨连续梁塑性内力重分布的过程

由以上两个阶段可以看出：塑性铰形成前，支座弯矩 M_B 和跨中弯矩 M_1 随荷载 P_1 增大呈线性逐渐增大,连续梁的内力分布基本符合弹性理论的规律,其跨中与支座截面的弯矩比值为 $M_1:M_B=1:1.2$;而塑性铰形成后,继续增加荷载 P_2,支座弯矩数 M_B 不再增加,荷载增量 P_2 引起的弯矩增量全部集中在跨中截面,形成了塑性内力重分布,到临近破坏时,跨中与支座截面的弯矩比例改变为 $M_{1u}:M_{Bu}=1:1$。

由于超静定结构的破坏标志不再是一个截面"屈服"而是形成破坏机构,故连续梁从出现第一个塑性铰到结构形成可变体系这段过程中,还可以继续增加荷载。因此,在结构设计时按塑性理论计算内力,可以利用潜在的承载能力储备而取得经济效益。如本例中,极限荷载值与按弹性计算法相比提高了 $\dfrac{P_2}{P_1}\times100\%=12.78\%$。

2. 弯矩调幅法

对单向板肋梁楼盖中的连续板、梁,当考虑塑性内力重分布理论分析结构内力时,普遍采用弯矩调幅法。如图 8-15 所示的两跨连续梁,承受均布荷载 q,按弹性理论计算得到的支座最大弯矩为 M_B,跨中最大弯矩为 M_1。考虑塑性内力重分布,设计时,将支座截面弯矩 M_B 调整降低为 M_B',并将跨中弯矩 M_1 相应增加为 M_1'(满足平衡条件),经过综合分析计算再得到连续梁各截面的内力值,这种做法称为弯矩调幅法。

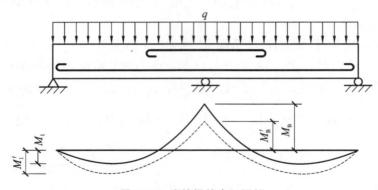

图 8-15　连续梁的弯矩调幅

根据理论和试验研究结果以及工程经验,考虑塑性内力重分布对弯矩进行调幅时,应遵循以下原则。

(1) 按照弯矩调幅法设计的结构构件,要求材料具有良好的塑性性能。受力钢筋宜采用 HRB335 级、HRB400 级热轧钢筋;混凝土强度等级宜为 C20~C45。

(2) 必须保证在调幅截面能够形成塑性铰,且具有足够的转动能力。为此,调幅截面的相对受压区高度系数应满足 $0.1\leqslant\xi\leqslant0.35$。

(3) 为了避免塑性铰出现过早、转动幅度过大,致使梁的裂缝宽度及变形过大,应控制支座截面的弯矩调幅系数,以不超过 20% 为宜。

(4) 确保结构安全可靠。由于连续梁出现塑性铰后,是按简支梁工作的,仍然应满足平衡条件。因此连续梁(板)各跨调整后的两个支座弯矩的平均值加上跨中弯矩的绝对值之和不得小于相应的简支梁跨中弯矩;任何控制截面的弯矩值不宜小于简支弯矩的 1/3。

综上所述,采用塑性内力重分布理论进行结构设计,能正确反映材料的实际性能,既节省材料,又保证结构安全可靠。同时,由于减少了支座负弯矩钢筋用量,改善了支座配筋拥挤的状况,更方便于施工,所以这是一种既先进又实用的设计方法。

3. 等跨连续板、梁的内力计算

按照弯矩调幅法的基本原则，经过内力调整，并考虑到计算的方便，可推导出等跨连续板、梁在均布荷载作用下的内力计算公式，设计时可按下列简化公式直接计算，公式中的系数可参照表 8-3、表 8-4 或图 8-16 取值。

（1）弯矩：

$$M = \alpha(g+q)l_0^2 \tag{8-5}$$

（2）剪力：

$$V = \beta(g+q)l_n \tag{8-6}$$

式中 α ——考虑塑性内力重分布的弯矩系数，按表 8-3 取值；

β ——考虑塑性内力重分布的剪力系数，按表 8-4 取值；

g、q ——分别为均布恒荷载与活荷载设计值；

l_0 ——计算跨度，按塑性理论计算方法取值，见表 8-1；

l_n ——净跨度。

表 8-3 弯矩系数 α 的取值

截面	支承条件	梁	板
边支座	梁、板搁置在墙上	0	0
	梁、板与梁整浇	$-1/24$	$-1/16$
	梁与柱整浇	$-1/16$	
边跨中	梁、板搁置在墙上	1/11	
	梁、板与梁整浇	1/14	
第一内支座	两跨连续	$-1/10$	
	三跨及三跨以上连续	$-1/11$	
中间支座		$-1/14$	
中间跨中		1/16	

注：弯矩系数适用于：①荷载比 $g/q = \frac{1}{3} \sim 5$ 的等跨连续板、梁；②跨度相差不超过 10% 的不等跨连续板、梁，但计算支座弯矩时，应取相邻两跨中较大跨度计算。

表 8-4 剪力系数 β 的取值

截面	支承条件	梁
端支座内侧	搁置在墙上	0.45
	与梁或柱整浇	0.50
第一内支座外侧	搁置在墙上	0.60
	与梁或柱整浇	0.55
第一内支座内侧		0.55
中间支座两侧		0.55

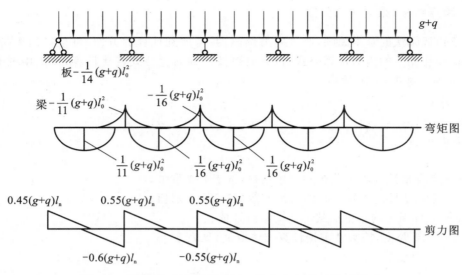

图 8-16　连续板、梁的弯矩系数 α 及剪力系数 β 的计算图形

五、单向板楼盖的截面设计与构造要求

1. 单向板

1）板的设计要点

（1）支承在次梁或砖墙上的连续板，一般可按塑性内力重分布的方法计算。

（2）板一般均能满足斜截面抗剪要求，设计时可不进行受剪承载力计算。

（3）沿单向板的长边方向选取 1 m 宽板带为计算单元，按单筋矩形截面进行截面配筋计算。板内受力钢筋的数量是根据连续板各跨跨中、支座截面处的最大正、负弯矩分别计算而得。

（4）在现浇楼盖中，当连续板的四周与梁整体连接时，支座截面负弯矩使板上部开裂，跨中正弯矩使板下部开裂，因而板的实际轴线形成拱形。在板面竖向荷载作用下，板四周边梁对它产生水平推力，如图 8-17 所示。该推力对板是有利的，可减少板中各计算截面的弯矩。一般规定，对四周与梁整体连接的连续板，其中间跨板带的跨中截面及中间支座截面的计算弯矩可折减 20%，其他截面则不予减少，板的弯矩折减示意图见图 8-18。

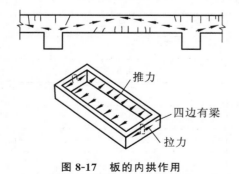

图 8-17　板的内拱作用

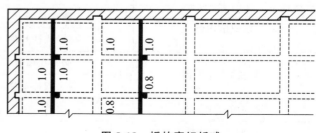

图 8-18　板的弯矩折减

2）板的配筋构造

板的厚度、支承长度、钢筋种类等一般构造已在学习情境 3 中介绍过，现补充连续板的配筋构造要求。

（1）受力钢筋的配置。

板内受力钢筋的数量按计算确定后，配置时应考虑构造简单、施工方便。由于连续板各跨中、各支座截面所需钢筋的数量不可能都相等，为满足配筋协调要求，往往采取各截面的钢筋间距相同而钢筋直径不同的方法，并按先内跨后边跨、先跨中后支座的顺序选配钢筋。

板中受力钢筋一般采用 HRB400 级、HRB500 级钢筋，也可采用 HPB300 级、HRB335 级钢筋。常用直径为 $\phi 8$ mm、$\phi 10$ mm 及 $\phi 12$ mm 等。对于支座负钢筋，为便于施工架立，直径不宜太细。受力钢筋的间距一般不小于 70 mm；当板厚 $h \leqslant 150$ mm 时，不宜大于 200 mm；当板厚 $h > 150$ mm 时，不宜大于 $1.5h$，且不宜大于 250 mm。

连续板中受力钢筋的布置方式可采用分离式，如图 8-19 所示。分离式配筋是将全部跨中钢筋伸入支座，支座上部负弯矩钢筋单独设置，即跨中和支座全部采用直钢筋。分离式配筋的锚固稍差，钢筋用量略高，但其构造简单、施工方便，是目前工程中常用的配筋方式。

为了保证锚固可靠，板内伸入支座的下部受力钢筋应加半圆弯钩，而对于上部负钢筋，为保证施工时不改变钢筋的设计位置，宜做成直抵模板的直钩。确定连续板内受力钢筋的弯起和截断位置，一般不必绘制弯矩包络图，而直接按图 8-19 所示的构造要求确定。

对于承受支座负弯矩的钢筋，可在距支座边 a 值处截断。a 的取值：当 $q/g \leqslant 3$ 时，$a = l_n/4$；当 $q/g > 3$ 时，$a = l_n/3$。其中，g 为均布恒荷载设计值；q 为均布活荷载设计值；l_n 为板的净跨。

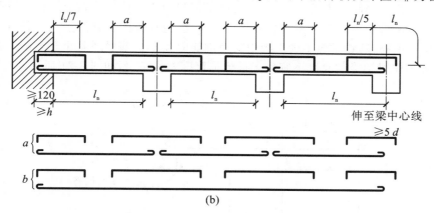

图 8-19　连续板中受力钢筋的分离式布置方式

（2）构造钢筋的配置。

单向板除按计算配置受力钢筋外，通常还应布置以下几种构造钢筋如图 8-20 所示。

① 单向板的分布钢筋。

单向板的分布钢筋按构造要求沿板的长跨方向布置。单位长度上分布钢筋的截面面积不宜小于单位宽度上受力钢筋截面面积的 15%，且不宜小于该方向板截面面积的 0.15%，其间距不宜大于 250 mm，直径不宜小于 6 mm。分布钢筋应垂直布置于受力钢筋的内侧，并在受力钢筋的弯折处也应配置。

② 嵌固在墙内的板面构造钢筋。

嵌固在承重墙内的板，其计算简图是按简支考虑的，实际上由于墙体的约束作用而使板端产生负弯矩。因此,对嵌固在承重砖墙内的现浇板,在板的上部应配置直径不小于 8 mm,间距不大于 200 mm 的构造钢筋,其伸出墙边的长度不宜小于板短边跨度 l_0 的 1/7。对两边嵌固于墙内的板角部分,应在板的上部双向配置上述构造钢筋,其伸出墙边的长度不宜小于 $l_0/4$,如图 8-20 所示。

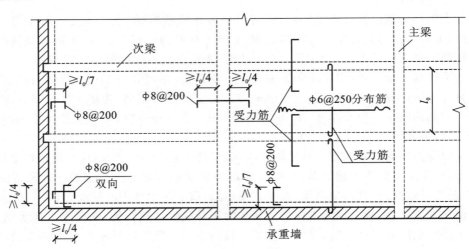

图 8-20 连续板的构造钢筋

③ 垂直于主梁的板面构造钢筋。

在单向板中受力钢筋与主梁的肋平行,但由于板和主梁整体连接,在靠近主梁附近,部分荷载将由板直接传递给主梁而产生一定的负弯矩。为此,应在板的上部沿主梁的长度方向配置与主梁垂直的构造钢筋,其数量应不少于板中受力钢筋的 1/3,且直径不宜小于 8 mm,间距不宜大于 200 mm,伸出主梁边缘的长度不宜小于板计算跨度 l_0 的 1/4,如图 8-21 所示。

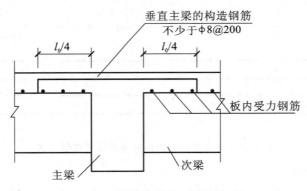

图 8-21 板中与主梁垂直的构造钢筋

④ 板内孔洞周边的附加钢筋。

当孔洞的边长 b(矩形孔)或直径 d(圆形孔)不大于 300 mm 时,由于削弱面积较小,可不设附加钢筋,板内受力钢筋可绕过孔洞,不必切断,如图 8-22(a)所示。

当 b(或 d)大于 300 mm 且小于 1000 mm 时,应在洞边每侧配置加固洞口的附加钢筋,其截面面积不小于被洞口切断的受力钢筋截面面积的一半,且不小于 2ϕ10 mm,并布置在与被切断的主筋同一水平面上,如图 8-22(b)所示。

当 b（或 d）大于 1000 mm 时，或孔洞周边有较大集中荷载时，应在洞边加设肋梁，如图 8-22（c）所示；对于圆形孔洞，板中还需配置 $2\phi8$ mm～$2\phi12$ mm 的环形钢筋及放射钢筋，如图 8-22（d）所示。

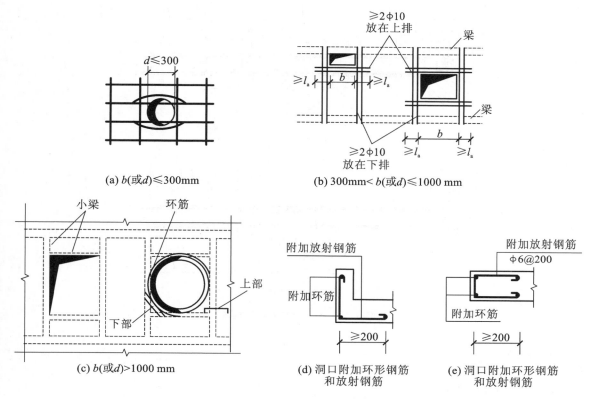

(a) b（或d）≤300mm

(b) 300mm< b（或d）≤1000 mm

(c) b（或d）>1000 mm

(d) 洞口附加环形钢筋和放射钢筋

(e) 洞口附加环形钢筋和放射钢筋

图 8-22 板上开洞的构造钢筋

2. 次梁

1）次梁的设计要点

（1）次梁的设计步骤：初选截面尺寸→荷载计算→内力计算→纵向钢筋配筋计算→箍筋及弯起钢筋计算→确定构造钢筋→绘制结构施工图。

（2）次梁的内力计算一般按塑性理论计算方法。

（3）按正截面抗弯承载力确定次梁内纵向受拉钢筋时，由于板和次梁是整体连接，板作为梁的翼缘参加工作。通常跨中按 T 形截面计算，其翼缘计算宽度 b_f' 按表 3-10 取用。支座因翼缘位于受拉区，所以按矩形截面计算。

（4）按斜截面抗剪承载力计算次梁内抗剪腹筋。当荷载、跨度较小时，一般可仅配置箍筋抗剪。当荷载、跨度较大时，可在支座附近设置弯起钢筋，以减少箍筋用量。

（5）次梁的截面尺寸满足高跨比 $h/l_0=1/18\sim1/12$ 和宽高比 $b/h=1/3\sim1/2$ 的要求时，一般不必进行使用阶段的挠度和裂缝宽度验算。

2）次梁的配筋构造

当次梁的相邻跨度相差不超过 20%，且承受均布活荷载与恒荷载设计值之比 $q/g\leqslant3$ 时，梁的弯矩图形变化幅度不大，其纵向受力钢筋的弯起和截断位置，可按图 8-23（a）确定。否则应按弯矩包络图确定。对于不设弯起钢筋的次梁,其支座上部纵筋的切断位置见图8-23(b)。

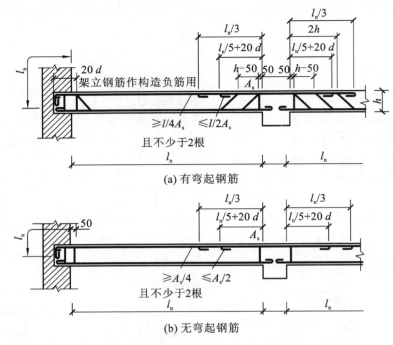

图 8-23 次梁配筋的构造要求

3. 主梁

1) 主梁的设计要点

(1) 主梁的设计步骤:初选截面尺寸→荷载计算→内力计算→计算纵向钢筋、箍筋及弯起钢筋→确定构造钢筋→绘制结构施工图。

(2) 主梁的内力计算通常采用弹性计算法,原因是主梁是楼盖中的重要构件,需要有较大的承载力储备,并且在使用阶段挠度及裂缝开展不宜过大。

(3) 主梁除自重外,主要承受由次梁传来的集中荷载。为了简化计算,可将主梁的自重荷载折算成集中荷载(作用在次梁支承处)进行计算。

(4) 主梁正截面承载力计算与次梁相同,即跨中正弯矩按 T 形截面计算,支座负弯矩则按矩形截面计算。

(5) 由于在支座处板、次梁与主梁的支座负钢筋相互垂直交错,而且主梁负筋位于次梁和板的负筋之下(如图 8-24 所示),因此计算主梁支座负弯矩钢筋时,其截面有效高度 h_0 应减小。当受力钢筋为一排布置时,$h_0 = h - (55 \sim 60)$ mm;当受力钢筋为二排布置时,$h_0 = h - (80 \sim 90)$ mm。

(6) 按弹性理论方法计算主梁内力时,其计算跨度取支座中心线间的距离,求得的支座弯矩是在支座中心(柱中心处)的弯矩值,但此处因主梁与柱节点整体连接,主梁的截面高度显著增大,故并不是危险截面,最危险的支座截面应在支座边缘处,如图 8-25 所示。因此,主梁支座截面的配筋计算时,应取支座边缘的计算弯矩 M_b',其值可近似按下式计算。

$$M'_b = M_b - V_0 \times \frac{b}{2} \qquad (8\text{-}7)$$

式中　M_b——支座中心处的弯矩；

　　　V_0——该跨按简支梁计算的支座剪力；

　　　b——支座宽度。

（7）当按构造要求选择主梁的截面尺寸和钢筋直径时，一般可不进行挠度和裂缝宽度验算。

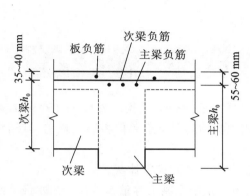

图 8-24　主梁支座处截面的有效高度

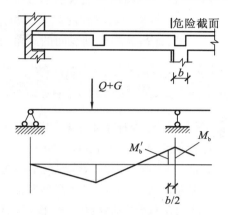

图 8-25　主梁支座边缘的计算弯矩

2）主梁的构造要求

（1）主梁的一般构造要求与次梁相同。但主梁纵向受力钢筋的弯起和截断要根据弯矩包络图进行布置，应使主梁的抵抗弯矩图形能覆盖弯矩包络图，并应满足有关构造要求。

（2）主梁主要承受集中荷载，剪力图呈矩形。如果在斜截面抗剪计算中利用弯起钢筋抵抗部分剪力，则应考虑跨中纵向钢筋有足够的钢筋可供弯起，使抗剪承载力图形完全覆盖剪力包络图。若跨中可供弯起钢筋的排数不满足抗剪要求，则应在支座附近设置专门抗剪的鸭筋。

（3）在次梁与主梁相交处，次梁的集中荷载可能使主梁的腹部产生斜裂缝，并引起局部破坏，如图 8-26（a）所示。因此，《规范》规定应在次梁两侧 $s = 2h_1 + 3b$ 的长度范围内设置附加横向钢筋，形式有箍筋、吊筋或二者都有，如图 8-26（b）、（c）所示。第一道附加箍筋离次梁边 50 mm，吊筋下部尺寸为次梁的宽度加 100 mm 即可。

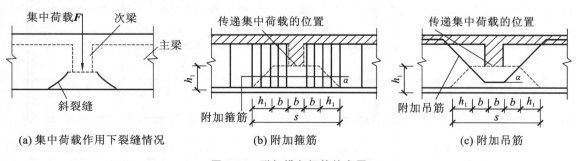

(a) 集中荷载作用下裂缝情况　　(b) 附加箍筋　　　　　(c) 附加吊筋

图 8-26　附加横向钢筋的布置

附加横向钢筋所需的总截面面积应满足下列条件：

$$F \leqslant 2f_y A_{sb} \sin\alpha + m \cdot n f_{yv} A_{sv1} \qquad (8\text{-}8)$$

式中　F——次梁传给主梁的集中荷载设计值；

$\quad\quad f_y$——附加吊筋的抗拉强度设计值；

$\quad\quad f_{yv}$——附加箍筋的抗拉强度设计值；

$\quad\quad A_{sb}$——每一根附加吊筋的截面面积；

$\quad\quad m$——在宽度 s 范围内附加箍筋的个数；

$\quad\quad n$——同一截面内附加箍筋的肢数；

$\quad\quad A_{sv1}$——附加箍筋单肢的截面面积；

$\quad\quad \alpha$——附加吊筋与梁轴线间的夹角，宜取 $45°$ 或 $60°$。

六、单向板肋梁楼盖设计实例

例 8-1　设计基本资料：某工厂仓库，为多层内框架砖混结构。外墙厚 370 mm，钢筋混凝土柱截面尺寸为 400 mm×400 mm。楼盖采用现浇钢筋混凝土单向板肋梁楼盖，其结构平面布置如图 8-27 所示。图示范围内不考虑楼梯间。

（1）楼面做法：20 mm 厚水泥砂浆面层，15 mm 厚石灰砂浆板底抹灰。

（2）楼面荷载：恒荷载包括梁、楼板及粉刷层自重。钢筋混凝土容重 25 kN/m³，水泥砂浆容重 20 kN/m³，石灰砂浆容重 17 kN/m³，恒荷载分项系数 γ_G＝1.2。楼面均布活荷载标准值为 8 kN/m²，活荷载分项系数 γ_Q＝1.3（楼面活荷载标准值 ≥ 4 kN/m²）。

（3）材料选用：混凝土采用 C30（f_c＝14.3 N/mm²，f_t＝1.43 N/mm²）；梁、板中受力主筋采用 HRB400 级钢筋（f_y＝360 N/mm²），其余均采用 HPB300 级钢筋（f_y＝270 N/mm²）。

试设计该单向板肋梁楼盖的板、次梁和主梁，并绘制结构施工图。

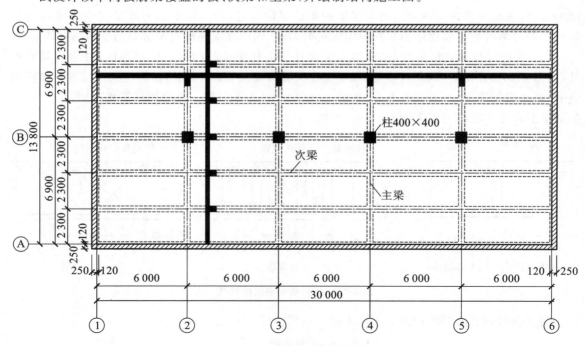

图 8-27　楼盖结构平面布置图

解

1. 楼盖结构布置及截面尺寸的确定

1）梁格布置

如图 8-27 所示，确定主梁的跨度为 6.9 m，主梁每跨内布置 2 根次梁，次梁的跨度为 6 m，板的跨度为 2.3 m。

2）截面尺寸

考虑刚度要求，板厚 $h \geq \frac{1}{30} l_0 = \frac{1}{30} \times 2\ 300 = 76.7$ mm，取板厚 $h = 80$ mm。

次梁截面高度应满足：$h = \left(\frac{1}{18} \sim \frac{1}{12}\right) l_0 = \left(\frac{1}{18} \sim \frac{1}{12}\right) \times 6\ 000$ mm $= 333 \sim 500$ mm。考虑本例楼面活荷载较大，取次梁截面尺寸 $b \times h = 200$ mm $\times 400$ mm。

主梁截面高度应满足：$h = \left(\frac{1}{14} \sim \frac{1}{8}\right) l_0 = \left(\frac{1}{14} \sim \frac{1}{8}\right) \times 6\ 900$ mm $= 493 \sim 863$ mm，取主梁截面尺寸 $b \times h = 300$ mm $\times 650$ mm。

2. 板的设计

板按考虑塑性内力重分布方法计算，取 1 m 宽板带为计算单元，板的实际支承情况如图 8-28（a）所示。

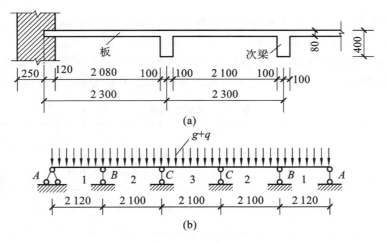

图 8-28　板的计算简图

1）荷载计算

20 mm 厚水泥砂浆面层	$0.02 \times 20 = 0.4$ kN/m²
80 mm 厚钢筋混凝土板	$0.08 \times 25 = 2.0$ kN/m²
15 mm 厚石灰砂浆抹灰	$0.015 \times 17 = 0.26$ kN/m²
恒荷载标准值	$g_k = 2.66$ kN/m²
恒荷载设计值	$g = 1.2 \times 2.66 = 3.19$ kN/m²
活荷载设计值	$q = 1.3 \times 8 = 10.4$ kN/m²

总荷载设计值 $\qquad g+q=13.59 \text{ kN/m}^2$

即每米宽板 $\qquad g+q=13.59 \text{ kN/m}$

2）内力计算

计算跨度：

边跨 $\qquad l_{01}=l_n+h/2=2\,300-200/2-120+80/2=2\,120 \text{ mm}$

中间跨 $\qquad l_{02}=l_{03}=l_n=2\,300-200=2\,100 \text{ mm}$

跨度差 $\qquad [(2120-2100)/2100]\times100\%=0.95\%<10\%$，故可按等跨连续板计算。

板的计算简图如图8-28(b)所示。

板各截面的弯矩计算结果见表8-5。

表8-5　板的弯矩计算

截面	1（边跨中）	B（支座）	2、3（中间跨中）	C（中间支座）
弯矩系数 α	$\dfrac{1}{11}$	$-\dfrac{1}{14}$	$\dfrac{1}{16}$	$-\dfrac{1}{16}$
$M=\alpha(g+q)l_0^2$ /(kN·m)	$\dfrac{1}{11}\times13.59\times2.12^2$ $=5.55$	$-\dfrac{1}{14}\times13.59\times2.12^2$ $=-4.36$	$\dfrac{1}{16}\times13.59\times2.1^2$ $=3.75$	$-\dfrac{1}{16}\times13.59\times2.1^2$ $=-3.75$

3）配筋计算

取1 m宽板带计算，$b=1\,000 \text{ mm}$，$h=80 \text{ mm}$，$h_0=80-20=60 \text{ mm}$。钢筋采用HRB400级（$f_y=360 \text{ N/mm}^2$），混凝土采用C30（$f_c=14.3 \text{ N/mm}^2$）。

因②～⑤轴间的中间板带四周与梁整体浇筑，故这些板的中间跨中及中间支座的计算弯矩折减20%（即乘以0.8），但边跨（M_1）及第一内支座（M_B）不予折减。板的配筋计算过程见表8-6。

表8-6　板的配筋计算

截　面	1	B	2、3		C	
			①～②、⑤～⑥轴间	②～⑤轴间	①～②、⑤～⑥轴间	②～⑤轴间
弯矩 M /(kN·m)	5.55	-4.36	3.75	$0.8\times3.75=3$	-3.75	$0.8\times3.75=3$
$\alpha_s=\dfrac{M}{\alpha_1 f_c b h_0^2}$	0.108	0.085	0.073	0.058	0.073	0.058
$\xi=1-\sqrt{1-2\alpha_s}$	0.115<0.518	0.089	0.076	0.060	0.076	0.060
$A_s=\dfrac{\xi b h_0 \alpha_1 f_c}{f_y}$ /mm²	274	212	181	143	181	143
实配钢筋 /mm²	①⏾8@160 $A_s=314$	④⏾8@200 $A_s=251$	②⏾8@200 $A_s=251$	③⏾6@160 $A_s=177$	④⏾8@200 $A_s=251$	⑤⏾6@160 $A_s=177$

4）板的配筋图

在板的配筋图（见图 8-29）中，除按计算配置受力钢筋外，还应设置下列构造钢筋。

（1）分布钢筋：按规定选用 $\phi 6@250$。

（2）板边构造钢筋：选用 $\phi 8@200$，设置于板四周支承墙的上部，并在板的四角双向布置板角构造钢筋。

（3）板面构造钢筋：选用 $\phi 8@200$，垂直于主梁并布置于主梁顶部。

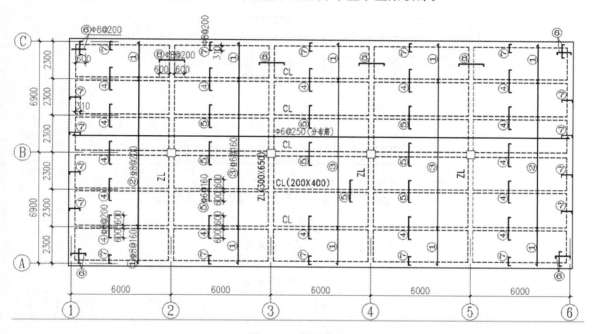

图 8-29　板配筋图

3. 次梁设计

次梁按考虑塑性内力重分布方法计算内力。次梁的有关尺寸及支承情况见图 8-30（a）。

1）荷载计算

板传来的恒荷载　　　　　　　　　　$2.66 \times 2.3 = 6.12$ kN/m

次梁自重　　　　　　　　　　　　　$0.2 \times (0.4 - 0.08) \times 25 = 1.6$ kN/m

梁侧抹灰　　　　　　　$0.015 \times (0.4 - 0.08) \times 2 \times 17 = 0.16$ kN/m

恒荷载标准值　　　　　　　　　　　　　　　　$g_k = 7.88$ kN/m

活荷载标准值　　　　　　　　　　　　$q_k = 8 \times 2.3 = 18.4$ kN/m

总荷载设计值　　　$g + q = 1.2 \times 7.88 + 1.3 \times 18.4 = 33.38$ kN/m

2）内力计算

计算跨度：

边跨

$l_{01} = l_n + a/2 = (6\,000 - 300/2 - 120) + 240/2 = 5\,850$ mm $< 1.025 l_n = 1.025 \times 5\,730 = 5\,873$ mm

故取二者较小值 $l_{01}=5\,850$ mm。

中间跨

$$l_{02}=l_{03}=l_n=6\,000-300=5\,700 \text{ mm}$$

跨度差

$$[(5\,850-5\,700)/5\,700]\times100\%=2.63\%<10\%$$

故按等跨连续次梁计算内力,计算简图如图 8-30(b)所示,次梁的内力计算见表 8-7 和表 8-8。

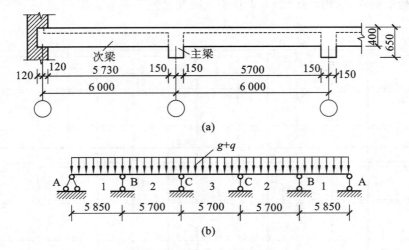

图 8-30　次梁的计算简图

表 8-7　次梁弯矩计算

截面	1(边跨中)	B(支座)	2、3(中间跨中)	C(中间支座)
弯矩系数 α	$\dfrac{1}{11}$	$-\dfrac{1}{11}$	$\dfrac{1}{16}$	$-\dfrac{1}{16}$
$M=\alpha(g+q)l_0^2$ /(kN·m)	$\dfrac{1}{11}\times33.38\times5.85^2$ $=103.85$	$-\dfrac{1}{11}\times33.38\times5.85^2$ $=-103.85$	$\dfrac{1}{16}\times33.38\times5.7^2$ $=67.78$	$-\dfrac{1}{16}\times33.38\times5.7^2$ $=-67.78$

表 8-8　次梁剪力计算

截面	A 支座	B 支座(左)	B 支座(右)	C 支座
剪力系数 β	0.4	0.6	0.5	0.5
$V=\beta(g+q)l_n$ /kN	$0.4\times33.38\times5.73$ $=76.51$	$0.6\times33.38\times5.73$ $=114.76$	$0.5\times33.38\times5.7$ $=95.13$	$0.5\times33.38\times5.7$ $=95.13$

3)配筋计算

次梁截面承载力计算,混凝土采用 C30($f_c=14.3$ N/mm²,$f_t=1.43$ N/mm²),纵筋采用 HRB400 级($f_y=360$ N/mm²),箍筋为 HPB300 级($f_{yv}=270$ N/mm²)。

次梁跨中按 T 形截面进行正截面受弯承载力计算,其翼缘计算宽度为:

边跨　$b_f'=l_0/3=5\,850/3=1\,950$ mm$<b+s_n=200+2\,100=2\,300$ mm,取 $b_f'=1\,950$ mm。

中间跨　$b_f' = 5\,700/3 = 1\,900$ mm$<b+s_n = 2\,100$ mm，取 $b_f' = 1\,900$ mm 。

梁高 $h = 400$ mm，$h_0 = 400 - 40 = 360$ mm；翼缘厚度 $b_f' = 80$ mm。

判别 T 形截面类型：

$$\alpha_1 f_c b_f' h_f' (h_0 - h_f'/2) = 1.0 \times 14.3 \times 1\,950 \times 80 \times (360 - 80/2)$$
$$= 713.86 \text{ kN·m} > 103.85 \text{ kN·m（边跨中）}$$
$$> 67.78 \text{ kN·m（中间跨中）}$$

故次梁各跨跨中截面属于第一类 T 形截面。

次梁支座截面按矩形截面计算，各支座截面按一排纵筋布置，$h_0 = 400 - 40 = 360$ mm，不设弯起钢筋。次梁正截面受弯配筋计算及斜截面抗剪配筋计算分别见表 8-9 和表 8-10。

表 8-9　次梁受弯配筋计算

截面	1（T 形）	B（矩形）	2、3（T 形）	C（矩形）
弯矩 $M/(\text{kN·m})$	103.85	−103.85	67.78	−67.78
b 或 b_f'/mm	1 950	200	1 900	200
$\alpha_s = \dfrac{M}{\alpha_1 f_c b h_0^2}$	0.029	0.280	0.019	0.183
$\xi = 1 - \sqrt{1 - 2\alpha_s}$	0.029	0.337<0.518	0.019	0.204
$A_s = \dfrac{\xi b h_0 \alpha_1 f_c}{f_y}$ /mm²	809	964	516	583
实配钢筋 /mm²	3 ⎟ 20 $A_s = 942$	2 ⎟ 16+2 ⎟ 20 $A_s = 1\,030$	3 ⎟ 16 $A_s = 603$	2 ⎟ 16+1 ⎟ 18 $A_s = 656.5$

表 8-10　次梁抗剪配筋计算

截面	A 支座	B 支座（左）	B 支座（右）	C 支座
V/kN	76.51	114.76	95.13	95.13
$0.25\beta_c f_c b h_0/\text{kN}$	257.4>V	257.4>V	257.4>V	257.4>V
$V_c = 0.7 f_t b h_0/\text{kN}$	72.07<V	72.07<V	72.07<V	72.07<V
选用箍筋	2 ⏀ 8	2 ⏀ 8	2 ⏀ 8	2 ⏀ 8
$A_{sv} = n A_{sv1}/\text{mm}^2$	101	101	101	101
$s = \dfrac{f_{yv} A_{sv} h_0}{V - 0.7 f_t b h_0}$ /mm	按构造配置	230	426	426
实配箍筋间距 s/mm	200	200	200	200
$V_{cs} = 0.7 f_t b h_0 + \dfrac{f_{yv} A_{sv} h_0}{s}$ /kN	121.16>V	121.16>V	121.16>V	121.16>V
配箍率 $\rho_{sv} = \dfrac{A_{sv}}{bs}$ $\rho_{sv,min} = \dfrac{0.24 f_t}{f_{yv}} = 0.13\%$	0.25%>0.13%	0.25%>0.13%	0.25%>0.13%	0.25%>0.13%

4）次梁配筋图

次梁配筋图如图 8-31 所示。

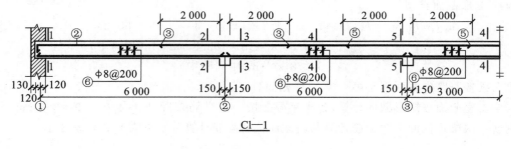

Cl—1

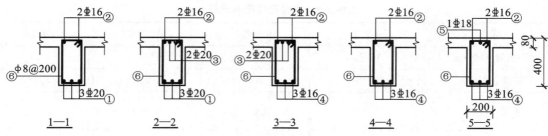

图 8-31　次梁配筋图

4. 主梁设计

主梁按弹性理论计算内力，主梁的实际支承情况及计算简图如图 8-32 所示。

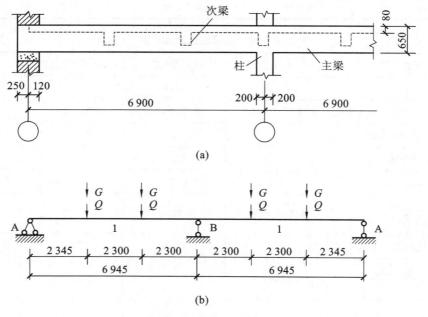

图 8-32　主梁的计算简图

1）荷载计算

为简化计算，主梁自重按集中荷载考虑。

次梁传来的集中恒荷载	$7.88 \times 6 = 47.28$ kN
主梁自重（折算为集中荷载）	$0.3 \times (0.65 - 0.08) \times 25 \times 2.3 = 9.83$ kN
梁侧抹灰（折算为集中荷载）	$0.015 \times (0.65 - 0.08) \times 17 \times 2.3 \times 2 = 0.67$ kN
恒荷载标准值	$G_k = 57.78$ kN
活荷载标准值	$Q_k = 18.4 \times 6 = 110.4$ kN
恒荷载设计值	$G = 1.2 \times 57.78 = 69.34$ kN
活荷载设计值	$Q = 1.3 \times 110.4 = 143.52$ kN
总荷载设计值	$G + Q = 212.86$ kN

2）内力计算

计算跨度：

$$l_0 = l_n + a/2 + b/2 = (6\ 900 - 120 - 400/2) + 370/2 + 400/2 = 6\ 965 \text{ mm}$$

$$l_0 = 1.025 l_n + b/2 = 1.025 \times 6\ 580 + 400/2 = 6\ 945 \text{ mm}$$

取上述二者中的较小者，即 $l_0 = 6\ 945$ mm。

按照弹性计算法，主梁的跨中和支座截面的最大弯矩及剪力按下式计算：

$$M = K_1 G l_0 + K_2 Q l_0$$

$$V = K_3 G + K_4 Q$$

式中，系数 K 为等跨连续梁的内力计算系数，从附表 B-1 查取。

主梁在各种荷载不利布置作用下的弯矩和剪力计算及最不利内力组合结果见表 8-11。

表 8-11　主梁弯矩、剪力及内力组合计算

项次	荷载简图	弯矩值/(kN·m)		剪力值/kN	
		$\dfrac{K}{M_1}$	$\dfrac{K}{M_B}$	$\dfrac{K}{V_A}$	$\dfrac{K}{V_{B左}}$
①		$\dfrac{0.222}{106.91}$	$\dfrac{-0.333}{160.36}$	$\dfrac{0.667}{46.25}$	$\dfrac{-1.334}{92.50}$
②		$\dfrac{0.222}{221.28}$	$\dfrac{-0.333}{331.92}$	$\dfrac{0.667}{95.73}$	$\dfrac{-1.334}{-191.46}$
③		$\dfrac{0.278}{277.10}$	$\dfrac{-0.167}{166.46}$	$\dfrac{0.833}{119.55}$	$\dfrac{-1.167}{-167.49}$
最不利 内力组合	①+②	328.19	-492.28	141.98	-283.96
	①+③	384.01	-326.82	165.8	-259.99

3）内力包络图

将连续梁各控制截面的组合弯矩和组合剪力绘于同一坐标轴上，即得内力叠合图，该叠合图形的外包线即为内力包络图。

以荷载组合①+③为例，并参照图 8-33 所示，说明主梁弯矩叠合图的画法。在荷载①+③

作用下,可求出 B 支座弯矩 $M_B=326.82$ kN·m。将求得的各支座弯矩(M_A、M_B),按比例绘于弯矩图上,并将每一跨两端的支座弯矩连成直线,再以此线为基线,在其上叠加该跨在同样荷载作用下的简支梁弯矩图,即可求出连续梁各跨在相应荷载作用下的弯矩图。本例主梁在荷载组合①+③作用下弯矩图的作图步骤参见图 8-33 所示。

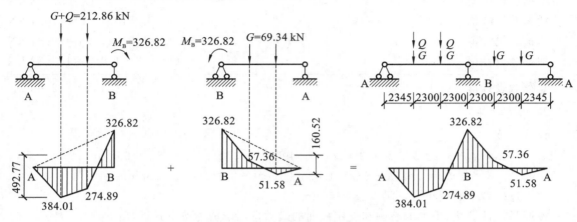

图 8-33 求连续梁的弯矩叠合图

分别画出连续梁各跨在不同荷载组合作用下的弯矩图形后,连接最外围的包络线,即为所求的弯矩包络图。本例主梁的弯矩包络图和剪力包络图如图 8-34 所示。

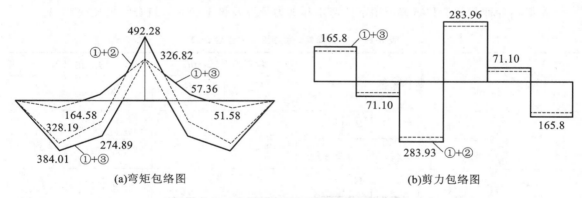

(a)弯矩包络图　　　　　(b)剪力包络图

图 8-34 主梁的弯矩包络图和剪力包络图

4)截面配筋计算

(1)正截面受弯承载力计算。

主梁跨中截面在正弯矩作用下按 T 形截面梁计算,其翼缘计算宽度为:

$b'_f=l_0/3=6\,945/3=2\,315$ mm$<b+s_n=6\,000$ mm,取 $b'_f=2\,315$ mm,并取 $h_0=650-40=610$ mm。

判别 T 形截面类型:

$$\alpha_1 f_c b'_f h'_f(h_0-h'_f/2)=1.0\times14.3\times2315\times80\times(610-80/2)$$
$$=1\,509.57 \text{ kN}>M_1=384.01 \text{ kN}$$

故属于第一类 T 形截面。

主梁支座截面在负弯矩作用下按矩形截面计算,因支座负弯矩较大,主梁上部纵向钢筋按两排布置,故取 $h_0=650-80=570$ mm。

B 支座边缘的计算弯矩 $M'_B = M_B - V_0 \dfrac{b}{2} = 492.28 - 212.86 \times \dfrac{0.4}{2} = 449.71$ kN·m。主梁正截面配筋计算见表 8-12。

表 8-12　主梁正截面受弯配筋计算

截面	跨中（T 形）	支座（矩形）
$M/(\text{kN·m})$	384.01	-449.71
b 或 b'_f/mm	2 315	300
h_0/mm	610	570
$\alpha_s = \dfrac{M}{\alpha_1 f_c b' h_0^2}$ 或 $\alpha_s = \dfrac{M}{\alpha_1 f_c b h_0^2}$	0.031	0.323
$\xi = 1 - \sqrt{1 - 2\alpha_s}$	0.031	$0.405 < \xi_b = 0.518$
$A_s = \dfrac{\xi \alpha_1 f_c b h_0}{f_y}/\text{mm}^2$	1 739	2 751
实配钢筋/mm²	2 Φ 20（直） 1 Φ 25（直） 2 Φ 25（弯） $A_s = 2101$	2 Φ 16（直） 2 Φ 25（直） 3 Φ 25（弯） $A_s = 2 856$

（2）斜截面受剪承载力计算。

主梁斜截面抗剪配筋计算见表 8-13。

表 8-13　主梁斜截面抗剪配筋计算

截面	边支座 A	支座 B
V/kN	165.8	283.96
$0.25\beta_c f_c b h_0/\text{kN}$	$654 > V$	$611 > V$
$V_c = 0.7 f_t b h_0/\text{kN}$	$183.2 < V$	$171.2 < V$
选用箍筋	2 ϕ 8	2 ϕ 8
$A_{sv} = n A_{sv1}/\text{mm}^2$	101	101
$s = \dfrac{1.25 f_{yv} A_{sv} h_0}{V - V_c}/\text{mm}$	按构造配置	138
实配箍筋间距 s/mm	200	200（不足）
$V_{cs} = 0.7 f_t b h_0 + \dfrac{f_{yv} A_{sv} h_0}{s}/\text{kN}$	$266.37 > V$	$248.92 < V$
$A_{sb} = \dfrac{V - V_{cs}}{0.8 f_y \sin 45°}/\text{mm}^2$	—	172
实配弯起钢筋 /mm²	—	双排 1 Φ 25（$A_s = 490.9$） 次梁处配吊筋抗剪

5）附加横向钢筋计算

由次梁传递给主梁的全部集中荷载设计值为：

$$F = 1.2 \times 47.28 + 1.3 \times 110.4 = 200.26 \text{ kN}$$

主梁内支承次梁处需要设置附加吊筋,弯起角度为 45°,附加吊筋截面面积为:

$$A_{sb} = \frac{F}{2f_y \sin 45°} = \frac{200.26}{2 \times 360 \times 0.707} = 393 \text{ mm}^2$$

在距梁端的第一个集中荷载处,附加吊筋选用 2 Φ 16($A_s = 402 \text{ mm}^2 > 393 \text{ mm}^2$),可满足要求。

在距梁端的第二个集中荷载处,附加吊筋考虑同时承担斜截面抗剪(代替一排弯起钢筋), $A_{sb} = 393 + 172 = 565 \text{ mm}^2$,选用 2 Φ 20($A_s = 628 \text{ mm}^2 > 565 \text{ mm}^2$),也满足要求。

6)主梁纵筋的弯起和截断

主梁中纵向受力钢筋的弯起和截断位置,应根据弯矩包络图及抵抗弯矩图来确定。这些图的绘制方法及构造要求参照前面所述。按相同比例在同一坐标图上绘出主梁的弯矩包络图和抵抗弯矩图,并直接绘制于主梁配筋图上。

主梁配筋详图如图 8-35 所示。

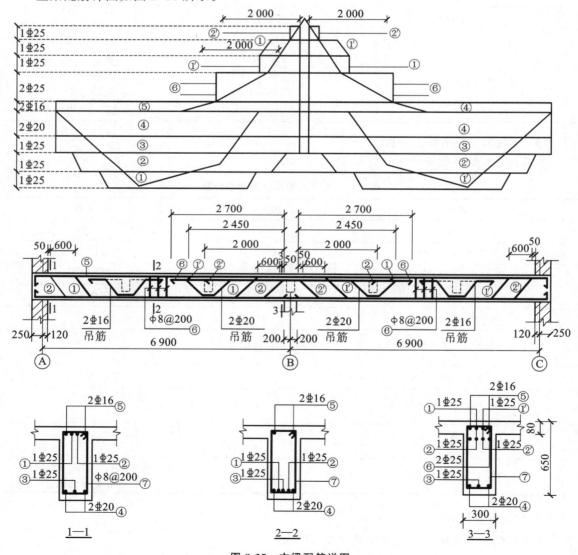

图 8-35　主梁配筋详图

任务 3 装配式楼盖

装配式楼盖具有施工进度快,便于工业化生产,节省材料和劳动力,降低造价等优点。因此,在工业与民用建筑中,装配式楼盖应用较广泛。装配式楼盖主要是铺板式,即预制楼板铺设在支承梁或支承墙上。预制板的宽度根据安装时的起重条件及制造和运输设备的具体情况而定,预制板的跨度与房屋的进深和开间尺寸相配合。当采用装配式楼盖时,应力求各种预制构件具有最大限度的统一和标准化。

一、装配式楼盖的构件类型

装配式楼盖采用的构件类型很多,常用的主要有实心板、空心板、槽形板和预制梁等。

1. 实心板

实心板是最简单的一种楼面铺板,如图 8-36(a)所示。它的主要特点是表面平整、构造简单、施工方便,但自重较大、材料用料多。因此实心板的跨度一般较小,在 1.2～2.4 m 之间,如采用预应力混凝土板时,其最大跨度也不宜超过 2.7 m;板厚一般为 50～100 mm,板宽为 500～1 000 mm。实心板常用于房屋中的走道板、管沟盖板及跨度较小的楼盖板。

2. 空心板

空心板又称为多孔板,如图 8-36(b)所示,它具有刚度大、自重轻、受力性能好等优点,又因其板底平整、施工简便、隔音效果较好,因此在预制楼盖中应用最普遍。空心板孔洞的形状有圆形、方形、矩形及椭圆形等,为了便于抽芯,一般多采用圆孔。空心板的规格尺寸各地不一,板宽一般为 600 mm、900 mm 和 1 200 mm,板厚有 120 mm、180 mm 和 240 mm 三种,常用跨度为 2.4～4.8 m(非预应力板)和 2.4～7.5 m(预应力板)。

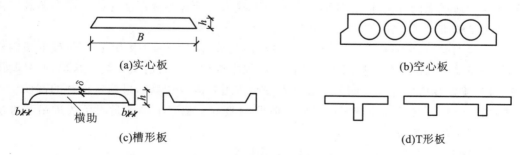

(a)实心板　　　　　　　　　　　　　　　　(b)空心板

(c)槽形板　　　　　　　　　　　　　　　　(d)T形板

图 8-36　常见的预制板形式

3. 槽形板

当板的跨度和荷载较大时,为了减轻板的自重,提高板的抗弯刚度,可采用槽形板。槽形板由面板、纵肋和横肋组成,并分正槽板(肋向下)和倒槽板(肋向上)两种如图 8-36(c)所示。正槽板可以较充分利用板面混凝土抗压,受力性能好,但不能直接形成平整的天棚;倒槽板受力性能差,但可提供平整天棚。

槽形板由于开洞自由,承载能力较大,故在工业建筑中采用较多。根据荷载和跨度的大小,槽形板有各种不同的型号。用于工业楼面时,板高一般为 180 mm,肋宽 50～80 mm,通常板宽为 0.6 m～1.2 m,板跨为 1.5～6.0 m。

预制板的构件形式,除上述几种常见的以外,还有单肋 T 形板、双肋 T 形板如图 8-36(d)所示,以及折叠式 V 形板等。有的适用于楼面,有的适用于屋面,使用时可根据具体情况选用。为了便于设计和施工,全国各省对常用的预制板构件均编制有各种标准图集或通用图集,可供查阅和使用。

4. 预制梁

装配式楼盖中的梁可为预制梁或现浇梁。常见的预制梁截面形式有矩形、T 形、L 形、十字形和花篮形等,如图 8-37 所示。梁的高跨比一般取 1/14～1/8。当截面较高时,为了满足建筑净空要求,多将截面做成十字形或花篮形,在梁的挑出翼缘上铺设预制板。一般房屋的门窗过梁和工业房屋的连系梁常采用 L 形截面。矩形截面梁多用于房屋外廊的悬臂挑梁。预制梁的截面尺寸及配筋,可根据计算及构造要求确定。

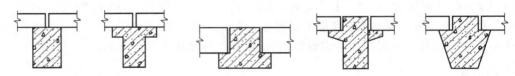

图 8-37　常见的预制梁形式

二、装配式楼盖构件的计算特点

装配式楼盖构件的计算分使用阶段的计算和施工阶段的验算两个方面。使用阶段预制板或预制梁与普通现浇构件一样,应分别进行截面承载力的计算和变形及裂缝宽度的验算。由于其支承往往是铰支,所以各构件通常应按单跨简支情况计算。

施工阶段的验算,应考虑在施工、运输、堆放、吊装等过程产生的内力,这些过程中预制构件的工作状态及受力情况与使用阶段有所不同。应根据构件运输时的实际搁置情况,起吊时吊点的位置、数目确定相应的计算简图。一般是先按照使用阶段的计算结果确定构件的截面尺寸和配筋,再根据运输、吊装的具体情况进行施工阶段的验算。截面配筋不足时可改进吊装方法或采取一些构造措施来解决。

预制构件在施工阶段验算时应注意以下几个问题。

(1)计算简图应按运输、吊装时的实际情况和吊点位置确定。

(2)考虑运输、吊装时的振动作用,构件的自重荷载应乘以 1.5 的动力系数。

(3)设计屋面板、挑檐板、檩条和雨棚等构件时,应按在最不利位置上作用 1 kN 的施工或检修集中荷载进行验算,但此集中荷载不与使用活荷载同时考虑。

（4）施工阶段承载力验算时，结构重要性系数可比使用阶段计算时降低一级，但不低于三级。

（5）预制构件设置吊环时，其位置距板端一般取 $(0.1 \sim 0.2)l$（l 为构件长度），吊环应采用 HPB 235 级钢筋制作，严禁使用冷加工钢筋，以防脆断。吊环埋入钢筋混凝土深度不应小于 $30d$（d 为吊环钢筋直径），并应焊接或绑扎在钢筋骨架上。

三、装配式楼盖的连接构造

装配式楼盖不仅要求各个预制构件具有足够的强度和刚度，同时应使各个构件之间具有紧密可靠的连接，以保证整个房屋的整体性和稳定性。

1. 板与板的连接

板与板之间的连接，主要通过灌实板缝来解决，一般采用强度等级不低于 C15 的细石混凝土或水泥砂浆灌缝。图 8-38 为常见的三种板缝构造形式，为了能使灌缝密实，缝的上口宽度不宜小于 30 mm，缝的下端宽度以 ≥10 mm 为宜。填缝材料与板缝宽度有关，当缝宽大于 20 mm 时（指下口尺寸），一般用细石混凝土灌注；当缝宽小于或等于 20 mm 时，宜用水泥砂浆灌注；当板缝过宽（≥50 mm）时，则应按板缝上作用有楼面荷载的现浇板带计算。

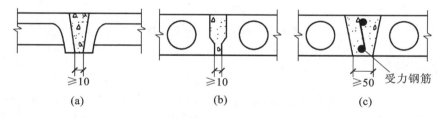

图 8-38　板缝构造

2. 板与墙、梁的连接

一般情况下，预制板与支承墙和支承梁的连接做法是在支承处坐浆，即在支承面上铺设一层 10～20 mm 厚的水泥砂浆。预制板在砖墙上支承长度应 ≥100 mm；在混凝土梁上的支承长度应 ≥80 mm，如图 8-39 所示。空心板端头孔洞内需用混凝土或碎砖堵实，以免灌缝时漏浆，并防止端部嵌入墙内被压碎。

预制板与非支承墙的连接，一般采用细石混凝土灌缝，如图 8-40(a) 所示。当板长 ≥5 m 时，应配置拉接钢筋以加强联系，如图 8-40(b) 所示，或将钢筋混凝土圈梁设置于楼盖平面处，以加强整体性，如图 8-40(c) 所示。

3. 梁与墙的连接

梁在砖墙上的支承长度，应满足梁内受力钢筋在支座处的锚固要求，并满足支座处砌体局部抗压承载力的要求。一般支承长度不应小于 180 mm，而且在支承处应坐浆 10～20 mm，必要时（如地震区）可在梁端设置与墙体的拉结钢筋。当预制梁下砌体局部抗压承载力不足时，应按计算设置梁垫。

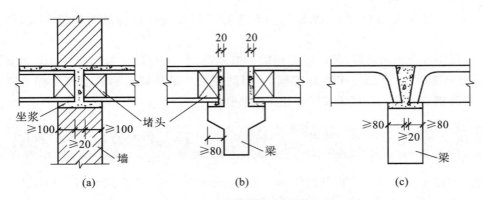

图 8-39 板与支承墙、支承梁的连接

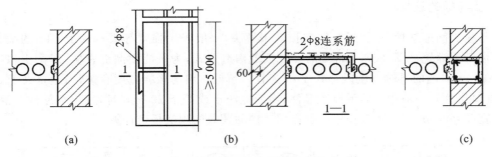

图 8-40 板与非支承墙的连接

本章小结

本学习情境主要介绍钢筋混凝土楼(屋)盖的结构布置、受力特点、内力计算方法、截面设计要点及构造要求,是前面基本构件计算与构造知识的综合应用。钢筋混凝土楼(屋)盖为最典型的梁板结构,按施工方法可分为现浇整体式楼盖、装配式楼盖和装配整体式楼盖。现浇整体式楼盖常见的结构形式有单向板肋形楼盖、双向板肋形楼盖、井式楼盖、无梁楼盖等。楼梯、阳台、雨棚也属于梁板结构。

现浇单向板肋梁楼盖由单向板、次梁与主梁组成,它们均为多跨连续梁、板。连续梁(板)的内力计算方法有两种:一种为按弹性理论将梁(板)假定为均质弹性体,用结构力学的方法计算内力;另一种为按塑性理论考虑超静定结构塑性内力重分布的计算方法。采用弹性计算法时,应考虑活荷载的最不利布置,等跨连续梁(板)在各种常用荷载作用下的内力可采用现成表格查出内力系数进行计算。按塑性理论方法计算内力时,常采用"弯矩调幅法"调整支座弯矩与跨中弯矩来确定构件的内力值。按塑性理论设计比按弹性理论设计更经济,但其使用阶段构件的裂缝及变形较大。一般主梁宜采用弹性计算法,连续板和次梁采用塑性计算法。

单向板除受力钢筋外还应按构造要求设置分布筋及其他构造钢筋。板和次梁一般情况下可按构造规定确定纵向钢筋弯起和截断的位置。主梁中纵向钢筋的弯起与截断,应通过绘制弯矩包络图和抵抗弯矩图来确定。次梁与主梁相交处,应在主梁内设置附加箍筋或附加吊筋。

装配式楼盖由预制板、梁组成,除应按使用阶段进行承载力计算外,还应进行施工阶段验算及吊环设计,以保证运输、堆放及吊装中的安全。装配式楼盖设计中的重要问题就是保证它的整体性,因此要注意预制板(梁)的选型与布置,以及构件之间的连接构造措施。

思考与习题

1. 现浇钢筋混凝土楼盖结构有哪几种类型？并说明它们各自的受力特点。

2. 何谓单向板、双向板？结构设计时它们是如何划分的？

3. 简述现浇单向板肋梁楼盖的设计步骤。

4. 按弹性理论方法计算多跨连续梁(板)的内力时，活荷载最不利布置的规律是什么？

5. 什么叫内力包络图？为什么要画内力包络图？

6. 什么是"塑性铰"？钢筋混凝土结构中的"塑性铰"与结构力学中的"理想铰"有何异同？

7. 什么叫塑性内力重分布？为什么塑性内力重分布只适合于超静定结构？

8. "弯矩调幅法"的概念是什么？连续梁进行"弯矩调幅"时应遵循哪些原则？

9. 现浇单向板中有哪些构造钢筋？这些钢筋在构件中各起什么作用？

10. 现浇单向板肋梁楼盖中主梁的计算简图如何确定？主梁上的荷载分布有何特点？

11. 主梁的内力计算应采用何种方法？为什么在计算主梁的支座截面配筋时应取支座边缘处的弯矩？

12. 某两跨连续梁如图 8-41 所示，在跨间 $l_0/3$ 处作用集中荷载，其中恒荷载标准值 $G=25$ kN，活荷载标准值 $P=50$ kN，荷载分项系数分别为 $\gamma_G=1.2$ 和 $\gamma_Q=1.4$。试按弹性理论计算该梁的内力值并画出梁的弯矩包络图和剪力包络图。

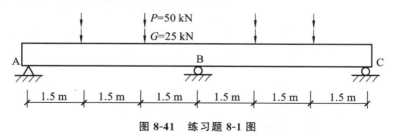

图 8-41　练习题 8-1 图

13. 某现浇单向板肋形楼盖为五跨连续板带，如图 8-42 所示。板跨为 2.4 m，承受的恒荷载标准值 $g_k=3$ kN/m²，荷载分项系数为 $\gamma_G=1.2$，活荷载标准值 $q_k=3.5$ kN/m²，荷载分项系数为 $\gamma_Q=1.4$。混凝土强度等级为 C20，采用 HPB235 级钢筋，次梁截面尺寸 $b\times h=200$ mm $\times$ 400 mm，板厚 $h=80$ mm。按塑性理论计算方法进行板的设计，并绘出配筋草图。

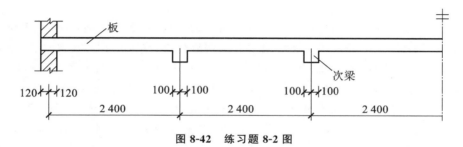

图 8-42　练习题 8-2 图

9

多层及高层钢筋混凝土房屋结构

学习目标

（1）了解高层建筑的特点。

（2）掌握多高层建筑常用的结构体系及各自的特点。

（3）了解多高层建筑结构设计的一般原则和荷载。

（4）掌握框架结构的布置和构造要求。

（5）了解剪力墙和框架剪力墙的构造要求。

■ 新课导入

目前，多层房屋常采用混合结构和钢筋混凝土结构，对于高层建筑，常采用钢筋混凝土结构、钢结构、钢-混凝土组合结构。由于钢结构造价较高，目前我国中、高层建筑多采用钢筋混凝土结构。中国最高的钢筋混凝土结构为上海中心大厦（见图 9-1），位于上海陆家嘴，面积 433 954 平方米，地上 118 层，5 层裙楼和 5 层地下室，总高度 632 m。大厦总体设计方案是由美国 Gensler 建筑设计事务所设计的"龙型"方案，大厦细部深化设计以"龙型"方案作为蓝本，由同济大学建筑设计研究院完成施工图出图。2016 年 3 月，上海中心大厦完工，直达 119 层观光平台的快速电梯也已安装完毕，其速度可达每秒 18 米，55 秒可抵达 119 层观光平台。

高层建筑的结构体系及其受力特性较为复杂，故高层钢筋混凝土结构房屋在设计

(a)   (b)

图 9-1　上海中心大厦

时,除应按照前面提到的《建筑结构可靠度设计统一标准》、《混凝土结构设计规范》、《建筑结构荷载规范》等有关规定执行之外,还应遵循《高层建筑混凝土结构技术规程》(JGJ 3—2010,以下简称《高规》)的有关规定。本学习情境主要介绍钢筋混凝土多层与高层房屋结构体系、设计基本原则以及框架和剪力墙结构的相关构造要求。

任务 1　多层及高层房屋结构体系

一、高层建筑结构的特点

高层建筑是随着社会生产的发展和人民生活的需要而发展起来的,是城市人口快速增长的产物,是现代城市的重要标志。

关于多层与高层建筑的界限,各国有不同的标准。我国《高规》根据是否设电梯、建筑物的防火等级等因素,将 10 层及 10 层以上或房屋高度大于 28 m 的建筑物定义为高层建筑,2~9 层且高度不大于 28 m 的建筑物定义为多层建筑。《建筑设计防火规范》(GB 50016—2014)规定,10 层及 10 层以上的住宅以及高度超过 24 m 的公共建筑和综合性建筑为高层;一般建筑物高度超过 100 m 为超高层建筑。

高层建筑结构具有以下特点。

(1) 高层建筑可以在相同的建设场地中,以较小的占地面积获得更多的建筑面积,可部分解决城市用地紧张和地价高涨的问题。但是过于密集的高层建筑也会对城市造成热岛效应或影响建筑物周边地域的采光,玻璃幕墙过多的高层建筑还可能造成光污染现象。

(2) 在建筑面积与建设场地面积相同比值的情况下,建造高层建筑可以提高更多的空闲场地,以便用作绿化和休闲场地,有利于美化环境,并带来更充足的日照、采光和通风效果。

（3）高层建筑结构的分析和设计比一般的房屋结构要复杂得多,水平荷载是高层建筑结构设计的主要控制因素。

（4）设计高层建筑结构时,在非地震区,必须控制风荷载作用下的结构水平位移,以保证建筑物的正常使用和结构的安全;在地震区,除了保证结构具有一定的强度和刚度外,还要求结构具有良好的抗震性能。

（5）由于高层建筑需要满足房屋的竖向交通和防火要求,因此高层建筑的工程造价较高,运行成本较大。

目前,多层房屋常采用混合结构和钢筋混凝土结构,对于高层建筑,常采用钢筋混凝土结构、钢结构、钢-混凝土组合结构。本学习情境主要介绍钢筋混凝土多层与高层房屋。

二、多层及高层房屋常用结构体系

结构体系是指结构抵抗外部作用的结构构件的组成方式。多层及高层房屋结构体系的选择,不仅要考虑建筑使用功能的要求,更主要的是取决于建筑物的高度。目前,多层及高层建筑最常用的结构体系有:框架结构体系、剪力墙结构体系、框架-剪力墙结构体系和筒体结构体系等。

1. 框架结构体系

框架结构是指由楼板、梁、柱及基础等承重构件组成的结构体系。一般由框架梁、柱与基础形成多个平面框架,作为主要的承重结构,各平面框架再通过连系梁进行连接而形成一个空间结构体系,如图 9-2 所示。

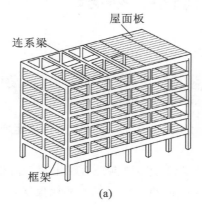

(a)   (b)

图 9-2　框架结构

框架结构具有建筑平面布置灵活,易于满足建筑物较大空间的使用要求,竖向荷载作用下承载力较高、结构自重较轻的特点。因此,广泛应用于多层及高层办公楼、住宅、商店、医院、旅馆、学校以及多层工业厂房中。

但由于框架结构在水平荷载作用下其侧向刚度小、水平位移较大,因此使用高度受到限制。框架结构的适用高度为 6～15 层,非地震区可建到 15～20 层。

2. 剪力墙结构体系

剪力墙结构是由纵向和横向的钢筋混凝土墙体作为竖向承重和抵抗侧力构件的结构体系。一般情况下,剪力墙结构楼盖内不设梁,采用现浇楼板直接支承在钢筋混凝土墙上,剪力墙既承受水平荷载作用,又承受全部的竖向荷载作用,同时兼起围护、分隔作用,如图 9-3 所示。

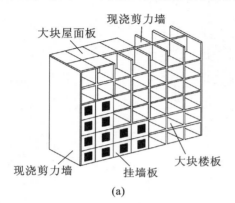

图 9-3 剪力墙结构

当高层剪力墙结构的底部需要较大空间时,可将底部一层或几层取消部分剪力墙代之以框架,即成为框支剪力墙体系。这种结构体系由于上、下层的刚度变化较大,水平荷载作用下框架与剪力墙连接部位易导致应力集中而产生过大的塑性变形,故而抗震性能较差。

剪力墙结构体系具有刚度大,空间整体性好,抗震性能好,对承受水平荷载有利等优点。但由于横墙较多、间距较密,房屋被剪力墙分割成较小的空间,因而结构自重大,建筑平面布置局限性较大。

剪力墙结构的适用建筑层数为 15～50 层,通常适用于开间较小的高层住宅、旅馆、写字楼等建筑。

3. 框架-剪力墙结构体系

框架结构侧向刚度差,在水平荷载作用下侧移较大,但它具有平面布置灵活、立面处理易于变化等优点。而剪力墙结构抗侧力刚度大,对承受水平荷载有利,但剪力墙间距小,平面布置不灵活。把框架和剪力墙二者结合起来,即在框架结构中设置适当数量的剪力墙,就构成了框架-剪力墙结构体系,如图 9-4 所示。

框架-剪力墙结构的侧向刚度比框架结构大,虽然剪力墙数量不多,但它却承担了绝大部分水平荷载,而竖向荷载主要由框架结构承受。在框架-剪力墙结构中,剪力墙应尽可能均匀布置在房屋的四周,以增强结构抗扭转的能力。

框架-剪力墙结构中的框架和剪力墙两种结构构件通过协同工作、协调变形,既增大了结构的总体刚度,提高了结构的抗震性能,又保持了框架易于分割、使用方便的优点。所以,框架-剪力墙结构体系广泛应用于多高层办公楼和宾馆等公共建筑中,一般以建筑层数 15～25 层为宜。

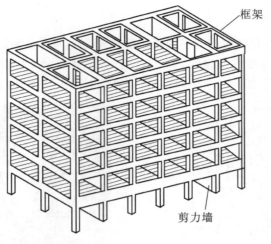

图 9-4　框架–剪力墙结构

4. 筒体结构体系

筒体结构体系是由剪力墙结构体系和框架–剪力墙结构体系演变发展而成,是将剪力墙或密柱框架(框筒)围合成侧向刚度更大的筒状结构,以筒体承受竖向荷载和水平荷载的结构体系。它将剪力墙集中到房屋的内部或外围,形成空间封闭筒体,使结构体系既有较大的抗侧力刚度,又获得较大的使用空间,使建筑平面设计更加灵活。

根据开孔的多少,筒体结构有空腹筒和实腹筒之分,如图 9-5 所示。实腹筒一般由电梯井、楼梯间、设备管道井的钢筋混凝土墙体形成,开孔少,常位于房屋中部,故又称核心筒。空腹筒由布置在房屋四周的密排立柱和高跨比很大的横梁(又称窗裙梁)组成,也称为框筒。

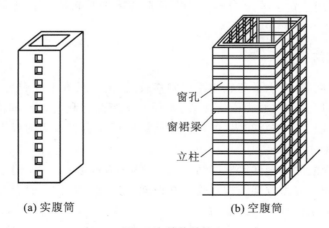

(a) 实腹筒　　　　　　　　　　(b) 空腹筒

图 9-5　筒体结构

筒体结构由于具有更大的侧向刚度,内部空间较大且平面设计较灵活,因此,一般常用于 30 层以上或高度超过 100 m 的写字楼、酒店等超高层建筑中。根据房屋的高度、荷载性质的不同,筒体结构可以布置成框架–筒体结构、筒中筒结构、成束筒和多重筒等结构类型,如图 9-6 所示。

根据《高规》(JGJ 3—2010),上述各种结构体系适用的房屋最大高度限值见表 9-1。

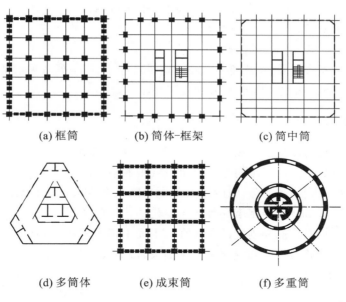

| (a) 框筒 | (b) 筒体-框架 | (c) 筒中筒 |
| (d) 多筒体 | (e) 成束筒 | (f) 多重筒 |

图 9-6　筒体结构的类型

表 9-1　钢筋混凝土高层建筑的最大适用高度（m）

结构体系		非抗震设计	抗震设防烈度			
			6 度	7 度	8 度	9 度
框架		70	60	55	45	25
框架-剪力墙		140	130	120	100	50
剪力墙	全部落地剪力墙	150	140	120	100	60
	部分框支剪力墙	130	120	100	80	不应采用
筒体	框架-核心筒	160	150	130	100	70
	筒中筒	200	180	150	120	80

注：房屋高度指室外地面到主要屋面板板顶的高度（不包括局部突出屋顶部分）。

三、多层及高层建筑结构设计的一般原则

在多层及高层建筑中，除了要根据结构高度和使用要求选择合理的结构体系外，还应重视结构的选型和构造，择优选用抗震及抗风性能好而且经济合理的结构体系和平、立面布置方案，在构造上应加强连接。

1. 结构平面布置

在高层建筑中，水平荷载往往起着控制作用。从抗风的角度看，具有圆形、椭圆形等流线型周边的建筑物受到的风荷载较小；从抗震角度看，平面对称、结构侧向刚度均匀、平面长宽比较

接近,则抗震性能较好。因而《高规》(JGJ 3—2010)中,对抗震设计的钢筋混凝土高层建筑的平面布置提出如下具体要求。

(1) 平面布置宜简单、规则、对称,减小偏心。

(2) 平面长度 L 不宜过长,突出部分长度 l 应尽可能小,凹角处宜采取加强措施。

(3) 不宜采用角部重叠的平面图形或细腰部平面图形。

2. 结构竖向布置

高层建筑结构沿竖向体型宜规则、均匀,避免有过大的外挑和内收。结构的侧向刚度宜下大上小,逐渐均匀变化,不应采用竖向布置严重不规则的结构。

结构竖向布置应做到刚度均匀而连续,避免由于刚度突变而形成薄弱层。在地震区的高层建筑的立面宜采用矩形、梯形、金字塔形等均匀变化的几何形状。

高层建筑结构的竖向抗侧移刚度的分布宜从下而上逐渐减小,不宜突变。在实际工程中往往沿竖向分段改变构件截面尺寸和混凝土强度等级,截面尺寸的减小与混凝土强度等级的降低应在不同楼层,改变次数也不宜太多。

3. 房屋的高宽比限值

高层建筑除应满足结构平面及竖向布置的要求外,还应控制房屋结构的高宽比。为了保证结构设计的合理性,一般要求建筑物总高度与宽度之比不宜过大,高宽比过大的建筑物很难满足侧移控制、抗震和整体稳定性的要求。

高层建筑结构的高宽比(H/B)不宜超过表 9-2 的限值。

表 9-2　钢筋混凝土高层建筑结构适用的最大高宽比

结构体系	非抗震设计	抗震设防烈度		
		6 度、7 度	8 度	9 度
框架	5	4	3	—
板柱-剪力墙	6	5	4	—
框架-剪力墙、剪力墙	7	6	5	4
框架-核心筒	8	7	6	4
筒中筒	8	8	7	5

4. 变形缝

在高层建筑中,由于变形缝的设置会给建筑设计带来一系列的困难,如屋面防水处理、地下室渗漏、立面效果处理等,因而在设计中宜通过调整平面形状和尺寸,采取相应的构造和施工措施,尽量少设缝或不设缝。当建筑物平面形状复杂而又无法调整其平面形状和结构布置使之成为较规则的结构时,宜通过变形缝将结构划分为较为简单的几个独立结构单元。

1) 伸缩缝

当高层建筑物的长度超过规定限值,又未采取可靠的构造措施或施工措施时,其伸缩缝间距不宜超过表 9-3 的限值。图 9-7 中房屋中间部分亮白色细条即为伸缩缝。

表 9-3　伸缩缝的最大间距

结构类型	施工方法	最大间距/m	结构类型	施工方法	最大间距/m
框架结构	现浇	55	剪力墙结构	现浇	45

图 9-7　房屋伸缩缝

当屋面无隔热或保温措施时,或位于气候干燥地区、夏季炎热且暴雨频繁地区的结构,可适当减小伸缩缝的间距。

当采取下列构造或施工措施时,伸缩缝间距可适当增大。

(1) 在顶层、底层、山墙和纵墙端开间等温度影响较大的部位提高配筋率。

(2) 顶层加强保温隔热措施或采用架空通风屋面。

(3) 顶部楼层改为刚度较小的结构形式或顶部设局部温度缝,将结构划分为长度较短的区段。

(4) 每 30m～40m 设 800 mm～1000 mm 宽的后浇带,钢筋采用搭接接头,后浇带混凝土宜在 45 d 后浇筑。

2) 沉降缝

当建筑物出现下列情况,可能造成较大的沉降差异时,宜设置沉降缝。

(1) 建筑物存在有较大的荷载差异、高度差异处。

(2) 地基土层的压缩性有显著变化处。

(3) 上部结构类型和结构体系不同,其相邻交接处。

(4) 基底标高相差过大,基础类型或基础处理不一致处。

由于沉降缝的设置常常使基础构造复杂,特别是地下室的防水十分困难,因此,当采取以下措施后,主楼与裙房之间可以不设沉降缝。

(1) 采用桩基,或采取减少沉降的有效措施并经计算,沉降差在允许范围内。

(2) 主楼与裙房采用不同的基础形式,先施工主楼后施工裙房,通过调整土压力使后期沉降基本接近。

(3) 当沉降计算较为可靠时,将主楼与裙房的标高预留沉降差,使最后二者标高基本一致。

199

（4）把主楼与裙房放在一个刚度很大的整体基础上，或从主楼结构基础上悬挑出裙房基础等。

3）防震缝

当房屋平面复杂、不对称或房屋各部分刚度、高度、重量相差悬殊时，应设置防震缝。防震缝将房屋划分为简单规则的形状，使每一部分成为独立的抗震单元，使其在地震作用下互不影响。

设置防震缝时，一定要留有足够的宽度，以防止地震时缝两侧的独立单元发生碰撞。防震缝的最小宽度宜满足规范的要求。

沉降缝必须从基础分开，而伸缩缝和防震缝处的基础可以连在一起。在地震区，伸缩缝和沉降缝的宽度均应符合防震缝的宽度和构造要求。

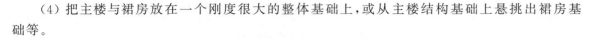

四、多层及高层建筑结构的荷载分类及其特点

多层及高层房屋结构上的荷载分为竖向荷载和水平荷载两类。随着建筑物高度的增加，竖向荷载在底层结构产生的内力中仅轴力 N 成线性增加，弯矩 M 和剪力 V 并不增加。而水平荷载（风荷载及地震作用）在结构中产生的弯矩 M 和剪力 V 却随着房屋高度的增加呈快速增长的趋势；此外，结构的侧向位移也将快速增加。也就是说，随着房屋高度的增加，水平荷载对结构所起的作用越来越重要。一般来说，对低层民用建筑，结构设计起控制作用的是竖向荷载；对多层建筑，水平荷载与竖向荷载共同起控制作用；而对高层建筑，水平荷载将对结构设计起绝对控制作用。

1. 竖向荷载

竖向荷载包括结构构件和非结构构件的自重（恒荷载）、楼面使用活荷载、雪荷载和施工检修荷载等。

1）恒荷载

竖向荷载中的恒荷载按相应材料和构件的自重计算。这些荷载取值可根据《建筑结构荷载规范》(GB 50009—2012)进行计算。

2）楼面活荷载

活荷载按《建筑结构荷载规范》选用，当有特殊要求时，应按实际情况考虑。简化计算时，一般不考虑活荷载的不利布置，按活荷载满布考虑。

在设计楼面梁、墙、柱及基础时，考虑活荷载同时在各层满布的可能性很小，故在下列情况下应乘以规定的折减系数。

（1）设计楼面梁时，对于楼面活荷载标准值为 2.0 kN/m^2，且楼面梁从属面积超过 25 m^2 或 50 m^2 时，取楼面活荷载折减系数为 0.9。

（2）设计墙、柱和基础时，对于楼面活荷载标准值为 2.0 kN/m^2 的建筑，根据计算截面以上的层数按照《建筑结构荷载规范》的规定选取相应的折减系数；对于楼面活荷载标准值大于 2.0 kN/m^2 的建筑，采用与其楼面梁相同的折减系数。

3）屋面均布活荷载

（1）当采用不上人屋面时，屋面活荷载标准值取 0.7 kN/m²；当施工或维修荷载较大时，应按实际情况取值。

（2）采用上人屋面时，屋面活荷载标准值取 2.0 kN/m²；当兼作其他用途时，应按相应楼面活荷载取值。

屋面均布活荷载不应与雪荷载同时组合。

2. 水平荷载

水平荷载主要包括风荷载和水平地震作用。

1）风荷载

对于高层建筑结构而言，风荷载是结构承受的主要水平荷载之一，在非抗震设防区或抗震设防烈度较低的地区，风荷载常常是结构设计的控制条件。

风荷载与风压大小、建筑物表面形状以及建筑物的动力特性有关。层数较低的建筑物，风荷载产生的振动一般很小，设计时可不考虑风振作用。高层建筑对风的动力作用比较敏感，建筑物越柔，自振周期就越长，风的动力作用也就越显著。高层建筑风荷载计算时，通过风振系数 β_z 来考虑风的动力作用。

为了方便计算，可将沿建筑物高度分布作用的风荷载简化为节点集中荷载，分别作用于各层楼面和屋面处，并合并于迎风面一侧。对某一楼面，取相邻上、下各半层高度范围内分布荷载之和，并且该分布荷载按均布考虑。一般风荷载要考虑左风和右风两种可能。

2）水平地震作用

地震作用一般在抗震设防烈度 6 度以上时需要考虑。地震时，地面上原来静止的建筑物因地面运动而产生强迫振动，结构振动的惯性力相当于增加在结构上的荷载作用。地震作用又分为竖向地震作用和水平地震作用。由于高层建筑结构的高度大，在地震设防烈度较高的地区，水平地震作用常常成为结构设计的控制条件。

由于多、高层建筑结构的楼盖部分集中了结构构件的主要质量，因此，可将结构的质量集中于各层楼盖标高处，一般也将结构的惯性力（即地震作用）简化为作用在各楼层处的水平集中力。

任务 2 框架结构

一、框架结构的组成与分类

1. 框架结构的组成

框架结构是指由梁和柱为主要构件组成的承受竖向和水平作用的结构。普通框架的梁和柱的节点连接处一般为刚性连接,框架柱与基础通常为固接。

框架梁和框架柱是主要的承重构件。为使框架结构具有良好的受力性能,框架梁宜拉通、对直,框架柱宜上下对中,梁柱轴线宜在同一竖向平面内。

框架结构的墙体一般不承重,只起分隔和围护作用。通常采用较轻质的材料,在框架主体施工完成后砌筑而成,以减轻房屋的重量,减少地震作用。填充墙与框架梁、柱应采取必要的连接构造,以增加墙体的整体性和抗震性。

2. 框架结构的类型

钢筋混凝土框架结构按照施工方法的不同,可分为现浇整体式框架、装配式框架和装配整体式框架三种。

1)现浇整体式框架

这种框架的承重构件梁、板、柱均在现场浇筑而成。其优点是结构整体性好,刚度大,抗震性好,平面布置灵活,构件尺寸不受标准构件的限制,较其他形式的框架节省钢材。其缺点是需耗用大量模板,现场工程量大,工期长,北方冬季施工要求防冻等。该框架适用于使用要求较高,功能复杂,对抗震性能要求高得多、高层框架结构房屋。

2)装配式框架

这种框架的结构构件全部或部分为预制,通过在施工现场进行安装就位,采用预埋件焊接连接而形成整体。其优点是节约模板、缩短工期,可以做到构件的标准化和定型化,能加快施工进度和提高工业化程度,还可以大量采用预应力混凝土构件。其缺点是预埋件多,总用钢量大,框架整体性较差,不利于抗震,故不宜用于地震区。

3)装配整体式框架

这种框架是将预制梁、柱和板在现场安装就位后,再在构件连接处局部现浇混凝土,使之形成整体。它兼有现浇整体式与装配式框架二者的优点,既可节约模板和缩短工期,节省了预埋件,减少了用钢量,又保证了节点的刚度,结构整体性较好。其缺点是增加了现场混凝土的二次浇筑工作量,且施工较为复杂。

二、框架结构的布置

房屋结构布置是否合理,对结构的安全性、适用性、经济性影响很大。因此,应根据房屋的高度、荷载情况以及建筑的使用和造型等要求,确定合理的结构布置方案。

1. 结构布置原则

(1)房屋的开间、进深宜尽可能统一,使房屋中构件类型、规格尽可能减少,以便于工程设计和施工。

(2)房屋平面应力求简单、规则、对称及减少偏心,以使受力更合理。

(3)房屋的竖向布置应使结构刚度沿高度分布比较均匀、避免结构刚度突变。同一楼面应尽量设置在同一标高处,避免结构错层和局部夹层。

(4)为使房屋具有必要的抗侧移刚度,房屋的高宽比不宜过大,一般宜控制在 $H/B \leqslant 4 \sim 5$。

（5）当建筑物平面较长，或平面复杂、不对称，或各部分刚度、高度、重量相差悬殊时，应设置必要的变形缝。

2. 柱网布置

柱网是竖向承重构件的定位轴线在平面上所形成的网格，是框架结构平面的"脉络"。框架结构的柱网布置，既要满足建筑功能和生产工艺的要求，又要使结构受力合理，构件种类少，施工方便。柱网尺寸，即平面框架的跨度（进深）及其间距（开间）的平面尺寸。

1）柱网布置应满足生产工艺的要求

多层工业厂房的柱网布置主要是根据生产工艺要求而确定的。柱网布置方式主要有内廊式和跨度组合式两类，如图 9-8 所示。

（1）内廊式柱网有较好的生产环境，工艺互不干扰，一般为对称三跨，边跨跨度一般采用 6 m、6.6 m 和 6.9 m 三种，中间走廊跨度常为 2.4 m、2.7 m、3.0 m 三种，开间方向柱距为 3.6~7.2 m。

（2）跨度组合式柱网适用于生产要求有较大空间，便于布置生产流水线，随着轻质材料的发展，内廊式柱网有被跨度组合式柱网所代替的趋势。跨度组合式柱网常用跨度为 6 m、7.5 m、9.0 m 和 12.0 m 四种，柱距常采用 6 m。

多层厂房的层高一般为 3.6 m、3.9 m、4.5 m、4.8 m、5.4 m，民用房屋的常用层高为 3.0 m、3.6 m、3.9 m 和 4.2 m。柱网和层高通常以 300 mm 为模数。

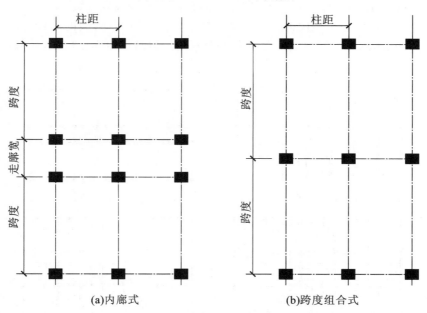

(a)内廊式　　　　　　　　(b)跨度组合式

图 9-8　框架结构的柱网布置

2）柱网布置应满足建筑平面布置的要求

在旅馆、办公楼等民用建筑中，建筑平面一般布置成两边为客房或办公用房，中间为走道的内廊式平面。因此，柱网布置应与建筑分隔墙的布置相协调。

3）柱网布置应使结构受力合理

多层框架主要承受竖向荷载。柱网布置时，应考虑到结构在竖向荷载作用下内力分布均匀

合理,各构件材料均能充分利用。

4）柱网布置应便于施工

建筑设计及结构布置时应考虑到施工方便,以及加快施工进度、降低工程造价、保证施工质量等因素。

3. 承重框架的布置

框架结构是由若干平面框架通过连系梁连接而形成的空间结构体系,可将空间框架分解成纵、横两个方向的平面框架,楼盖的荷载可传递到纵、横两个方向的框架上。根据梁板布置方案和荷载传递路径的不同,承重框架的布置方案可分为以下三种。

1）横向框架承重方案

横向框架承重方案指主要承重框架由横向主梁与柱构成,楼板沿纵向布置,支承在主梁上,纵向连系梁将横向框架连成一个空间结构体系,如图9-9(a)所示。

横向框架具有较大的横向刚度,有利于抵抗横向水平荷载。而纵向连系梁截面较小,有利于房屋室内的采光和通风。因此,横向框架承重方案在实际工程中应用较多。

2）纵向框架承重方案

纵向框架承重方案指主要承重框架由纵向主梁与柱构成,楼板沿横向布置,支承在纵向主梁上,横向连系梁将纵向框架连成一个空间结构体系,如图9-9(b)所示。

纵向框架承重方案,由于横向连系梁的高度较小,有利于设备管线的穿行,可获得较高的室内净空,且开间布置较灵活,室内空间可以有效地利用。但其横向刚度较差,故只适用于层数较少的房屋。

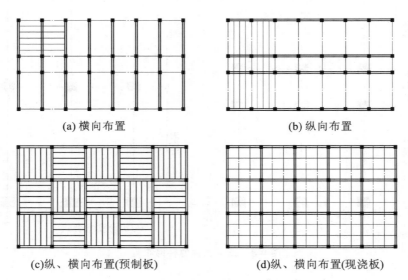

(a) 横向布置　　　　　　　　　　(b) 纵向布置

(c)纵、横向布置(预制板)　　　　(d)纵、横向布置(现浇板)

图9-9　承重框架布置方案

3）纵横向框架混合承重方案

纵横向框架混合承重方案是沿房屋纵、横两个方向均布置框架主梁以承担楼面荷载,如图9-9(c)、(d)所示。当采用现浇双向板或井字梁楼盖时,常采用这种方案。由于纵、横向框架梁均承担荷载,梁截面均较大,故可使房屋两个方向都获得较大的刚度,因此有较好的整体工作性能。

三、框架结构的受力特点

1. 框架结构的计算简图

框架结构是由横向框架和纵向框架组成的空间受力体系。在工程设计中为简化计算,常忽略结构的空间联系,将纵向框架和横向框架分别按平面框架进行分析,如图 9-10(a)所示。取出来的平面框架承受按图 9-10(b)所示计算单元范围内的水平荷载,而竖向荷载则需按楼盖结构的布置方案确定。

框架结构的计算简图是以梁、柱轴线来确定的。框架杆件用轴线表示,杆件之间的连接用节点表示,杆件长度用节点间的距离表示。框架梁的跨度取柱子轴线之间的距离。框架的层高即框架柱的长度,可取相应的建筑层高,但底层的层高则应取基础顶面到一层楼盖顶面之间的距离,当基础标高未能确定时,可近似取底层的层高加 1.0 m。对于现浇整体式框架,将各节点视为刚接节点,认为框架柱在基础顶面处为固定支座。横向框架和纵向框架的计算简图,分别如图 9-10(c)、(d)所示。

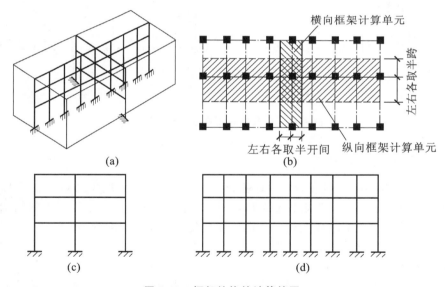

图 9-10　框架结构的计算简图

2. 框架结构在荷载作用下的内力

多层多跨框架结构的内力(M、V、N)和位移计算,目前多采用电算求解。而手算是设计人员的基本功,内力分析时,一般采用近似计算方法。例如,计算竖向荷载作用下的内力时,通常有弯矩二次分配法和分层法等;在计算水平荷载作用下的内力时,有反弯点法和修正反弯点法(D值法)。这些方法采用的假设不同,计算结果有所差异,但一般都能满足工程设计要求的精度。

1）竖向荷载作用下的内力近似计算方法——分层法

在竖向荷载作用下的多层框架,根据结构力学的精确计算结果表明,不仅框架节点的侧移值很小,而且每层横梁上的荷载对上、下各层横梁的影响也很小。为进一步简化计算,作出下列基本假定。

（1）忽略框架在竖向荷载作用下的侧移和由其引起的侧移弯矩。

（2）忽略每层横梁上的荷载对其他各层横梁及其他柱内力的影响。

根据上述假定，多层框架在竖向荷载作用下可以分层计算，即将各层梁及其相连的上、下柱所组成的开口框架作为一个独立的计算单元进行分层计算，如图 9-11 所示。这样，就将一个多层多跨框架分解为多个单层开口框架，并用弯矩二次分配法进行内力计算。然后将各个单层开口框架的内力叠加起来，分层计算所得各层横梁的弯矩即为原框架梁的最后弯矩，将相邻上、下两层开口框架中同层同柱号的柱端弯矩叠加后即为原框架柱的弯矩。

在分层计算时，均假定上、下柱的远端为固定端，而实际的框架柱除在底层基础处为固定端外，其余各柱的远端均有转角产生，介于铰支承与固定支承之间。为消除由此所引起的误差，分层法计算时应进行如下修正。

（1）将底层柱除外的所有各层柱的线刚度 i_c 均乘以 0.9 的折减系数。

（2）弯矩传递系数除底层柱为 1/2 外，其余各层柱均为 1/3。

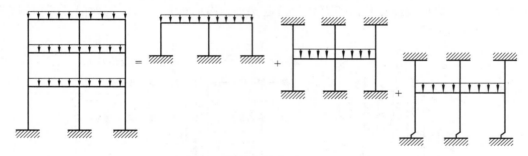

图 9-11　分层法的计算思路与计算简图

用分层法分析竖向荷载作用下框架内力的计算步骤如下。

（1）画出框架的计算简图。

（2）按规定计算梁、柱的线刚度及相对线刚度（除底层柱外，其他各层柱的线刚度应乘以系数 0.9）。

（3）计算各节点处杆件的弯矩分配系数，并计算各跨梁在竖向荷载作用下的固端弯矩。

（4）利用弯矩二次分配法从上至下分别计算各分层开口框架的内力。

（5）叠加、计算框架梁、柱最后内力。

（6）绘制框架内力图（M 图、V 图、N 图）。

图 9-12(a)所示为某四层框架结构，在竖向均布荷载作用下的计算简图。通过力学计算，得出该框架在竖向荷载作用下的内力图，如图 9-12(b)、(c)、(d)所示。从图中可以看出，在竖向荷载作用下，框架梁跨中截面产生的正弯矩最大，支座截面产生的负弯矩及剪力均为最大；框架柱在每层柱高范围内弯矩呈线性变化，在柱的上、下端部均产生最大弯矩，同一柱中自上至下轴力（压力）逐层增大。

2）水平荷载作用下的内力近似计算方法

多层框架所承受的水平荷载是风荷载或水平地震作用，这两种荷载一般均简化为在框架节点处的水平集中力。经力学分析可知，框架各杆的弯矩图形均为直线，每杆均有一个零弯矩点，即反弯点，该点只产生剪力。

如果能确定各柱反弯点处的剪力及其反弯点的位置，则各柱端弯矩就可算出，进而可以求出梁端弯矩及整个框架的其他内力。所以对水平荷载作用下的框架内力近似计算，需解决两个主要问题:①确定各层柱中反弯点处的剪力;②确定各层柱的反弯点位置。

(1)反弯点法。

为了便于求得反弯点位置和反弯点处的剪力,特作如下假定。

① 在确定各柱侧移刚度时,假定梁与柱的线刚度比无限大,即认为各柱端无转角,且在同一层柱中各柱端的水平位移相等。

② 在确定各柱反弯点位置时,认为框架底层柱的反弯点位置在距柱底 2/3 高度处,其他各层柱的反弯点位置均位于柱高的中点。

③ 梁端弯矩可由节点平衡条件求出,并按节点左右梁的线刚度进行分配。

根据上述假定,不难确定出反弯点高度、柱侧移刚度、反弯点处剪力以及杆端弯矩。

首先求出同层每根框架柱的抗侧移刚度 $D = \dfrac{12i_c}{h^2}$,式中 $i_c = \dfrac{EI}{h}$ 称为柱的线刚度,h 为层高。

柱的抗侧移刚度 D 表示柱端产生单位水平位移时,在柱端所需施加的水平力大小。

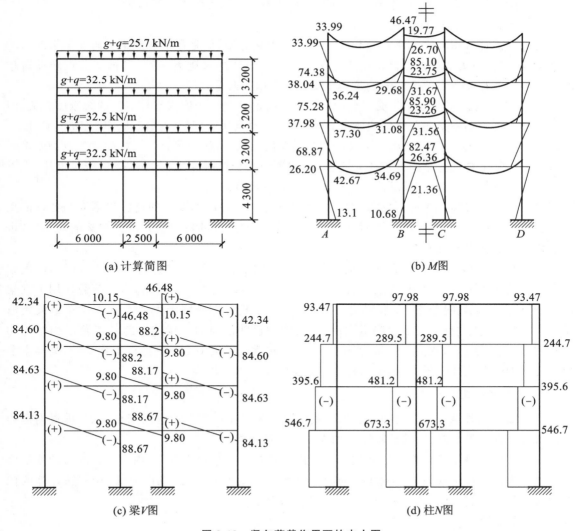

图 9-12　竖向荷载作用下的内力图

设多层框架共有 n 层,每层有 m 个柱子,则第 i 层的楼层总剪力为 V_i,将框架沿第 i 层各柱的反弯点处切开以示该层柱剪力,按水平力平衡条件得:

$$V_i = \sum_{k=i}^{n} F_i \qquad (9-1)$$

式中　　F_i——作用于第 i 层节点的水平集中荷载。

则第 i 层各柱在反弯点处的剪力 V_{ij} 为:

$$V_{ij} = \frac{D_{ij}}{\sum\limits_{j=1}^{m} D_{ij}} V_i \qquad (9-2)$$

式中　　V_{ij}——第 i 层第 j 根柱子的剪力;

D_{ij}——第 i 层第 j 根柱子的抗侧移刚度。

求出第 i 层各柱的剪力后,根据已知各柱的反弯点位置,即可求出该层各柱的柱端弯矩。

求出所有柱端弯矩后,根据节点弯矩平衡条件即可求得各节点的梁端弯矩。

(2)修正反弯点法(D 值法)。

反弯点法计算框架在水平荷载作用下的内力固然方便,但是在基本假定上与实际情况并不完全相符,存在较大的误差。修正反弯点法是在反弯点法的基础上,考虑了框架节点转动对柱的抗侧移刚度和反弯点位置的影响。其主要表现在以下两个方面。

① 框架柱的抗侧移刚度。反弯点法认为框架柱的抗侧移刚度仅与柱本身的线刚度有关,但实际上柱的抗侧移刚度还与梁的线刚度有关,应对反弯点法中框架柱的抗侧移刚度进行修正。

② 反弯点高度。反弯点法假定梁柱的线刚度比无限大,从而得出各层柱的反弯点高度是一定值。但实际上柱的反弯点高度不是定值,其位置与梁柱线刚度比、上下层梁的线刚度比、上下层的层高变化等因素有关,故还应对柱的反弯点高度进行修正。

修正反弯点法的具体计算方法,本任务不再详述。当各层框架柱的抗侧移刚度和各柱的反弯点位置确定后,与反弯点法一样,就可求出各柱在反弯点处的剪力值并画出框架的弯矩图,进而求得梁柱的剪力和轴力。

图 9-13(a)为某四层框架在水平集中荷载作用下的计算简图。通过力学计算,得出该框架在水平荷载作用下的内力图,如图 9-13(b)、(c)、(d)所示。从图中可看出,水平荷载作用下框架梁、柱弯矩图均呈直线分布,在框架梁、柱的支座端部截面将分别产生最大正弯矩和最大负弯矩,且在同一根柱中自上至下逐层增大;从剪力图中反映出剪力在梁的各跨长度范围内呈均匀分布的,越往下层剪力越大。从轴力图中可看出,靠近水平集中力一侧的框架柱受拉,远离水平集中力一侧的框架柱受压,在同一根柱中自上至下轴力逐层增大。

3)控制截面及内力组合

框架结构同时承受竖向荷载和水平荷载作用。为了保证框架结构的安全可靠,需根据框架的内力进行框架梁、柱的配筋计算以及加强节点的连接构造。

控制截面就是结构构件中需要按其不利内力进行设计计算的截面,内力组合的目的就是为了求出各构件在控制截面处对截面配筋起控制作用的最不利内力,以作为梁、柱配筋计算的依据。对于某一控制截面,最不利内力组合可能有多种。

(1)框架梁。

框架梁的内力主要是弯矩 M 和剪力 V。对于框架梁,在跨中和支座处弯矩通常较大,而且最大剪力也在支座处。因此,框架梁的控制截面是梁端支座截面和跨中截面。

对框架梁支座截面,需按其最大负弯矩确定梁端顶部的纵向受力钢筋,按其最大正弯矩确定梁端底部的纵向受力钢筋,按其最大剪力确定梁中箍筋及弯起钢筋。对于跨中截面,则按跨中最大正弯矩计算梁下部纵向受力钢筋。

（2）框架柱。

框架柱的内力主要是弯矩 M 和轴力 N。对于框架柱,弯矩最大值在柱的两端,轴力最大值在柱的下端。因此,框架柱的控制截面在柱的上、下端截面。

框架柱是偏心受压构件,根据柱的最大（或较大）弯矩和最大轴力（一般有多种最不利内力组合）,确定柱中纵向受力钢筋的数量;根据框架柱的剪力 V 以及构造要求配置相应的箍筋。

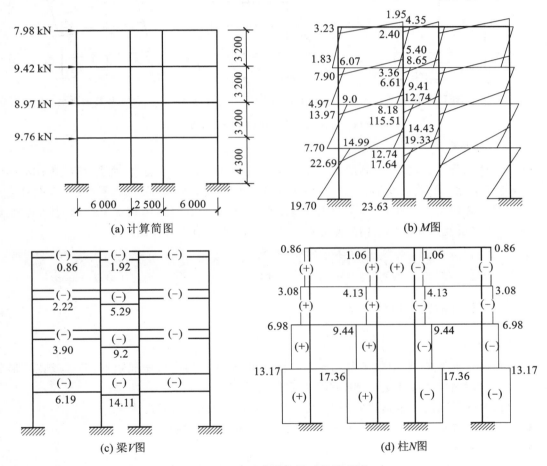

图 9-13　水平荷载作用下的内力图

3. 框架结构在水平荷载作用下的变形

1) 侧移的特点

框架结构在水平荷载作用下的变形特点如图 9-14(a)所示,框架结构的侧移由两部分组成。

第一部分侧移由框架梁和柱的弯曲变形所引起,梁和柱都有反弯点,形成侧向变形,因其侧移曲线与悬臂梁的剪切变形曲线相似,称为总体剪切变形,如图 9-14(b)所示。其特点是框架下部层间侧移较大,越到上部层间侧移越小。

第二部分侧移由框架柱中的轴向变形所引起,柱的伸长和压缩导致框架变形而形成侧移,因其侧移曲线与悬臂梁的弯曲变形曲线相似,称为总体弯曲变形,如图9-14(c)所示。其特点是在框架上部层间侧移较大,越到底部层间侧移越小。

通常框架结构的侧移主要是以第一部分侧移(总体剪切变形)为主,故框架结构的侧移计算只需考虑由梁柱的弯曲变形所引起的侧移。

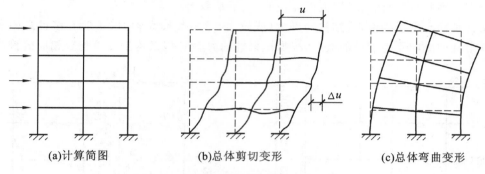

(a)计算简图　　　　(b)总体剪切变形　　　　(c)总体弯曲变形

图9-14　框架结构在水平荷载作用下的变形

2)侧移的限制

在正常使用条件下,多层及高层框架结构不仅需要较大的承载能力,而且需要具有足够的刚度,避免产生过大的侧向变形。结构过大的侧移不仅会使人感觉不舒服,影响使用,而且会使填充墙或建筑装修出现裂缝或损坏,使电梯轨道变形,还会引起主体结构产生裂缝,甚至引起倒塌。因此,对多层及高层框架结构的侧移应按规范规定的限值进行控制。

四、框架结构的构造要求

1. 框架梁、柱的截面形状及尺寸

1)框架梁

现浇整体式框架中,框架梁多做成矩形截面,在装配式框架中可做成矩形、T形或花篮形截面。框架梁的截面尺寸应满足框架结构强度和刚度要求。

框架梁的截面高度可根据梁的跨度、约束条件及荷载大小,按下式估算。

- 现浇式框架: $h_b = (1/10 \sim 1/18)l$ （l 为框架梁的跨度）
- 装配式框架: $h_b = (1/8 \sim 1/10)l$

当框架梁为单跨或荷载较大时取大值,框架梁为多跨或荷载较小时取小值。为防止梁发生剪切破坏,梁高 h 不宜大于 $l_n/4$(l_n 为梁净跨)。

框架梁的截面宽度可取 $b = (1/2 \sim 1/3)h$,为了使端部节点传力可靠,梁的截面宽度 b 不宜小于梁截面高度的 $1/4$,且不宜小于 200 mm。

2)框架柱

框架柱一般采用矩形或正方形截面。柱截面高度可取 $h_c = (1/10 \sim 1/15)H$(H 为层高),且不宜小于 400 mm;柱截面宽度可取 $b_c = (1 \sim 1/1.5)h_c$,且不宜小于 300 mm。为避免柱发生剪切破坏,柱净高与截面长边之比宜大于 4。

2. 现浇框架的一般构造要求

(1) 钢筋混凝土框架的混凝土等级不应低于 C20。为了保证梁柱节点的承载力和延性,要求现浇框架节点区的混凝土强度等级,应不低于同层柱的混凝土强度等级。由于施工过程中,节点区的混凝土与梁同时浇筑,因此要求梁柱混凝土强度等级相差不宜大于 5 MPa。

(2) 梁柱纵向钢筋宜采用 HRB400 级钢和 HRB500 级钢筋,箍筋一般采用 HPB300 级钢筋。

(3) 梁柱混凝土保护层最小厚度应根据框架所处环境条件确定。

(4) 框架梁柱应分别满足受弯构件和受压构件的构造要求,地震区的框架还应满足抗震设计的要求。

(5) 框架梁在跨中上部应配置不少于 2Φ12 的架立钢筋与梁支座的负弯矩钢筋搭接,搭接长度不应小于 150 mm(非抗震设计)。框架梁支座截面的负弯矩钢筋自柱边缘算起的长度不应小于 $l_n/4$。框架梁的箍筋沿梁全长范围内设置,箍筋的构造要求与一般梁相同。

(6) 框架柱宜采用对称配筋,柱中全部纵向受力钢筋的配筋率在无抗震设防要求时不应超过 5%,也不应小于 0.4%(按全截面面积计算)。

(7) 框架柱箍筋应为封闭式,箍筋最小直径和最大间距要求与一般柱相同。当柱每侧纵向钢筋多于 3 根时,应设置复合箍筋;但当柱的短边不大于 400 mm,且纵筋根数不多于 4 根时,可不设复合箍筋。

3. 非抗震设计时现浇框架节点构造

框架节点是形成框架结构整体受力体系的重要组成部分,它作为柱的一部分起到向下层传递内力的作用,同时它又是梁的支座,承受本层梁传递过来的荷载,因此节点区处于复杂的受力状态。框架节点设计必须保证其连接的可靠性、经济合理性且便于施工。现浇框架的梁、柱节点应做成刚性节点。在非抗震设计时,主要通过采取适当的节点构造措施来保证框架结构的整体空间受力性能。

1) 中间层中间节点

框架梁上部纵向钢筋应贯穿中间节点,如图 9-15 所示。

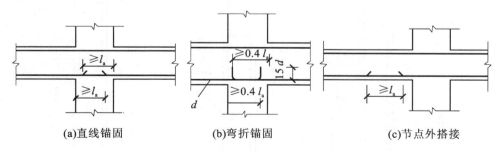

(a)直线锚固　　　(b)弯折锚固　　　(c)节点外搭接

图 9-15　中间层中间节点梁纵向钢筋的锚固与搭接

框架梁下部纵向钢筋伸入中间节点范围内的锚固长度应按下列要求取用。

(1) 当计算中不利用其强度时,伸入节点的锚固长度 l_{as} 不应小于 $12d$。

(2) 当计算中充分利用钢筋的抗拉强度时,应锚固在节点内。可采用直线锚固形式,钢筋的

锚固长度不应小于 l_a，如图 9-15(a)所示；当框架柱截面较小而直线锚固长度不足时，也可采用带 90°弯折的锚固形式，其中竖直段应向上弯折，锚固段的水平投影长度不应小于 $0.4l_a$，垂直投影长度应取为 $15d$，如图 9-15(b)所示；框架梁下部纵向钢筋也可贯穿框架节点区，在节点以外梁中弯矩较小部位设置搭接接头，搭接长度 l_l 应满足受拉钢筋的搭接长度要求，如图 9-15(c)所示。

(3) 当计算中充分利用钢筋的抗压强度时，伸入节点的直线锚固长度不应小于 $0.7l_a$。

框架柱的纵向钢筋应贯穿中间层的中间节点和中间层的端节点，柱纵向钢筋的接头应设在节点区以外、弯矩较小的区域，纵筋搭接长度应满足 $l_l \geqslant 1.2l_a$。当柱每侧纵筋不超过 4 根时，可在同一截面搭接；每侧纵筋超过 4 根时，应分批搭接。当上、下层柱中纵筋直径和根数相同时，纵筋连接构造见图 9-16。当上、下层柱中纵筋直径或根数不同时，纵筋连接构造见图 9-17。在搭接接头范围内，箍筋间距应不大于 $5d$（d 为柱中较小纵向钢筋的直径），且不应大于 100 mm。当纵向钢筋直径大于 28 mm 时，不宜采用绑扎搭接接头。

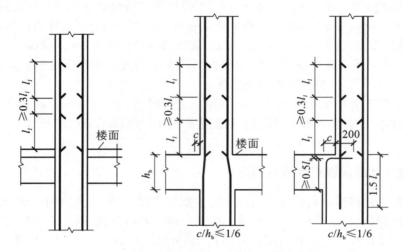

图 9-16　上、下层柱中纵筋直径和根数相同时纵筋搭接连接

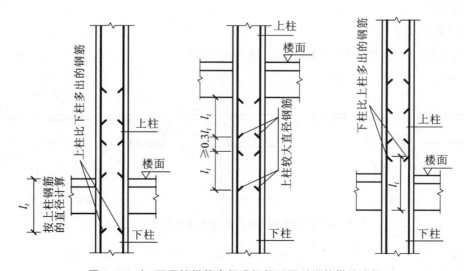

图 9-17　上、下层柱纵筋直径或根数不同时纵筋搭接连接

2）中间层端节点

梁上部纵向钢筋在端节点的锚固长度应满足以下要求。

（1）采用直线锚固形式时，不应小于 l_a，且伸过柱中心线不小于 $5d$，如图 9-18（a）所示。

（2）当柱截面尺寸较小时，可采用弯折锚固形式，应将梁上部纵向钢筋伸至节点对边并向下弯折，其弯折前的水平投影长度不应小于 $0.4l_a$，弯折后的垂直投影长度不应小于 $15d$，如图 9-18（b）所示。

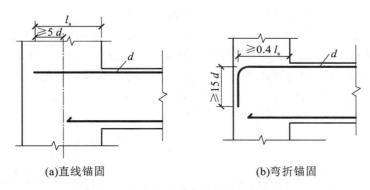

(a)直线锚固 (b)弯折锚固

图 9-18　中间层端节点梁纵向钢筋的锚固

梁下部纵向钢筋伸入端节点范围内的锚固要求与中间层节点相同。

3）顶层中间节点

柱内纵向钢筋应伸入顶层中间节点并在梁中锚固。柱纵向钢筋可采用直线方式锚固，其锚固长度不应小于 l_a，且必须伸至柱顶，如图 9-19（a）所示。当顶层节点处梁截面高度不足时，柱纵向钢筋应伸至柱顶然后向节点内水平弯折，弯折前的垂直投影长度不应小于 $0.5l_a$，弯折后的水平投影长度不应小于 $12d$，如图 9-19（b）所示；当框架顶层有现浇板且板厚不小于 80 mm、混凝土强度等级不低于 C20 时，柱纵向钢筋也可向外弯入框架梁和现浇板内，弯折后的水平投影长度不宜小于 $12d$，如图 9-19（c）所示。

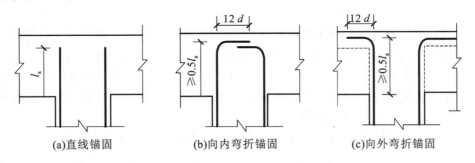

(a)直线锚固 (b)向内弯折锚固 (c)向外弯折锚固

图 9-19　顶层中间节点柱纵向钢筋的锚固

4）顶层端节点

柱内侧纵向钢筋的锚固要求同顶层中间节点的纵向钢筋。

柱外侧纵向钢筋与梁上部纵向钢筋在节点内为搭接连接。搭接方案有以下两种。

（1）搭接接头沿顶层端节点外侧及梁端顶部布置，如图 9-20（a）所示。此时，搭接长度不应

小于 $1.5l_a$，其中伸入梁内的外侧柱筋截面面积不宜小于外侧柱筋全部截面面积的 65%；梁宽范围以外的外侧柱筋宜沿节点顶部伸至柱内边，当柱筋位于柱顶第一层时，至柱内边后宜向下弯折不小于 $8d$（d 为柱外侧纵向钢筋的直径）后截断；当柱筋位于柱顶第二层时，可不向下弯折。当有现浇板且板厚不小于 80 mm、混凝土强度等级不低于 C20 时，梁宽范围以外的外侧柱筋可伸入现浇板内，其长度与伸入梁内的柱筋相同。梁上部纵筋应伸至节点外侧并向下弯至梁下边缘高度后截断。

该方案适合于梁上部和柱外侧钢筋不太多的情况下使用。

（2）搭接接头沿柱顶外侧布置，如图 9-20(b)所示。此时，搭接长度竖直段不应小于 $1.7l_a$。当梁上部纵筋配筋率大于 1.2% 时，弯入柱外侧的梁上部纵筋除应满足以上规定的搭接长度外，宜分两批截断，其截断点之间的距离不宜小于 $20d$（d 为梁上部纵向钢筋的直径）。柱外侧纵筋伸至柱顶后宜向节点内水平弯折，弯折后的水平投影长度不宜小于 $12d$（d 为柱外侧纵向钢筋的直径）。

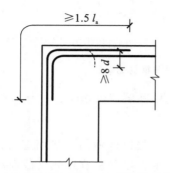
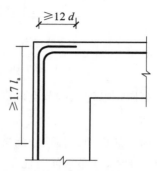

(a)位于节点外侧和梁端顶部的弯折搭接接头　　　(b)位于柱顶部外侧的直线搭接接头

图 9-20　梁上部纵向钢筋与柱外侧纵向钢筋在顶层端节点的搭接

该方案适合于梁上部和柱外侧钢筋较多的情况下使用。

5）框架节点内的箍筋设置

在框架节点内应设置必要的水平箍筋，以约束柱的纵向钢筋和节点核心区混凝土。对非抗震设计的框架节点，其箍筋构造应符合柱中箍筋的构造规定，但间距不宜大于 250 mm。对四边均有梁与之相连的中间节点，节点内可只设置沿周边的矩形箍筋，而不设复合箍筋。当顶层端节点内设有梁上部纵向钢筋和柱外侧纵向钢筋的搭接接头时，节点内水平箍筋应符合规范对纵向受力钢筋搭接长度范围内箍筋的构造要求。

非抗震设计时，框架梁、柱纵向钢筋布置的构造要求如图 9-21 所示。

4. 填充墙的构造要求

在隔墙位置较为固定的框架结构房屋中，常采用砌块填充墙。砌块填充墙必须与框架加强连接。填充墙的上部与框架梁底之间必须用块材"塞紧"；砌块填充墙与框架柱连接时，柱与墙之间应紧密接触，在柱与填充墙的交接处，沿高度每隔若干皮块材，用 $2\phi6$ 钢筋与柱拉结。拉结筋应锚入柱中，并进入填充墙内适当长度。

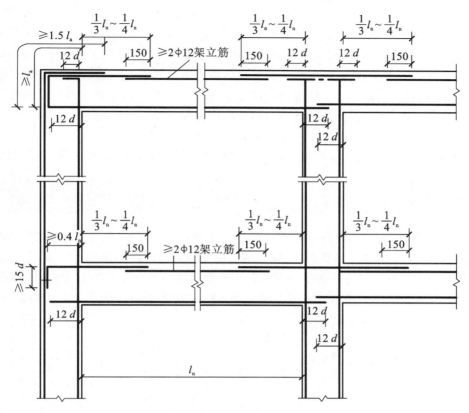

图 9-21　框架梁、柱纵向钢筋布置图

任务 3　剪力墙结构

一、剪力墙结构的布置

　　剪力墙是宽度和高度比其厚度大得多,且以承受水平荷载为主的竖向结构。剪力墙平面内的刚度很大,而平面外的刚度很小。为了保证剪力墙的侧向稳定,各层楼盖对它的支撑作用很重要。剪力墙的下部一般固接于基础顶面,构成竖向悬臂构件,习惯上称其为落地剪力墙。剪力墙既可以承受水平荷载,也可以承受竖向荷载,而其承受平行于墙体平面的水平荷载最有利。在抗震设防区,水平荷载还包括水平地震作用,因此剪力墙有时也称为抗震墙。

　　剪力墙宜沿结构的主轴方向双向或多向布置,宜使两个方向的刚度接近,避免结构某一方向刚度很大而另一方向刚度较小。剪力墙墙肢截面宜简单、规则。剪力墙沿建筑物整个高度宜贯通对齐,上下不错层、不中断,以避免沿高度方向墙体刚度产生突变。较长的剪力墙可用楼板或弱的连梁分为若干个独立墙段,每个独立墙段的总高度与长度之比不宜小于 2。

　　剪力墙的门窗洞口宜上下对齐、成列布置，以形成明显的墙肢和连梁，不宜采用错洞墙。洞口设置应避免墙肢刚度相差悬殊。墙肢截面长度与厚度之比不宜小于3。

　　多层大空间剪力墙结构的底层应设落地剪力墙或筒体。在平面为长矩形的建筑中，落地横向剪力墙的数量不能太少，一般不宜少于全部横向剪力墙的30%（非抗震设计）。底层落地剪力墙和筒体应加厚，并可提高混凝土强度等级以补偿底层的刚度。落地剪力墙和筒体的洞口宜布置在墙体的中部。非抗震设计时，落地剪力墙的间距应符合以下规定。

$$l_w \leqslant 3B, l_w \leqslant 36 \text{ m} \quad （B \text{ 为楼面宽度}）$$

　　框支剪力墙结构中框支梁上的一层墙体不宜在边端设门洞，不得在中柱上方设门洞。

二、剪力墙结构的受力特点

　　在剪力墙的内力和位移计算中，根据墙面的开洞情况和截面应力的分布特点，可将剪力墙分为整截面剪力墙、整体小开口剪力墙、联肢剪力墙和壁式框架四类，如图9-22所示。这里所讨论的各类型剪力墙具有共同的特点：开洞剪力墙由成列洞口划分为若干墙肢，各列墙肢和连梁的刚度比较均匀。与框架结构一样，剪力墙结构承受的作用包括竖向荷载、水平荷载和地震作用等。

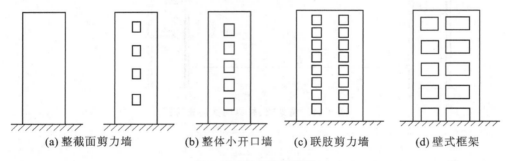

(a) 整截面剪力墙　　　(b) 整体小开口墙　　　(c) 联肢剪力墙　　　(d) 壁式框架

图 9-22　剪力墙的类型

1. 整截面剪力墙

　　不开洞或仅有小洞口的剪力墙，当洞口面积小于整墙截面面积的15%，且孔洞间距及洞口至墙边距离均大于洞口长边尺寸时，将这种墙体称为整截面剪力墙，如图9-22(a)所示。

　　整截面剪力墙在水平荷载作用下，可视为一整体的悬臂弯曲构件，而忽略洞口对墙体应力的影响。整截面剪力墙沿水平截面内的正应力呈线性分布，如图9-23(a)所示；剪力墙的变形以弯曲变形为主，如图9-23(b)所示。其特点是在结构上部层间侧移较大，越到底部层间侧移越小。墙底部轴力最大，如图9-23(c)所示；弯矩图沿高度截面无突变、无反弯点，如图9-23(d)所示。

2. 整体小开口剪力墙及联肢剪力墙

　　若门窗洞口沿竖向成列布置、洞口总面积虽超过了墙体总面积的15%，但墙肢都较宽，洞口仍较小，连梁的刚度相对于墙肢刚度较大时，将这种开洞剪力墙称为整体小开口剪力墙。

　　当剪力墙上开洞规则（洞口上下对齐、截面高度不变）且洞口面积较大时，剪力墙已被分割成彼此联系较弱的若干墙肢，这种墙体称为联肢墙。墙面上开有一排洞口的剪力墙称为双肢剪

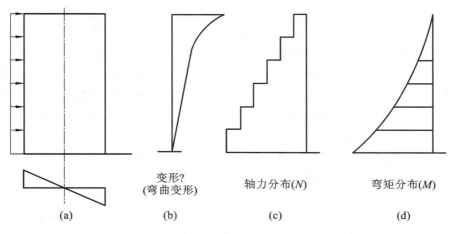

图 9-23　整截面剪力墙内力分析

力墙(简称双肢墙),墙面上开有多排洞口的剪力墙称为多肢剪力墙(简称多肢墙)。

对于整体小开口剪力墙,由于开洞很小,连梁的刚度又很大,因而连梁对墙肢的约束作用很强,整个剪力墙的整体性很好。此时,其正截面中的正应力分布仍以弯曲变形为主,呈线性分布,如图 9-24(a)所示,与整截面剪力墙的截面正应力分布相似。

在联肢剪力墙中,整个剪力墙截面中正应力已不再呈线性分布,墙肢中局部弯曲正应力的比例加大,如图 9-24(b)所示。

整体小开口剪力墙及联肢剪力墙在水平荷载作用下,沿墙肢高度上的弯矩图在连续梁处有突变、个别楼层中会出现反弯点,如图 9-24(d)所示,但二者的变形仍以弯曲变形为主,如图 9-24(c)所示。

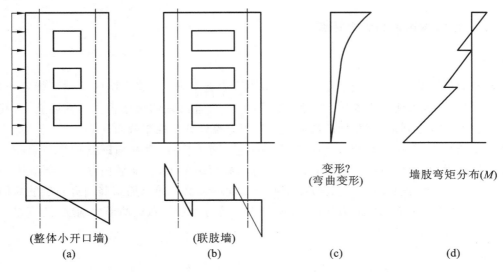

图 9-24　整体小开口剪力墙及联肢剪力墙内力分析

3. 壁式框架

当剪力墙有多列洞口,且洞口尺寸很大时,由于连梁的线刚度接近于墙肢的线刚度,整个剪力墙的受力性能接近于框架,故将这类剪力墙视为壁式框架,如图 9-22(d)所示。

在水平荷载作用下,墙肢的弯矩图除在连梁处有突变外,几乎在所有的连梁之间的墙肢都有反弯点出现,如图 9-25(c)所示;沿水平截面的正应力已不再呈线性分布,如图 9-25(a)所示;剪力墙的变形以剪切变形为主,如图 9-25(b)所示。其特点是在结构上部层间相对位移较小,越到底部层间相对位移越大。整个剪力墙的受力特点与框架相似,所不同的是,由于壁式框架是宽梁宽柱,故连梁和墙肢节点的刚度很大,几乎不产生变形,节点区形成一个刚域。

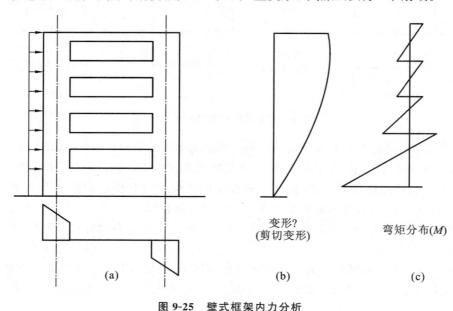

变形?
(剪切变形)   弯矩分布(M)

(a)   (b)   (c)

图 9-25 壁式框架内力分析

4. 剪力墙结构构件的受力特点

1) 墙肢

在整截面剪力墙中,墙肢处于受压、受弯和受剪状态,而开洞剪力墙的墙肢可能处于受压、受弯和受剪状态,也可能处于受拉、受弯和受剪状态,后者出现的机会很少。在墙肢中,其弯矩和剪力均在墙底部达到最大值,因此墙底截面是剪力墙设计的控制截面。

剪力墙墙肢为压(拉)、弯和剪共同作用下的复合受力构件,其截面配筋计算与偏心受压柱或偏心受拉杆类似,但也有不同之处。由于剪力墙截面高度大,在墙肢内除在端部集中配置竖向钢筋外,还应在剪力墙腹板中设置分布钢筋。截面端部的竖向钢筋与竖向分布钢筋共同抵抗压弯作用;水平分布钢筋承担剪力作用;竖向分布钢筋与水平分布钢筋形成网状,还可以抵抗墙面混凝土的收缩及温度应力。

2) 连梁

剪力墙结构中的连梁承受弯矩、剪力、轴力的共同作用,属于受弯构件。

沿房屋高度方向内力最大的连梁并不在底层,应选择内力最大的连梁进行配筋计算。连梁由正截面承载力计算纵向受力钢筋(上、下配筋),由斜截面承载力计算箍筋用量。由于在剪力墙结构中连梁的跨高比都比较小,因而连梁容易出现斜裂缝,也容易出现剪切破坏。连梁通常采用对称配筋。

三、剪力墙结构的构造要求

1．材料强度

钢筋混凝土剪力墙中，混凝土强度等级不宜低于 C20。墙中的分布钢筋和箍筋采用 HPB300 级钢筋，纵向钢筋宜采用 HRB400 级或 HRB500 级钢筋。

2．剪力墙的最小厚度

剪力墙的厚度不应太小，以保证墙体平面的刚度和稳定性以及浇筑混凝土的质量。钢筋混凝土剪力墙的截面厚度不应小于 160 mm，且不应小于楼层高度的 1/25。

3．墙肢配筋构造

1）墙肢端部纵向钢筋

剪力墙两端和洞口两侧应按规定设置边缘构件。边缘构件分为约束边缘构件和构造边缘构件。非抗震设计时应设构造边缘构件（包括端柱及暗柱）。

在墙肢两端应集中配置直径较大的竖向受力钢筋，与墙内的竖向分布钢筋共同承受正截面受弯承载力。端部竖筋应置于由箍筋或水平分布钢筋和拉筋约束的边缘构件内。当墙肢端部有端柱时，其钢筋分布如图 9-26(a)所示；当墙肢端部无端柱时，应设置构造暗柱，如图 9-26(b) 所示。

非抗震设计时，剪力墙端部应按构造配置不少于 4 根直径为 12 mm 的竖向受力钢筋或 2 根直径为 16 mm 的钢筋；沿竖向钢筋方向宜配置直径不小于 6 mm、间距为 250 mm 的拉筋。

端柱及暗柱内纵向钢筋的连接和锚固要求宜与框架柱相同。非抗震设计时，剪力墙纵向钢筋的最小锚固长度应取 l_a。

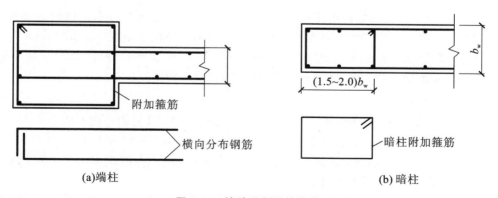

图 9-26　墙肢端部配筋构造

2）墙身分布钢筋

剪力墙墙身分布钢筋分为水平分布钢筋和竖向分布钢筋，其作用是：①使剪力墙有一定的延性，破坏前有明显的位移和征兆，防止突然脆性破坏；②当混凝土受剪破坏后，钢筋仍有足够的抗剪能力,使剪力墙不会突然倒塌;③减少和防止产生温度裂缝;④当因施工拆模或其他原因使剪力墙产生裂缝时,能有效地控制裂缝持续发展。

剪力墙分布钢筋的配筋方式有单排配筋及多排配筋。单排配筋施工方便,但当墙体厚度较大时,表面易出现温度收缩裂缝。因此,当高层建筑的剪力墙厚度较大时,不应采用单排分布钢筋。

剪力墙中的分布钢筋应满足如下构造要求。

(1) 当剪力墙厚度大于 160 mm 时,应采用双排布置;结构中重要部位的剪力墙,当其厚度不大于 160 mm 时,也宜配置双排分布钢筋网。双排分布钢筋网应沿墙的两个侧面布置,且应采用拉筋连系,拉筋应与外皮钢筋钩牢。

由于施工是先立竖向钢筋,后绑水平分布钢筋,为施工方便,竖向钢筋宜在内侧,水平钢筋宜在外侧,并且多采用水平与竖向分布钢筋同直径、同间距。

(2) 剪力墙中水平和竖向分布钢筋的配筋率分别不应小于 0.20%,其直径不应小于 8 mm,间距不应大于 300 mm;拉筋直径不应小于 6 mm,间距不宜大于 600 mm。

(3) 剪力墙水平分布钢筋应伸至墙端,并向内水平弯折 10d 后截断,其中 d 为水平分布钢筋直径。当剪力墙端部有翼墙或转角墙时,内墙两侧的水平分布钢筋和外墙内侧的水平分布钢筋应伸至翼墙或转角墙外边,并分别向两侧水平弯折 15d 后截断;在转角墙处,外墙外侧的水平分布钢筋应在墙端外角处弯入翼墙,并与翼墙外侧水平分布钢筋搭接,搭接长度 $l_l \geqslant 1.2 l_a$。剪力墙水平分布钢筋的连接构造如图 9-27 所示。

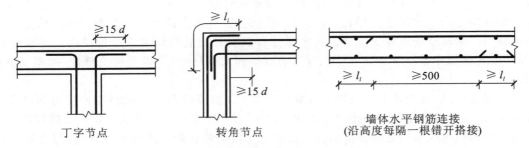

丁字节点　　　　转角节点　　　　墙体水平钢筋连接
(沿高度每隔一根错开搭接)

图 9-27　剪力墙水平分布钢筋的连接构造

(4) 剪力墙水平分布钢筋的搭接长度不应小于 $1.2l_a$。同排水平分布钢筋的搭接接头之间以及上、下相邻水平分布钢筋的搭接接头之间沿水平方向的净间距不宜小于 500 mm。

(5) 剪力墙竖向分布钢筋可在同一截面搭接,搭接长度不应小于 $1.2l_a$,且不应小于 300 mm。当分布钢筋直径大于 28 mm 时,不宜采用搭接接头。

3) 连梁的配筋构造

(1) 剪力墙连梁顶面、底面纵向受力钢筋两端应伸入墙内,其锚固长度不应小于 l_a。

(2) 连梁应沿全长配置箍筋,箍筋直径不宜小于 6 mm,间距不宜大于 150 mm。

(3) 在顶层连梁纵向钢筋伸入墙内的锚固长度范围内,应配置间距不大于 150 mm 的构造箍筋,箍筋直径应与该连梁跨内的箍筋直径相同。

(4) 墙体水平分布钢筋应作为连梁的腰筋在连梁范围内拉通连续配置;当连梁截面高度大于 700 mm 时,其两侧面沿梁高范围设置的纵向构造钢筋(腰筋)的直径不应小于 10 mm,间距不应大于 200 mm。

4) 剪力墙洞口的补强措施

《高规》规定,当剪力墙墙面开有非连续小洞口(洞口各边长度小于 800 mm)时,应将洞口处被截断的分布钢筋的配置量分别集中配置在洞口的上、下和左、右两边,且钢筋直径不应小于 12 mm,自洞口边伸入墙内的长度应不小于 l_a,如图 9-28(a)所示;剪力墙洞口上、下两边的水平纵向钢筋,除应满足洞口连梁正截面受弯承载力要求外,尚不应少于 2 根,且不宜小于洞口截断的水平分布钢筋总截面面积的一半。

穿过连梁的管道宜预埋套管,洞口上、下的有效高度不宜小于梁高的 1/3,且不宜小于 200 mm,洞口处宜配置补强钢筋,如图 9-28(b)所示。

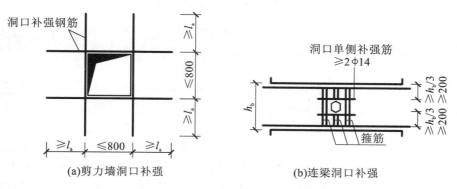

(a)剪力墙洞口补强　　　　　　(b)连梁洞口补强

图 9-28　洞口补强配筋示意图

任务 4 框架-剪力墙结构

一、框架-剪力墙结构的布置

框架-剪力墙结构是由框架和剪力墙两种不同的结构构件组成的受力体系。在框架-剪力墙结构中,剪力墙布置数量的多少,直接影响到结构体系的抗震性能和经济性。

在框架-剪力墙结构中,剪力墙应沿平面的主轴方向布置。剪力墙一般遵循"均匀、对称、分散、周边"的原则布置。

横向剪力墙宜均匀对称地设置在建筑物的端部附近、楼(电)梯间、平面形状变化处以及恒荷载较大的部位。横向剪力墙的间距宜满足表 9-4 的要求,当剪力墙之间楼盖有较大开洞时,剪力墙的间距应适当减小。

表 9-4　横向剪力墙的间距

楼盖形式	非抗震设计	抗 震 设 防 烈 度		
		6 度、7 度	8 度	9 度
现浇	≤5B 且≤60 m	≤4B 且≤50 m	≤3B 且≤40 m	≤2B 且≤30 m
装配楼盖	≤3.5B 且≤50 m	≤3B 且≤40 m	≤2.5B 且≤30 m	不允许

注:①表中 B 为楼面的宽度;

②现浇部分厚度大于 60 mm 的预应力或非预应力叠合楼板可视为现浇板。

纵向剪力墙宜布置在单元的中间区段内,当房屋纵向较长时,不宜集中在房屋的两端布置纵向剪力墙。

纵、横向剪力墙宜组成 L 形、T 形和口字形等,使纵墙可作为横墙的翼缘,横墙也可以作为纵墙的翼缘,从而提高其刚度和承载力。各片剪力墙的刚度不宜相差悬殊,剪力墙宜贯通建筑物全高,剪力墙厚度宜随高度逐渐减薄,以避免沿高度方向刚度突变。

框架-剪力墙结构中的楼盖结构是框架和剪力墙能够协同工作的基础,宜采用现浇楼盖。

二、框架-剪力墙结构的受力特点

框架-剪力墙结构由框架及剪力墙两类抗侧力单元组成,这两类抗侧力单元在水平荷载作用下受力和变形特点各异。在框架-剪力墙结构中,通过楼板把二者联系在一起,迫使框架和剪力墙在一起协同工作,形成了它独有的一些特点。

(1) 在水平荷载作用下,框架以剪切变形为主,其层间相对水平位移越到上部越小,如图 9-29(a)所示;而剪力墙以弯曲变形为主,其层间相对水平位移越往上部越大,如图 9-29(b)所示。在框架-剪力墙结构中,结构的上部剪力墙被框架推进,框架被剪力墙拉出,使两者具有统一的侧移;而在结构的下部,则是剪力墙被框架拉出,框架被剪力墙推进,达到二者变形相互协调。在这种变形协调过程中产生的内力,由将框架和剪力墙互相联系在一起的楼板承担,使得在各层楼板标高处二者具有相同的侧移,二者的协同工作使结构的层间变形趋于均匀,如图 9-29(d)所示。当剪力墙数量相对较少时,结构的变形将以框架结构的剪切变形为主;反之,当剪力墙数量相对较多且设置合理时,结构的变形将以剪力墙结构的弯曲变形为主。总之,从图 9-29(c)所示的协同变形曲线可以看出,框架-剪力墙结构的层间变形在下部小于纯框架结构,而上部小于纯剪力墙结构,因此各层的层间变形也将趋于均匀化。

(2) 由于框架和剪力墙之间的变形协调作用,框架和剪力墙上分布的剪力沿高度也在不断调整。在框架-剪力墙结构中,由于剪力墙的刚度比框架大得多,因此剪力墙负担了大部分剪力(约 70%~90%),框架只负担小部分剪力,使得框架上部和下部各层柱所受的剪力趋于均匀而受力更合理。

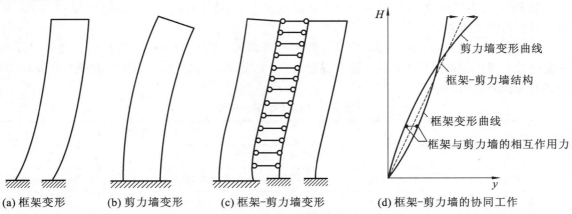

(a) 框架变形   (b) 剪力墙变形   (c) 框架-剪力墙变形   (d) 框架-剪力墙的协同工作

图 9-29 框架-剪力墙结构的变形特点

三、框架-剪力墙结构的构造要求

框架-剪力墙结构中,剪力墙是主要的抗侧力构件,承担着绝大部分剪力,因此构造上应加强。框架-剪力墙结构除应满足一般框架和剪力墙的有关构造要求外,框架、剪力墙和连梁的设计构造,还应符合下列构造要求。

(1) 框架-剪力墙结构中,剪力墙的厚度不应小于 160 mm,且不应小于楼层高度的 1/20;底部加强部位的剪力墙的厚度不应小于 200 mm,且不应小于楼层高度的 1/16。

(2) 框架-剪力墙结构中,剪力墙竖向和水平方向分布钢筋的配筋率均不应小于 0.20%,直径不应小于 8 mm,间距不应大于 300 mm,并至少采用双排布置。各排分布钢筋间应设置拉筋,拉筋直径不小于 6 mm,间距不应大于 600 mm。

(3) 剪力墙周边应设置梁(或暗梁)和端柱围成边框。边框梁或暗梁的上、下纵向钢筋配筋率均不应小于 0.2%,箍筋不应少于 Φ6@200。

(4) 剪力墙的水平分布钢筋应全部锚入边框柱内,锚固长度不应小于 l_a。

(5) 剪力墙端部的纵向受力钢筋应配置在边框柱截面内,剪力墙底部加强部位边框柱的箍筋宜沿全高加密,当带边框剪力墙上的洞口紧邻边框柱时,边框柱的箍筋宜沿全高加密。

本章小结

多层与高层房屋结构体系的选择主要取决于房屋高度。钢筋混凝土多层及高层建筑常用的结构体系有:框架结构体系、剪力墙结构体系、框架-剪力墙结构体系和筒体结构体系等。

多层及高层房屋结构上的荷载分为竖向荷载和水平荷载两类。当房屋越高时,水平荷载对结构内力的影响越来越大,对结构设计将起控制作用,所以风荷载成为高层建筑结构的主要荷载。

框架结构设计时,应首先进行结构选型和结构布置,初步选定梁、柱截面尺寸,确定结构计算简图和作用在结构上的荷载,然后再进行内力分析与计算。框架在竖向荷载作用下,其内力近似计算可采用分层法;在水平荷载作用下,其内力近似计算可采用反弯点法和 D 值法。框架梁的控制截面通常是梁端支座截面和跨中截面,框架柱的控制截面通常是柱上、下两端截面。

框架结构在水平荷载作用下的侧移由总体剪切变形和总体弯曲变形两部分组成,总体剪切变形是由梁、柱弯曲变形引起的,总体弯曲变形是由两侧框架柱的轴向变形引起的。一般多、高层框架结构的侧移以总体剪切变形为主。

现浇框架梁柱的纵向钢筋和箍筋,除分别满足受弯构件和受压构件承载力计算要求外,尚应满足钢筋直径、间距、根数、锚固长度、搭接长度以及节点连接等构造要求。节点构造是保证框架结构整体受力性能的重要措施,现浇框架的梁柱节点应做成刚性节点。

剪力墙是平面内刚度很大,且以承受水平荷载为主的竖向结构。根据墙面的开洞情况和截面应力的分布特点,可将剪力墙结构分为整截面剪力墙、整体小开口剪力墙、联肢剪力墙和壁式框架四类。

剪力墙墙肢为压(拉)、弯和剪共同作用下的复合受力构件,其截面配筋计算与偏心受压柱或偏心受拉杆类似。在墙肢内除在端部集中配置竖向钢筋外,还应在剪力墙腹板中设置分布钢筋。剪力墙结构中的连梁承受弯矩、剪力、轴力的共同作用,属于受弯构件。

框架-剪力墙结构由框架及剪力墙两类抗侧力单元组成,通过楼板把二者联系在一起,迫使框架和剪力墙在一起协同工作,使结构的层间变形趋于均匀。框架-剪力墙结构中,剪力墙是主要的抗侧力构件,承担着绝大部分剪力,因此构造上应加强。

思考与习题

1. 高层建筑混凝土结构的结构体系有哪几种?其优缺点及适用范围是什么?

2. 为什么要限制高层建筑的高宽比?

3. 随着房屋高度的增加,竖向荷载与水平荷载对结构设计所起的作用是如何变化的?

4. 按照施工方法的不同,钢筋混凝土框架有哪几种形式?

5. 在竖向荷载作用下,在框架梁、柱截面中分别产生哪些内力?其内力分布规律如何?

6. 在水平荷载作用下,在框架梁、柱截面中主要产生哪些内力?其内力分布规律如何?

7. 如何确定框架梁、柱的控制截面?其最不利内力是什么?

8. 现浇框架顶层边节点梁柱钢筋的搭接方案有哪两种?各适用于什么情况?

9. 简述现浇框架的节点构造要求。

10. 剪力墙可以分为哪几类?其受力特点有何不同?

11. 剪力墙的配筋构造有何要求?

12. 剪力墙结构中,分布钢筋的作用是什么?构造要求有哪些?

13. 比较框架结构、剪力墙结构、框架-剪力墙结构的水平位移曲线,各类结构的变形有什么特点?

14. 简述框架-剪力墙结构的受力特点。

学习情境 10

钢筋混凝土结构抗震设计

学习目标

(1) 了解地震的概念以及相关的术语。

(2) 理解抗震设防目标和设防标准。

(3) 了解建筑抗震设计的基本方法和基本要求。

(4) 掌握钢筋混凝土框架结构与抗震墙结构的抗震构造措施。

▌新课导入

1976 年 7 月 28 日，河北省唐山市（东经 118.2°，北纬 39.6°）发生了强度 7.8 级，震中烈度 11 度，震源深度 23 千米的地震。2008 年 5 月 12 日四川省汶川县的映秀镇（东经103.4°，北纬31.0°），发生的地震强度为 8.0 级，震中烈度达 11 度。2010 年 4 月 14 日青海省玉树藏族自治州发生了里氏 7.1 级特大浅表地震，震中在北纬31.3°、东经96.7°，震源深度 14 km。这三次强烈地震都造成了巨大的人员伤亡和财产损失。

地震是一种突发的自然灾害，是地壳运动的一种表现，其作用结果是引起地面的颠簸和摇晃，从而导致建筑物被破坏。强烈地震造成惨重的人员伤亡和巨大的财产损失，由于我国地处两大地震带（环太平洋地震带及欧亚地震带）的交汇区，且东部台湾及西部青藏高原直接位于两大地震带上，因此，我国地震区分布广，地震发生频繁，是一个多地震的国家，也是世界上地震灾害最严重的国家之一。为了最大限度地减轻地震灾害，搞好工程的抗震设计是一项重要的根本性的减灾措施。

本学习情境主要介绍地震的成因及常用地震术语等地震基本知识，抗震设防目标与设防标准，建筑抗震设计的方法和基本要求，以及钢筋混凝土框架、抗震墙结构的抗震构造措施等。

任务 1 地震概述

一、地震的破坏作用

1. 地表的破坏现象

在强烈地震作用下,地表的破坏现象为:地面开裂 、喷砂冒水、地面下沉及河岸、陡坡滑坡等,如图 10-1 所示。

（a） （b）

图 10-1 地震时地面开裂、土体滑坡的图片

2. 建筑物的破坏现象

（1）结构丧失整体性 房屋建筑或构筑物是由许多构件组成的,在强烈地震作用下,构件连接不牢、支承长度不够和支承失稳等都会使结构丧失整体性而破坏。

（2）强度破坏 对于未考虑抗震设防或设防不足的结构,在具有多向性的地震力作用下,会使构件因强度不足而破坏。例如,地震时砖墙产生交叉斜裂缝、钢筋混凝土柱被剪断、压酥等。

（3）地基失效 在强烈地震作用下,地基承载力可能下降甚至丧失,也可能由于地基饱和砂层液化而造成建筑物沉陷、倾斜或倒塌。

地震造成建筑物破坏的图片如图 10-2 所示。

（a） （b）

图 10-2 地震时建筑物破坏的图片

3. 次生灾害

次生灾害是指地震时给水排水管网、煤气管道、供电线路的破坏,以及易燃、易爆、有毒物质、核物质容器的破裂,堰塞湖等造成的水灾、火灾、污染、瘟疫等严重灾害,这些次生灾害有时比地震造成的直接损失还大,如图 10-3 所示。

图 10-3　日本福岛核电站爆炸图片

二、地震的基础知识

如图 10-4 所示,地震发生的地方称为震源,震源正上方的地面位置称为震中。震中附近地面振动最厉害,也是破坏最严重的地区,称为震中区。地面某处到震中的水平距离称为震中距。将地面上破坏程度相近的点连成的曲线称为等震线。震源至地面的垂直距离称为震源深度。

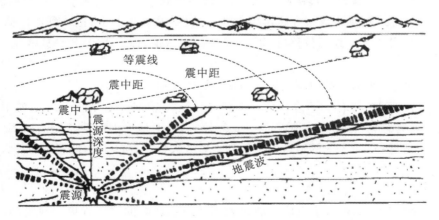

图 10-4　常用地震术语示意图

地震按其成因可分为三种主要类型,即火山地震、塌陷地震和构造地震。火山地震是由火山爆发所引起的,塌陷地震是由石灰岩层地下溶洞或古旧矿坑的大规模塌陷所引起的,这两种地震一般都不太强烈,极个别情况会造成严重的地震灾害。构造地震是指在地球运动过程中,地壳构造运动推挤岩浆,使某处地下岩层的薄弱层突然发生断裂或强烈错动,导致地面振动所引起的地震。构造地震发生频率高(占地震发生总数约 90%)、破坏性大、影响范围广,是工程抗震的主要研究对象。

构造地震按震源的深度不同,又可分为浅源地震(震源深度小于 60 km)、中源地震(震源深度在 60~300 km)和深源地震(震源深度大于 300 km)。我国发生的绝大部分地震都属于浅源地震。一般来说,浅源地震破坏性大,深源地震破坏性小。

地震时,岩层中积累的能量以波的形式从震源向外传播至地面,这就是地震波。其中,在地球内部传播的波称为体波,沿地球表面传播的波称为面波。体波有纵波和横波两种形式。纵波是由震源向四周传播的压缩波,又称 P 波,其质点振动的方向与波的前进方向一致,这种波周期短、振幅小、传播速度快,能引起地面上下颠簸(竖向振动),横波是由震源向四周传播的剪切波,其质点振动的方向与波的前进方向垂直,其特点是周期长、振幅大、传播速度较慢,能引起地面水平摇晃(水平振动)。

面波是体波经地层界面多次反射、折射形成的次生波。面波的特点是周期长、振幅比体波大,能引起地面建筑的水平振动。这种波的质点振动方向复杂,只在地表附近传播,衰减较体波慢,故能传播到很远的地方,其导致地面呈起伏状或蛇形扭曲状,对建筑物影响也比较大。

总之,地震波的传播以纵波最快,横波次之,面波最慢。因此,地震时一般先出现由纵波引起的上下颠簸,而后出现横波和面波造成的左右摇晃和扭动。由于面波的能量比体波要大,所以造成建筑物和地表破坏的地震波以面波为主。

1. 地震的震级

衡量地震大小的等级称为震级。它表示一次地震释放能量的多少,一次地震只有一个震级。地震的震级用符号 M 表示,通常称为里氏震级。

1935 年里希特首先提出了震级的定义:利用标准地震仪(指固定周期为 0.8 s,阻尼系数为 0.8,放大倍数为 2800 的地震仪),在距震中 100 km 处的坚硬地面上,记录到的以微米(1 μm = 10^{-6} m)为单位的最大水平地面位移(振幅)A 的常用对数值,称为震级,用公式表示为:

$$M = \lg A \tag{10-1}$$

式中,M 为地震震级;A 为标准地震仪记录的最大振幅,μm。

一般认为,震级 $M < 2$ 的地震人们感觉不到,因此称为微震;震级 $M = 2 \sim 4$ 的地震,在震中附近地区的人就有感觉,称为有感地震;$M > 5$ 的地震,会对地面上的建筑物造成不同程度的破坏,称为破坏性地震;$M = 7 \sim 8$ 的地震称为强烈地震或大地震;$M > 8$ 的地震称为特大地震。

2. 地震烈度

地震烈度是指一次地震对某一地区的地表和建筑物影响的强弱程度。地震烈度不仅与震级大小有关,同时与震源深度、震中距、地质条件等因素有关。一次地震,只有一个震级,但却有很多个烈度区,对不同地区的影响也不同,随着距离震中远近的不同会出现多种不同的地震烈度。一般来说,距震中越近,地震烈度越高。目前,我国地震烈度采用《中国地震烈度表》(GB/T 17742—2008)分成 12 度,见表 10-1 所示。

表 10-1　地震烈度表

烈度	在地面上人的感觉	震害现象	其他震害现象
I	无感		
II	室内个别静止中人有感觉		
III	室内少数静止中人有感觉	门、窗轻微作响	悬挂物微动
IV	室内多数人、室外少数人有感觉,少数人梦中惊醒	门、窗作响	悬挂物明显摆动,器皿作响
V	室内普遍、室外多数人有感觉,多数人梦中惊醒	门窗、屋顶、屋架颤动作响,灰土掉落,抹灰出现微细裂缝,有檐瓦掉落,个别屋顶烟囱掉砖	不稳定器物摇动或翻倒
VI	多数人站立不稳,少数人惊逃户外	损坏墙体出现裂缝,檐瓦掉落,少数屋顶烟囱裂缝、掉落	河岸和松软土出现裂缝,饱和砂层出现喷砂冒水;有的独立砖烟囱轻度裂缝
VII	大多数人惊逃户外,骑自行车的人有感觉,行驶中的汽车驾乘人员有感觉	轻度破坏——局部破坏,开裂,小修或不需要修理可继续使用	河岸出现坍方;饱和砂层常见喷砂冒水,松软土地上地裂缝较多;大多数独立砖烟囱中等破坏
VIII	多数人摇晃颠簸,行走困难	中等破坏——结构破坏,需要修复才能使用	干硬土上亦出现裂缝;大多数独立砖烟囱严重破坏;树梢折断;房屋破坏导致人畜伤亡
IX	行动的人摔倒	严重破坏——结构严重破坏,局部倒塌,修复困难	干硬土上出现地方有裂缝;基岩可能出现裂缝、错动;滑坡坍方常见;独立砖烟囱倒塌
X	骑自行车的人会摔倒,处不稳状态的人会摔离原地,有抛起感	大多数倒塌	山崩和地震断裂出现;基岩上拱桥破坏;大多数独立砖烟囱从根部破坏或倒毁
XI		普遍倒塌	地震断裂延续很长;大量山崩滑坡
XII			地面剧烈变化,山河改观

3. 地震设防烈度

　　抗震设防烈度是作为一个地区建筑抗震设防依据的地震烈度,必须按国家规定的权限审批、颁发的文件(图件)确定。《建筑抗震设计规范》(GB 50011—2010)(以下简称《抗震规范》)给出了我国主要城镇抗震设防烈度,表 10-2 给出了全国主要城市抗震设防烈度。

表 10-2 全国主要城市抗震设防烈度

6 度	重庆 哈尔滨 杭州 南昌 济南 武汉 长沙 南宁 贵阳 青岛
7 度(0.1g)	上海 石家庄 沈阳 长春 南京 合肥 福州 广州 成都 西宁 澳门 大连 深圳 珠海
7 度(0.15g)	天津 厦门 郑州 香港
8 度(0.2g)	北京 太原 呼和浩特 昆明 拉萨 西安 兰州 银川 乌鲁木齐
8 度(0.3g)	海口 台北

注:括号内数字是设计基本地震加速度值。

我国抗震设防烈度范围为 6～9 度。抗震设防烈度为 6 度及以上地区的建筑,必须进行抗震设计。抗震设防烈度大于 9 度(见《中国地震烈度表》)的地区的建筑,其抗震设计应按照有关部门专门规定执行。

三、抗震设防目标与设防标准

1. 抗震设防的目标及抗震设计方法

地震是随机的,不但发生地震的时间、地点是随机的,而且发生的强度也是随机的。要求所设计的工程结构在任何可能发生的地震强度下都不损坏是不经济、也是不科学的。

抗震设防是指对建筑物进行抗震设计,包括地震作用、抗震承载力计算和采取抗震措施,抗震设防的基本目的就是在一定的经济条件下,最大限度地限制和减轻工程结构的地震破坏,避免人员伤亡,减少经济损失。抗震设防的依据是抗震设防烈度。《抗震规范》结合我国目前的具体情况,提出了"三水准"的抗震设防目标。

(1)第一水准:小震不坏。当遭受低于本地区抗震设防烈度的多遇地震影响时,建筑物一般不受损坏或不需修理,仍可继续使用。

(2)第二水准:中震可修。当遭受相当于本地区抗震设防烈度的地震影响时,建筑物可能有一定损坏,经一般修理或不需修理仍可继续使用。

(3)第三水准:大震不倒。当遭受高于本地区抗震设防烈度的罕遇地震影响时,建筑物不致倒塌或发生危及生命安全的严重破坏。

为了实现上述水准的抗震设防目标,《抗震规范》结合我国目前的具体情况,提出了"两阶段设计"的抗震设计方法,即弹性阶段的承载力计算和弹塑性阶段的变形验算。

2. 建筑抗震设防分类

对于不同使用性质的建筑物,地震破坏所造成的后果也不同。因此,有必要对于不同用途的建筑物采用不同的抗震设防标准,我国现行国家标准《建筑工程抗震设防分类标准》(GB 50223—2008)将建筑物按其使用功能的重要性分为以下四个抗震设防类别。

(1)特殊设防类建筑。特殊设防类建筑是指使用上有特殊设施,涉及国家公共安全的重大建筑工程和地震时可能发生严重次生灾害等特别重大灾害后果,需要进行特殊设防的建筑。此类建筑的确定须经国家规定的批准权限批准。此类建筑简称甲类建筑。

（2）重点设防类建筑。重点设防类建筑是指地震时使用功能不能中断或需尽快恢复的生命线相关建筑，以及地震时可能导致大量人员伤亡等重大灾害后果，需要提高设防标准的建筑。例如，城市中生命线工程的核心建筑，一般包括供水、供电、交通、消防、通信、救护、供气、供热等系统，以及中小学教学楼等。此类建筑简称乙类建筑。

（3）标准设防类建筑。标准设防类建筑指大量的除甲、乙、丁类建筑以外按标准要求进行设防的一般工业与民用建筑。此类建筑简称丙类建筑。

（4）适度设防类建筑。适度设防类建筑指使用上人员稀少且震损不致产生次生灾害，允许在一定条件下适度降低要求的建筑。如一般的仓库、人员稀少的辅助建筑物等。此类建筑简称丁类建筑。

3. 建筑抗震设防标准

建筑抗震设防标准是衡量建筑抗震设防要求的尺度，是由抗震设防烈度和建筑使用功能的重要性决定的。

各抗震设防类别建筑的抗震设防标准应符合下列要求。

（1）甲类建筑，应按高于本地区抗震设防烈度提高一度的要求加强其抗震措施；但抗震设防烈度为 9 度时应按比 9 度更高的要求采取抗震措施。同时，应按批准的地震安全性评价的结果且高于本地区抗震设防烈度的要求确定其地震作用。

（2）乙类建筑，应按高于本地区抗震设防烈度提高一度的要求加强其抗震措施；但抗震设防烈度为 9 度时应按比 9 度更高的要求采取抗震措施。地基基础的抗震措施应符合有关规定。同时，应按本地区抗震设防烈度确定其地震作用。

（3）丙类建筑，应按本地区抗震设防烈度确定其抗震措施和地震作用，达到在遭遇高于当地抗震设防烈度的预估罕遇地震影响时不致倒塌或发生危及生命安全的严重破坏的抗震设防目标。

（4）丁类建筑，允许比本地区抗震设防烈度的要求适当降低其抗震措施，但抗震设防烈度为 6 度时不应降低。一般情况下，仍按本地区抗震设防烈度确定其地震作用。

对于划为重点设防类（乙类）而规模很小的工业建筑，当改用抗震性能较好的材料且符合抗震设计规范对结构体系的要求时，允许按标准设防类（丙类）设防。

四、抗震设计的基本要求

一般说来，建筑抗震设计包括"概念设计""计算设计"和"构造措施"。由于地震及地震效应的不确定性和复杂性，以及计算模型与实际情况的差异，对建筑物造成破坏的程度很难预测，要进行精确的抗震设计是比较困难的。因此，人们在总结地震灾害经验中提出了"概念设计"，并认为它比"计算设计"更为重要。所谓"概念设计"，就是根据地震灾害和工程经验等所形成的基本设计原则和设计思想，进行建筑和结构的总体布置并确定细部构造的过程。

根据"概念设计"原则，在进行抗震设计时应遵循下列基本要求。

1. 选择对抗震有利的场地和地基

确定建筑场地时，应选择有利地段，避开不利地段。对危险地段，严禁建造甲、乙类建筑，不应建造丙类建筑。有利、一般、不利和危险地段的划分见表 10-3。

表 10-3　地段的划分

地段类别	地质、地形、地貌
有利地段	稳定基岩，坚硬土，开阔、平坦、密实、均匀的中硬土等
一般地段	不属于有利、不利和危险的地段
不利地段	软弱土，液化土，条状突出的山嘴，高耸孤立的山丘，陡坡、陡坎、河岸和边坡的边缘，平面分布上成因、岩性、状态明显不均匀的土层，高含水量的可塑黄土。地表存在结构性裂缝等
危险地段	地震时可能发生滑坡、崩塌、地箱、地裂、泥石流等

地基和基础设计时应符合下列要求：同一结构单元的基础不宜设置在性质截然不同的地基上，也不宜部分采用天然地基，部分采用桩基；地基为软弱黏性土、液化土、新近填土或严重不均匀土时，应根据地震时地基不均匀沉降和其他不利影响，采取相应的措施。

2. 选择有利于抗震的平面和立面布置

建筑设计应符合抗震概念设计的要求，不规则的建筑方案应按规定采取加强措施。不应采用严重不规则的建筑结构设计方案。建筑及其抗侧力构件的平面布置宜规则、对称，并应具有良好的整体性；建筑的立面和竖向剖面宜规则，结构的侧向刚度宜均匀变化，竖向抗侧力构件的截面尺寸和材料强度宜自下而上逐渐减小，避免抗侧力结构的侧向刚度和承载力突变。楼层不宜错层。

3. 选择合理的抗震结构体系

结构体系应根据建筑的抗震设防类别、设防烈度、建筑高度、场地条件、地基、基础、结构材料和施工等因素，经技术、经济和使用条件综合比较确定。

在选择结构体系时，应符合下列各项要求。

（1）结构体系应具有明确的计算简图和合理的地震作用传递途径。

（2）结构体系应避免因部分结构或结构构件破坏而导致整个结构丧失抗震能力或对重力荷载的承载能力。

（3）结构体系应具备必要的抗震承载力，良好的变形能力和消耗地震能量的能力。

（4）结构体系对可能出现的薄弱部位，应采取措施提高其抗震能力。

（5）结构体系宜有多道抗震防线。

（6）结构体系宜具有合理的刚度和承载力分布，避免因局部削弱或突变形成薄弱部位，产生过大的应力集中或塑性变形集中。

（7）结构在两个主轴方向的动力特性宜相近。

4. 结构构件应有利于抗震

结构构件应符合下列要求：对砌体结构，应按规定设置钢筋混凝土圈梁和构造柱、芯柱，或采用约束砌体、配筋砌体等；对混凝土结构构件，应控制截面尺寸和受力钢筋、箍筋的设置，防止剪切破坏先于弯曲破坏、混凝土的压溃先于钢筋的屈服、钢筋的锚固黏结破坏先于钢筋破坏；对预应力混凝土结构构件，应配有足够的非预应力钢筋；多、高层的混凝土楼、屋盖宜优先采用现浇混凝土板。当采用预制装配式混凝土楼、屋盖时，应从楼盖体系和构造上采取措施确保各预制板之间连接的整体性。加强结构各构件之间的连接，使连接节点的破坏不应先于其连接的构件破坏，以保证结构的整体性。

5. 处理好非结构构件

非结构构件包括建筑非承重结构构件（如女儿墙、围护墙、隔墙、幕墙、装饰贴面等）和建筑附属机电设备。附着于楼、屋面结构上的非结构构件，以及楼梯间的非承重墙体，应与主体结构有可靠的连接或锚固，避免发生地震时倒塌伤人或砸坏重要设备。例如，框架结构的围护墙和隔墙应避免不合理设置而导致主体结构的破坏；幕墙、装饰贴面等与主体结构要有可靠连接；建筑附属机电设备等，其自身及其与主体结构的连接，应进行抗震设计。

6. 合理选用材料，确保施工质量

抗震结构对材料和施工质量特别的要求应在设计文件上注明。

1）混凝土强度等级

抗震等级为一级的框架梁、柱和节点核心区，混凝土强度等级不应低于 C30，其他各类构件以及抗震等级为二、三级的框架不应低于 C20；抗震墙不宜超过 C60；其他构件，9 度时不宜超过 C60，8 度时不宜超过 C70。

2）钢筋种类及性能要求

普通钢筋宜优先采用延性好、韧性和焊接性较好的钢筋。普通钢筋的强度等级，纵向受力钢筋宜选用符合抗震性能指标的不低于 HRB400 级的热轧钢筋，也可采用 HRB335 级的热轧钢筋；箍筋宜选用符合抗震性能指标的不低于 HRB335 级的热轧钢筋，也可采用 HPB300 级热轧钢筋。

除上述一般要求外，抗震等级为一、二、三级的框架结构和斜撑构件（含梯段），其纵向受力钢筋采用普通钢筋时，应满足下列要求。

（1）钢筋的抗拉强度实测值与屈服强度实测值的比值（强屈比）不应小于 1.25。

（2）钢筋的屈服强度实测值与屈服强度标准值的比值不应大于 1.3。

（3）钢筋在最大拉力下的总伸长率实测值不应小于 9%。

任务 2 多层及高层钢筋混凝土建筑的抗震措施

一、震害特点

1. 框架结构的震害

震害调查表明，框架结构的震害多发生在节点附近的柱上、下端和梁端处，以及框架节点内。一般来说，柱的震害重于梁，且柱顶震害重于柱底，角柱震害重于内柱，短柱震害重于一般柱。框架的震害主要表现为如下几方面。

1）框架结构整体

框架结构的整体破坏形式一般可分为延性破坏和脆性破坏。当塑性铰出现在梁端,形成梁铰机制(强柱弱梁)时,结构仍能承受较大的整体变形,发生延性破坏。当塑性铰出现在柱端,形成柱铰机制(强梁弱柱)时,结构的变形往往集中在某一薄弱层,整体变形较小,结构发生脆性破坏。

2）框架梁

震害多发生在梁端。在强烈地震作用下,梁端纵向钢筋屈服,出现上下贯通的垂直裂缝和交叉斜裂缝。当抗剪钢筋配置不足时发生脆性剪切破坏,当抗弯钢筋配置不足时发生弯曲破坏。此外,当梁纵筋在节点内锚固不足时发生锚固失效(拔出)。

3）框架柱

框架柱的破坏主要发生在接近节点处,柱上、下两端,以柱上端的破坏更为常见。其表现形式为柱顶周围有水平裂缝或交叉的 X 形裂缝,严重时混凝土被压碎,纵筋受压屈曲呈灯笼状;箍筋崩断,柱断裂。框架的角柱,由于是双向偏心受压构件,再加上扭转的作用,而其所受的约束又比其他柱少,强震作用时更容易被破坏。

当有错层、夹层或有半高的填充墙,或不适当地设置某些连系梁时,容易形成 $H/b<4$（H 为柱高,b 为柱截面短边边长)的短柱。由于短柱的抗侧移刚度很大,所以能吸收的地震剪力也大,易导致剪切破坏,形成交叉裂缝乃至脆断。

4）框架节点

在强震作用下,框架梁、柱节点的破坏机理很复杂。梁、柱节点的震害主要是节点核心区抗剪强度不足引起的破坏,会在节点处出现斜向的 X 形裂缝,此类破坏后果往往较严重。当节点区剪压比较大时,箍筋可能尚未屈服,混凝土就被剪压破坏。当节点区箍筋过少或由于节点区钢筋过密而影响混凝土浇筑质量时,都会引起节点区的破坏。

5）填充墙

框架结构中的砌体填充墙与框架共同工作,可增加结构的刚度。但填充墙本身的抗剪强度低、变形能力小,如果墙体与框架柱缺乏有效的拉结会产生竖向裂缝,在强震作用下易发生剪切破坏,出现交叉斜裂缝甚至外倾或倒塌。

2. 抗震墙的震害

在《抗震规范》中,"抗震墙"是指结构抗侧力体系中的钢筋混凝土剪力墙,不包括只承担重力荷载的混凝土墙。相对于框架结构而言,抗震墙结构和框架–抗震墙结构房屋的抗震性能较好,震害一般较轻。高层结构抗震墙的震害主要表现为:墙肢之间的连梁产生剪切破坏,墙肢之间是抗震墙结构的变形集中处,由于连梁跨度小、高度大而形成深梁,在地震反复作用下形成 X 形剪切裂缝,其破坏为脆性破坏;狭而高的墙肢的工作性能与悬臂梁类似,地震破坏常出现在墙的底部。

二、框架结构的抗震构造措施

1. 抗震等级

抗震等级的划分,是为了体现对不同抗震设防类别、不同结构类型、不同场地条件、不同烈度或同一烈度但不同高度的钢筋混凝土建筑结构采取不同的延性设计要求以及采取不同的抗震构造措施,以利于做到经济而有效地设计。《抗震规范》根据设防类别、设防烈度、结构类型和房屋高度等因素,将现浇钢筋混凝土框架、抗震墙结构划分为四个抗震等级,见表10-4。其中,一级抗震要求最高,四级抗震要求最低,它是确定结构和构件抗震计算与采取抗震措施的标准。

表 10-4 现浇钢筋混凝土框架、抗震墙结构的抗震等级

结构类型		设防烈度							
		6		7		8		9	
框架结构	高度/m	≤24	>24	≤24	>24	≤24	>24	≤24	
	框架	四	三	三	二	二	一	一	
	大跨度框架	三		二		一		一	
抗震墙结构	高度/m	≤80	>80	≤24	25～80	>80	≤24	25～80	>80	≤24	25～60
	抗震墙	四	三	四	三	二	三	二	一	二	一

注:(1) 建筑场地为Ⅰ类时,除6度外,应允许按表内降低一度所对应的抗震等级采取抗震构造措施,但相应的计算要求不应降低。

(2) 大跨度框架指跨度不小于18 m的框架。

2. 设计原则

根据"小震不坏、中震可修、大震不倒"的抗震设防目标,当遭受到设防烈度的地震影响时,允许结构某些杆件截面的钢筋屈服,出现塑性铰,使结构刚度降低,塑性变形加大。当塑性铰达到一定数量时,结构就进入塑性状态,出现"屈服"现象,即承受的地震作用不再增加或增加很少,而结构变形迅速增加。如果结构能维持承载能力而又具有较大的塑性变形能力,这种结构就称为延性结构。框架结构抗震设计时应设计成延性框架结构。

要求结构具有一定的延性,就必须保证梁、柱有足够大的延性。根据震害分析,以及近年来国内外试验研究资料,框架梁、柱塑性铰设计应遵循下述原则。

(1) 强柱弱梁。要控制梁、柱的相对强度,使塑性铰首先在梁中出现,尽量避免或减少塑性铰在柱中出现。因为塑性铰在柱中出现,很容易使柱形成几何可变体系而倒塌。

(2) 强剪弱弯。对于梁、柱构件而言,要保证构件出现塑性铰,而不过早地发生剪切破坏,要求构件的抗剪承载力大于塑性铰的抗弯承载力,形成"强剪弱弯"结构。

(3) 强节点、强锚固。为了确保结构为延性结构,在梁的塑性铰充分发挥作用前,框架节点及钢筋的锚固不应过早被破坏。

3. 抗震构造措施

1) 框架梁

(1) 梁的截面尺寸。梁的截面宽度不宜小于200 mm,截面高宽比不宜大于4,净跨与截面高度之比不宜小于4。

(2) 梁内纵向钢筋。梁内纵向钢筋的配置应符合下列要求。

① 框架梁端计入受压钢筋的混凝土受压区高度和有效高度之比,一级不应大于0.25,二、

三级不应大于 0.35;梁端截面的底面和顶面纵向钢筋配筋量的比值,一级不应小于 0.5,二、三级不应小于 0.3。

② 梁端纵向受拉钢筋的配筋率不宜大于 2.5%。沿梁全长顶面、底面至少应配置 2 根通长纵筋,一、二级框架不应少于 2Φ14,且分别不应少于梁两端顶面和底面纵筋中较大截面面积的 1/4;三、四级框架不应少于 2Φ12。

③ 一、二、三级框架贯通中柱的梁内纵向钢筋,其直径不应大于柱在该方向截面尺寸的 1/20。

(3)梁的箍筋。

① 在地震作用下,梁端塑性铰区纵向钢筋屈服的范围一般可达 1.5 倍梁高左右。因此,框架梁两端需加密设置封闭式箍筋,以加强对节点核心区混凝土的约束作用,保证框架梁有足够的延性。《抗震规范》对梁端箍筋加密区的长度、箍筋最大间距和最小直径等构造做出强制性规定,见表 10-5。当梁端纵筋配筋率大于 2% 时,表中箍筋最小直径应相应增大 2 mm。

表 10-5　梁端箍筋加密区的长度、箍筋的最大间距和最小直径

抗震等级	加密区长度(采用较大者)/mm	箍筋最大间距(采用最小值)/mm	箍筋最小直径/mm
一	$2h_b$,500	$h_b/4,6d$,100	10
二	$1.5h_b$,500	$h_b/4,8d$,100	8
三	$1.5h_b$,500	$h_b/4,8d$,150	8
四	$1.5h_b$,500	$h_b/4,8d$,150	6

注:d 为纵筋直径,h 为梁截面高度。

② 梁端加密区的箍筋肢距,一级不宜大于 200 mm 且不宜大于 $20d$(d 为箍筋直径较大值),二、三级不宜大于 250 mm 且不宜大于 $20d$,四级不宜大于 300 mm。

③ 非加密区的箍筋最大间距不宜大于加密区箍筋间距的 2 倍。

④ 箍筋必须为封闭箍,应有135°弯钩,弯钩平直段的长度不小于箍筋直径的 10 倍和 75 mm 的较大者。

2)框架柱

(1)柱的截面尺寸。柱的截面宽度和高度,四级或不超过 2 层时不宜小于 300 mm,一、二、三级且超过 2 层时不宜小于 400 mm;剪跨比宜大于2;截面长边与短边之比不宜大于 3。

(2)柱内纵向钢筋。柱内纵向钢筋的配置应符合下列要求。

① 柱中纵向钢筋宜对称配置。

② 截面尺寸大于 400 mm 的柱,其纵筋间距不宜大于 200 mm。

③ 柱中全部纵筋的最小配筋率应满足表 10-6 的规定,同时每一侧配筋率不应小于 0.2%。

④ 柱中纵筋总配筋率不应大于 5%;一级框架且剪跨比不大于 2 的柱,每侧纵筋配筋率不宜大于 1.2%。

⑤ 边柱、角柱在小偏心受拉时,柱内纵筋总面积应比计算值增加 25%。

⑥ 柱内纵向钢筋不应在中间各层节点内截断,纵筋的连接接头应避开柱端箍筋加密区。

表 10-6 框架柱全部纵向钢筋最小配筋百分率 单位:%

类别	抗震等级			
	一	二	三	四
中柱、边柱	1.0	0.8	0.7	0.6
角柱、框支柱	1.1	0.9	0.8	0.7

注:钢筋强度标准值小于 400 MPa 时,表中数值应增加 0.1;钢筋强度标准值为 400 MPa 时,表中数值应增加 0.05;混凝土强度等级高于 60 MPa 时,表中数值相应增加 0.1。

3)柱的箍筋

(1)柱的箍筋形式如图 10-5 所示。

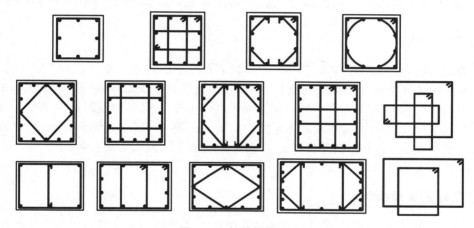

图 10-5 柱的箍筋形式

(2)框架柱的上、下两端需设置箍筋加密区。一般情况下,柱箍筋加密区的范围、加密区的箍筋最大间距和最小直径应按表 10-7 取用。

表 10-7 柱箍筋加密区范围、箍筋最大间距和最小直径

抗震等级	箍筋最大间距(采用最小值)/mm	箍筋最小直径/mm	加密区长度(采用较大者)/mm
一	6d,100	10	
二	8d,100	8	$h(D)$
三	8d,150(柱根 100)	8	$H_n/6$(柱根 $H_n/3$)500
四	8d,150(柱根 100)	6(柱根 8)	

注:(1)d 为柱纵筋最小直径,h 为矩形截面长边尺寸,D 为圆柱直径,H_n 为柱净高。

(2)柱根指框架底层柱下端箍筋加密区。

(3)在刚性地面上、下各 500 mm 的高度范围内应加密箍筋。

剪跨比不大于 2 的柱、柱净高与柱截面高度之比不大于 4 的柱、框支柱以及一、二级框架的角柱,应沿柱全高加密箍筋。

(3)柱箍筋加密区的箍筋肢距,一级不宜大于 200 mm,二、三级不宜大于 250 mm,四级不宜大于 300 mm。至少每隔一根纵筋宜在两个方向有箍筋或拉筋约束;采用拉筋复合箍时,拉筋

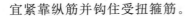

宜紧靠纵筋并钩住受扭箍筋。

3）框架节点

框架梁、柱钢筋在节点内的锚固构造参见学习情境 9，纵向受拉钢筋的锚固长度应采用抗震锚固长度 l_{aE}。

为保证框架节点核心区的抗剪承载力，使框架梁、柱纵向钢筋有可靠的锚固条件，对节点核心区混凝土应进行有效约束。框架节点核心区箍筋的最大间距和最小直径宜按柱箍筋加密区要求采用，一、二、三级框架节点核心区配箍特征值分别不宜小于 0.12、0.10、0.08，且箍筋体积配箍率分别不宜小于 0.6%、0.5%、0.4%。

三、抗震墙结构的抗震构造措施

1. 抗震墙的厚度

抗震墙的厚度，一、二级不应小于 160 mm，且不宜小于层高或无支长度的 1/20，三、四级不应小于 140 mm，且不宜小于层高或无支长度的 1/25；无端柱或翼墙时，一、二级不宜小于层高或无支长度的 1/16，三、四级不宜小于层高或无支长度的 1/20。底部加强部位的墙厚，一、二级不应小于 200 mm，且不宜小于层高或无支长度的 1/16，三、四级不应小于 160 mm，且不宜小于层高或无支长度的 1/20；无端柱或翼墙时，一、二级不宜小于层高或无支长度的 1/12，三、四级不宜小于层高或无支长度的 1/16。

2. 抗震墙的边缘构件

《抗震规范》规定，抗震墙墙肢两端和洞口两侧应设置边缘构件。抗震墙的边缘构件分为约束边缘构件和构造边缘构件两类。约束边缘构件是指用箍筋约束的暗柱、端柱和翼墙，其特点是约束范围大、箍筋较多、对混凝土的约束较强；而构造边缘构件的箍筋数量和约束范围都小于约束边缘构件，对混凝土的约束程度较弱。暗柱及端柱内纵筋的连接和锚固要求宜与框架柱相同，抗震墙纵筋的最小锚固长度应取 l_{aE}。

1）构造边缘构件的设置与配筋构造

影响压弯构件的延性或屈服后变形能力的因素有截面尺寸、混凝土强度等级、纵向配筋、轴压比、箍筋量等，其主要因素是轴压比和配箍特征值。抗震墙墙肢的试验研究表明，轴压比超过一定值时，很难成为延性抗震墙。

对于抗震墙结构，底层墙肢底截面的轴压比不大于表 10-8 规定的一、二、三级抗震墙及四级抗震墙，墙肢两端可设置构造边缘构件。

表 10-8　抗震墙设置构造边缘构件的最大轴压比

抗震等级或烈度	一级（9 度）	一级（7、8 度）	二、三级
轴压比	0.1	0.2	0.3

注：墙肢轴压比是指墙的轴压力设计值与墙的全截面面积和混凝土轴心抗压强度设计值乘积的比值。

构造边缘构件的设置范围可按图 10-6 取用。构造边缘构件范围内纵向钢筋的配筋量除应满足受弯承载力要求外，还应符合表 10-9 的要求。

表 10-9　抗震墙构造边缘构件的配筋要求

抗震等级	底部加强部位			其他部位		
	纵向钢筋最小量（取较大值）	箍筋		纵向钢筋最小量（取较大值）	拉筋	
		最小直径/mm	最大间距/mm		最小直径/mm	最大间距/mm
一级	$0.010A_c$,6Φ16	8	100	$0.008A_c$,6Φ14	8	150
二级	$0.008A_c$,6Φ14	8	150	$0.006A_c$,6Φ12	8	200
三级	$0.006A_c$,6Φ12	6	150	$0.005A_c$,6Φ12	6	200
四级	$0.005A_c$,4Φ12	6	200	$0.004A_c$,6Φ12	6	200

注:(1) A_c 为构造边缘构件的截面面积,即图 10-6 中的阴影面积。
(2) 对其他部位,拉筋的水平间距不应大于纵筋间距的 2 倍,转角处宜用箍筋。
(3) 当端柱承受集中荷载时,其纵向钢筋、箍筋直径和间距应满足柱的相应要求。

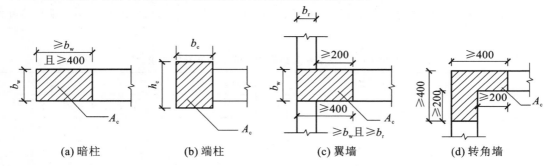

(a) 暗柱　　　　　(b) 端柱　　　　　(c) 翼墙　　　　　(d) 转角墙

图 10-6　抗震墙的构造边缘构件

2) 约束边缘构件的设置与配筋构造

底层墙肢底截面的轴压比大于表 10-8 规定的一、二、三级抗震墙,以及部分框支抗震墙结构的抗震墙,应在底部加强部位及相邻的上一层设置约束边缘构件,在以上的其他部位可设置构造边缘构件。

约束边缘构件的形式可以是暗柱(矩形端)、端柱和翼墙。约束边缘构件纵筋的配筋范围不应小于图 10-7 中的阴影面积,一、二级抗震墙在其范围内的纵筋截面面积,分别不应少于图中阴影面积的 1.2% 和 1.0%,并分别不应小于 6 根直径 16 mm 和 6 根直径 14 mm 的钢筋;纵筋宜采用 HRB335 级或 HRB400 级钢筋。

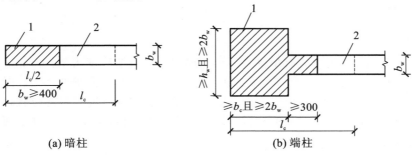

(a) 暗柱　　　　　　　　　　(b) 端柱

图 10-7　抗震墙的约束边缘构件

1—配箍特征值为 λ_V 的区域；2—配箍特征值为 $\lambda_V/2$ 的区域

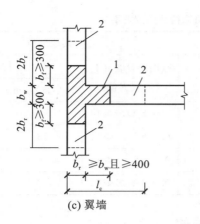
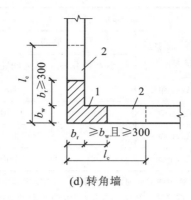

（c）翼墙　　　　　　　　　　（d）转角墙

续图 10-7

约束边缘构件沿墙肢方向的长度 l_c 和配箍特征值 λ_v，宜符合表 10-10 的要求，箍筋的配筋范围如图 10-7 中的阴影面积所示。

表 10-10　抗震墙约束边缘构件的范围及配筋要求

项目	一级（9 度）		一级（7、8 度）		二、三级	
	$\lambda \leqslant 0.2$	$\lambda > 0.2$	$\lambda \leqslant 0.3$	$\lambda > 0.3$	$\lambda \leqslant 0.4$	$\lambda > 0.4$
λ_v	0.12	0.20	0.12	0.20	0.12	0.20
l_c（暗柱）	$0.20h_w$	$0.25h_w$	$0.15h_w$	$0.20h_w$	$0.15h_w$	$0.20h_w$
l_c（翼墙或端柱）	$0.15h_w$	$0.20h_w$	$0.10h_w$	$0.15h_w$	$0.10h_w$	$0.15h_w$
纵向钢筋（取较大值）	$0.012A_c$，8 Φ 16		$0.012A_c$，8 Φ 16		$0.010A_c$，6 Φ 16（三级 6 Φ 14）	
箍筋或拉筋沿竖向间距	100 mm		100 mm		150 mm	

注：（1）λ_v 为约束边缘构件配箍特征值。

（2）l_c 为约束边缘构件沿墙肢长度，h_w 为抗震墙墙肢长度。

（3）当翼墙长度小于 $3b_w$ 或端柱边长小于 $2h_w$ 时，视为无翼墙、无端柱。

（4）λ 为墙肢轴压比，A_c 为图 10-7 中约束边缘构件阴影部分的截面面积。

3. 抗震墙的分布钢筋

1）分布钢筋的布置

抗震墙分布钢筋的配筋方式有单排及多排配筋。当剪力墙厚度大于 140 mm 时，其竖向和水平方向分布钢筋应双排布置；当剪力墙厚度大于 400 mm，但不大于 700 mm 时，宜采用三排配筋；当厚度大于 700 mm 时，宜采用四排配筋。为固定各排分布钢筋网的位置，应采用拉筋连接，拉筋应与外皮钢筋钩牢，墙身拉筋布置有矩形和梅花形两种，一般多采用梅花形排布。

2）分布钢筋的配筋构造

抗震墙中竖向和水平方向分布钢筋的最小配筋率均不应小于 0.25%（一、二、三级）和 0.20%（四级）；部分框支抗震墙结构的落地抗震墙底部加强部位，竖向和水平方向分布钢筋配筋率均不应小于 0.3%。

抗震墙在边缘构件之外的第一道竖向分布钢筋距边缘构件的距离为竖向分布钢筋间距的 1/2。竖向和水平分布钢筋的间距不宜大于 300 mm,直径不宜大于墙厚的 1/10,且不应小于 8 mm;为保证施工时钢筋网的刚度,竖向分布钢筋直径不宜小于 10 mm。拉筋直径不应小于 6 mm,间距不应大于 600 mm,拉筋应与外皮钢筋钩牢。在底部加强部位,约束边缘构件以外的 拉筋间距应适当加密。

3) 分布钢筋的锚固

抗震墙水平分布钢筋应伸至墙端。当抗震墙端部无翼墙、无端柱时,分布钢筋应伸至墙端 并向内弯折 10d 后截断,如图 10-8(a)所示,其中 d 为水平分布钢筋的直径;当墙厚度较小时,也 可采用在墙端附近搭接的做法,如图 10-8(b)所示;当剪力墙端部有暗柱时,分布钢筋应伸至墙 端暗柱竖向钢筋的外侧,如图 10-8(c)所示。

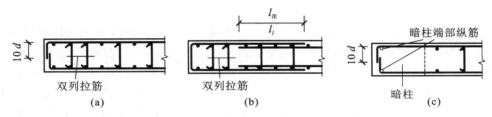

图 10-8　抗震墙端部无翼墙、无端柱时水平分布筋构造

当抗震墙端部有翼墙或转角墙时,内墙两侧的水平分布钢筋和外墙内侧的水平分布钢筋应 伸至翼墙或转角墙外边,并分别向两侧水平弯折不小于 15d 后截断,如图 10-9 所示。在转角墙 部位,沿剪力墙外侧的水平分布钢筋应沿外墙边在翼墙内连续通过转弯。当需要在纵、横墙转 角处设置搭接接头时,沿外墙的水平分布钢筋应在墙端外角处弯入翼墙,并与翼墙外侧水平分 布钢筋搭接,搭接长度不应小于 $1.2l_{aE}$,如图 10-9(a)所示。

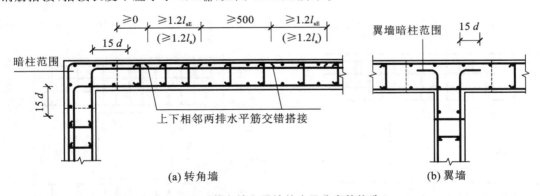

图 10-9　转角墙和翼墙的水平分布筋构造

当抗震墙有端柱时,内墙两侧水平分布钢筋和外墙内侧水平分布钢筋应贯穿端柱并锚固在 端柱内,其锚固长度不应小于 l_{aE},且必须伸至端柱对边;当伸至端柱对边的长度不满足 l_{aE} 时,应 伸至端柱对边后分别向两侧水平弯折不小于 15d,其中柱内弯前平直段长度不应小于 $0.6l_{aE}$,如 图 10-10 所示。

抗震墙身竖向分布钢筋应伸至墙顶,在楼(屋)面板或边框梁内进行锚固,可向节点内弯折, 弯折后的水平段长度不宜小于 12d。

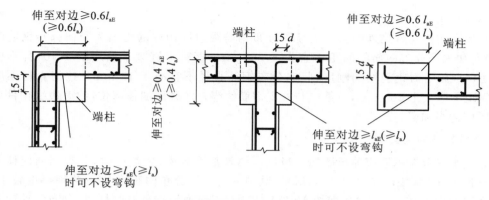

图 10-10 抗震墙有端柱时水平分布筋锚固构造

4）分布钢筋的连接

抗震墙水平分布钢筋的搭接长度 l_{lE} 不应小于 $1.2l_{aE}$。同排水平分布钢筋的搭接接头之间以及上、下相邻水平分布钢筋的搭接接头之间沿水平方向的净间距不宜小于 500 mm，以避免接头过于集中，对承载力造成不利影响。

一、二级抗震墙非底部加强部位或三、四级抗震墙竖向分布钢筋可在同一高度上全部搭接，以方便施工，搭接长度不应小于 $1.2l_{aE}$，且不应小于 300 mm，采用 HPB300 级钢筋，端头加 $5d$ 直钩。

4. 连梁的配筋构造

抗震墙洞口连梁应沿全长配置箍筋，其构造应按框架梁梁端加密区箍筋的构造采用；在顶层连梁纵向钢筋伸入墙内的锚固长度范围内，应配置间距不大于 150 mm 的构造箍筋，箍筋直径应与该连梁跨内的箍筋直径相同，如图 10-11 所示。

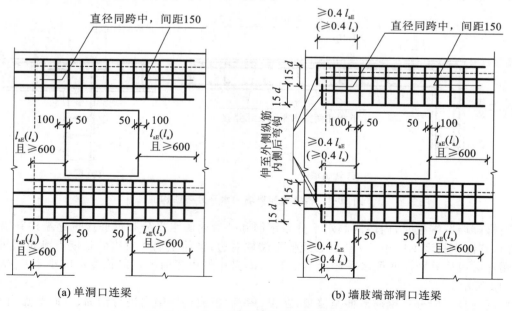

(a) 单洞口连梁　　　　　　　　　　　　(b) 墙肢端部洞口连梁

图 10-11 连梁上、下纵筋锚固和箍筋构造

抗震墙连梁上、下边缘单侧纵向钢筋的最小配筋率不应小于 0.15％,且配筋不宜少于 2Φ12,两端锚入墙内的锚固长度不应小于 l_{aE},且均不应小于 600 mm,如图 10-11(a)所示。当位于墙端部洞口的连梁顶面、底面纵筋伸入墙端部长度不满足 l_{aE} 时,应伸至墙端部后分别向上、下弯折 15d,且弯前长度不应小于 $0.4l_{aE}$,如图 10-11(b)所示。

墙体水平分布钢筋应作为连梁的腰筋在连梁范围内拉通连续配置;当连梁腹板高度 h_w 不小于 450 mm 时,其两侧面沿梁高范围设置的纵向构造钢筋的直径不应小于 10 mm,间距不应大于 200 mm。对跨高比不大于 2.5 的连梁,梁两侧的纵向构造钢筋的面积配筋率尚不应小于 0.3％。一、二级抗震墙底部加强部位跨高比不大于 2 且墙厚不小于 200 mm 的连梁,宜采用斜交叉构造钢筋。

本章小结

地震烈度是指在一次地震时对某一地区的地表和建筑物影响的强弱程度。对于一次地震,震级只有一个,而地震烈度在不同的地点却是不同的。

抗震设防目标是要求建筑物在使用期间对不同频率和强度的地震,应具有不同的抵御能力,即"小震不坏、中震可修、大震不倒"。为了实现三个烈度水准的抗震设防目标,我国《抗震规范》提出了"两阶段"设计法。

建筑物的抗震设防类别主要根据其使用功能的重要性分为以下四类:特殊设防类(甲类)、重点设防类(乙类)、标准设防类(丙类)、适度设防类(丁类)。建筑物的抗震设防类别不同,对其采取的抗震设防标准也不相同。

一般来说,建筑抗震设计包括三个层次的内容与要求:即"概念设计""抗震计算",和"构造措施"。所谓"概念设计"是指正确地解决建筑总体方案、材料使用和细部构造的问题,以达到合理抗震设计的目的。

多层及高层钢筋混凝土建筑的震害主要讲解了框架梁、柱与节点的震害,填充墙的震害,以及抗震墙的震害。《抗震规范》根据设防类别、设防烈度、结构类型和房屋高度等因素,将现浇钢筋混凝土房屋结构划分为四个抗震等级,钢筋的锚固和连接应满足相应的抗震构造要求。

框架结构应遵循"强柱弱梁、强剪弱弯、强节点、强锚固"的设计原则,现浇框架结构的抗震构造措施主要包括框架梁、柱的截面限制,纵向钢筋的配置构造,梁、柱端部箍筋的加密构造,以及梁、柱纵向钢筋在节点内的锚固和搭接等。

抗震墙墙肢两端和洞口两侧应设置边缘构件。抗震墙的边缘构件分为约束边缘构件和构造边缘构件两类。抗震墙结构的抗震构造措施包括抗震墙的厚度要求、边缘构件的设置与配筋构造、墙中竖向和水平分布钢筋的布置与配筋构造要求,以及连梁的配筋构造等。

思考与习题

1. 震级和地震烈度有什么区别与联系?
2. 钢筋混凝土框架结构的震害主要表现在哪些方面?

3．现浇钢筋混凝土框架、抗震墙结构抗震等级划分的依据是什么？有何意义？

4．纵向受拉钢筋的抗震锚固长度和绑扎搭接接头的搭接长度如何确定？

5．抗震设计与非抗震设计时框架梁、柱箍筋的构造要求有何不同？梁、柱箍筋加密区的范围如何确定？

6．抗震墙结构的抗震构造措施有哪些方面的要求？

7．什么是基本烈度和抗震设防烈度？它们是怎样确定的？

8．根据建筑物的重要性不同，建筑抗震设防分为哪几类？分类的作用是什么？

9．什么是"三水准"？什么是"两阶段设计"？

附　录

附录 A　钢筋的公称直径、公称截面面积及理论重量

附表 A-1　不同根数钢筋的公称直径、公称截面面积及理论重量

公称直径 /mm	不同根数钢筋的公称截面面积/mm²									单根钢筋理论重量 /(kg·m⁻¹)
	1	2	3	4	5	6	7	8	9	
6	28.3	57	85	113	142	170	198	226	255	0.222
8	50.3	101	151	201	252	302	352	402	453	0.395
10	78.5	157	236	314	393	471	550	628	707	0.617
12	113.1	226	339	452	565	678	791	904	1 017	0.888
14	153.9	308	461	615	769	923	1 077	1 231	1 385	1.21
16	201.1	402	603	804	1 005	1 206	1 407	1 608	1 809	1.58
18	254.5	509	763	1 017	1 272	1 526	1 781	2 036	2 290	2.00(2.11)
20	314.2	628	942	1 256	1 570	1 884	2 199	2 513	2 827	2.47
22	380.1	760	1 140	1 520	1 900	2 281	2 661	3 041	3 421	2.98
25	490.9	982	1 473	1 964	2 454	2 945	3 436	3 927	4 418	3.85(4.10)
28	615.8	1 232	1 847	2 463	3 079	3 695	4 310	4 926	5 542	4.83
32	804.2	1 609	2 413	3 217	4 021	4 826	5 630	6 434	7 238	6.31(6.65)
36	1 017.9	2 036	3 054	4 072	5 089	6 107	7 125	8 143	9 161	7.99
40	1 256.6	2 513	3 770	5 027	6 283	7 540	8 796	10 053	11 310	9.87(10.34)
50	1 963.5	3 928	5 892	7 856	9 820	11 784	13 748	15 712	17 676	15.42(16.28)

注:括号内为预应力螺纹钢筋的数值。

附表 A-2　每米板宽各种钢筋间距的钢筋截面面积

单位:mm²

钢筋间距 /mm	钢筋直径/mm											
	3	4	5	6	6/8	8	8/10	10	10/12	12	12/14	14
70	101	180	280	404	561	719	920	1 121	1 369	1 616	1 807	2 199
75	94.2	168	262	377	524	671	899	1 047	1 277	1 508	1 780	2 052
80	88.4	157	245	354	491	629	805	981	1 198	1 414	1 669	1 924
85	83.2	148	231	333	462	592	738	924	1 127	1 331	1 571	1 811
90	78.5	140	218	314	437	559	716	872	1 064	1 257	1 438	1 710

钢筋间距 /mm	钢筋直径/mm											
	3	4	5	6	6/8	8	8/10	10	10/12	12	12/14	14
95	74.5	132	207	298	414	529	678	826	1 008	1 190	1 405	1 620
100	70.6	126	196	283	393	503	544	785	958	1 131	1 335	1 539
110	64.2	114	178	257	357	457	585	714	871	1 028	1 214	1 399
120	58.9	105	163	236	327	419	537	654	798	942	1 113	1 283
125	56.5	101	157	226	314	402	515	628	765	905	1 068	1 231
130	54.4	96.6	151	218	302	387	495	604	737	870	1 027	1 184
140	50.5	89.7	140	202	281	359	460	551	684	808	954	1 099
150	47.1	83.8	131	189	262	335	429	523	639	754	890	1 026
160	44.1	78.5	123	177	246	314	403	491	599	707	834	962
170	41.5	73.9	115	166	231	296	379	462	564	665	785	905
180	39.2	69.8	109	157	218	279	358	436	532	628	742	855
190	37.2	66.1	103	149	207	265	339	413	504	595	703	810
200	35.3	62.8	98.2	141	196	251	322	393	479	565	668	770
220	32.1	57.1	89.2	129	176	229	293	357	436	514	607	700
240	29.4	52.4	81.8	118	164	210	268	327	399	471	556	641
250	28.3	50.3	78.5	113	157	201	258	314	383	452	534	615
260	27.2	48.3	75.5	109	151	193	248	302	265	435	514	592
280	25.2	44.9	70.1	101	140	180	230	281	342	404	477	550
300	22.6	41.9	66.5	94	131	168	215	262	320	377	445	513
320	22.1	39.2	61.4	88	123	157	201	245	299	353	417	481

附表 A-3　钢绞线、钢丝的公称直径、公称截面面积及理论重量

种类		公称直径/mm	公称截面面积/mm²	理论重量/(kg·m⁻¹)
钢绞线	1×3	8.6	37.7	0.296
		10.8	58.9	0.462
		12.9	84.8	0.666
	1×7 标准型	9.5	54.8	0.430
		12.7	98.7	0.775
		15.2	140	1.101
		17.8	191	1.500
		21.6	285	2.237
钢丝		5.0	19.63	0.154
		7.0	38.48	0.302
		9.0	63.62	0.499

附录 B　建筑结构设计静力计算常用表

附录 B.1　均布荷载和集中荷载作用下等跨连续梁的内力系数

均布荷载：

$$M = K_1 g l_0^2 + K_2 g l_0^2$$
$$V = K_3 g l_0 + K_4 g l_0$$

集中荷载：

$$M = K_1 G l_0 + K_2 Q l_0$$
$$V = K_3 G + K_4 Q$$

式中，g、q 分别为单位长度上的均布恒荷载与活荷载；G、Q 分别为集中恒荷载与活荷载；K_1、K_2、K_3、K_4 为内力系数，由表中相应栏内查得；l_0 为梁的计算跨度。

附表 B-1　均布荷载和集中荷载作用下等跨连续梁的内力系数表——二跨梁

序号	荷载简图	跨内最大弯矩		支座弯矩	横向剪力			
		M_1	M_2	M_B	V_A	$V_{B左}$	$V_{B右}$	V_C
1		0.070	0.070	−0.125	0.375	−0.625	0.625	−0.375
2		0.096	−0.025	−0.063	0.437	−0.563	0.063	0.063
3		0.156	0.156	−0.188	0.312	−0.688	0.688	−0.312
4		0.203	−0.047	−0.094	0.406	−0.594	0.094	0.094
5		0.222	0.222	−0.333	0.667	−1.334	1.334	−0.667
6		0.278	−0.056	−0.167	0.833	−1.167	0.167	0.167

序号	荷载简图	跨内最大弯矩		支座弯矩		横向剪力					
		M_1	M_2	M_B	M_C	V_A	$V_{B左}$	$V_{B右}$	$V_{C左}$	$V_{C右}$	V_D
1		0.080	0.025	−0.100	−0.100	0.400	−0.600	0.500	−0.500	0.600	−0.400
2		0.101	−0.050	−0.050	−0.050	0.450	−0.550	0.000	0.000	0.550	−0.450
3		−0.025	0.075	−0.050	−0.050	−0.050	−0.050	0.500	−0.500	0.050	0.050
4		0.073	0.054	−0.117	−0.033	0.383	−0.617	0.583	−0.417	0.033	0.033
5		0.094	—	−0.067	0.017	0.433	−0.567	0.083	0.083	−0.017	−0.017
6		0.175	0.100	−0.150	−0.150	0.350	−0.650	0.500	−0.500	0.650	−0.350
7		0.213	−0.075	−0.075	−0.075	0.425	−0.575	0.000	0.000	0.575	−0.425
8		−0.038	0.175	−0.075	−0.075	−0.075	−0.075	0.500	−0.500	0.075	0.075
9		0.162	0.137	−0.175	−0.050	0.325	−0.675	0.625	−0.375	0.050	0.050
10		0.200	—	−0.100	0.025	0.400	−0.600	0.125	0.125	−0.025	−0.025
11		0.244	0.067	−0.267	−0.267	0.733	−1.267	1.000	−1.000	1.267	−0.733
12		0.289	−0.133	−0.133	−0.133	0.866	−1.134	0.000	0.000	1.134	−0.866
13		−0.044	0.200	−0.133	−0.133	−0.133	−0.133	1.000	−1.000	0.133	0.133
14		0.229	0.170	−0.311	−0.089	0.689	−1.311	1.222	−0.778	0.089	0.089
15		0.274	—	−0.178	0.044	0.822	−1.178	0.222	0.222	−0.044	−0.044

附表 B-3　均布荷载和集中荷载作用下等跨连续梁的内力系数表——四跨梁

序号	荷载简图	跨内最大弯矩				支座弯矩			横向剪力							
		M_1	M_2	M_3	M_4	M_B	M_C	M_D	V_A	$V_{B左}$	$V_{B右}$	$V_{C左}$	$V_{C右}$	$V_{D左}$	$V_{D右}$	V_E
1	$A\triangle B\triangle C\triangle D\triangle E$	0.077	0.036	0.036	0.077	−0.107	−0.071	−0.107	0.393	−0.607	0.536	−0.464	0.464	−0.536	0.607	−0.393
2	$M_1\ M_2\ M_3\ M_4$	0.100	−0.045	0.081	−0.023	−0.054	−0.036	−0.054	0.446	−0.554	0.018	0.018	0.482	−0.518	0.054	0.054
3		0.072	0.061	—	0.098	−0.121	−0.018	−0.058	0.380	−0.620	0.603	−0.397	−0.040	−0.040	0.558	−0.442
4		—	0.056	0.056	—	−0.036	−0.107	−0.036	−0.036	−0.036	0.429	−0.571	0.571	−0.429	0.036	0.036
5		0.094	—	—	—	−0.067	0.018	−0.004	0.433	−0.567	0.085	0.085	−0.022	−0.022	0.004	0.004
6		—	0.071	—	—	−0.049	−0.054	0.013	−0.049	−0.049	0.496	−0.504	0.067	0.067	−0.013	−0.013
7	$F\ F\ F\ F$	0.169	0.116	0.116	0.169	−0.161	−0.107	−0.161	0.339	−0.661	0.554	−0.446	0.446	−0.554	0.661	−0.339
8	F	0.210	−0.067	0.183	−0.040	−0.080	−0.054	−0.080	0.420	−0.580	0.027	0.027	0.473	−0.527	0.080	0.080
9	$F\ F$	0.159	0.146	—	0.206	−0.181	−0.027	−0.087	0.319	−0.681	0.654	−0.346	−0.060	−0.060	0.587	−0.413

序号	荷载简图	跨内最大弯矩				支座弯矩			横向剪力							
		M_1	M_2	M_3	M_4	M_B	M_C	M_D	V_A	$V_{B左}$	$V_{B右}$	$V_{C左}$	$V_{C右}$	$V_{D左}$	$V_{D右}$	V_E
10	(荷载简图)	—	0.142	0.142	—	−0.054	−0.161	−0.054	0.054	−0.054	0.393	−0.607	0.607	−0.393	0.054	0.054
11	(荷载简图)	0.200	—	—	—	−0.100	0.027	−0.007	0.400	−0.600	0.127	0.127	−0.033	−0.033	0.007	0.007
12	(荷载简图)	—	0.173	—	—	−0.074	−0.080	0.020	−0.074	−0.074	0.493	−0.507	0.100	0.100	−0.020	−0.020
13	(荷载简图)	0.238	0.111	0.111	0.238	−0.286	−0.191	−0.286	0.714	−1.286	1.095	−0.905	0.905	−1.095	1.286	−0.714
14	(荷载简图)	0.286	−0.111	0.222	−0.048	−0.143	−0.095	−0.143	0.857	−1.143	0.048	0.048	0.952	−1.048	0.143	0.143
15	(荷载简图)	0.226	0.194	—	0.282	−0.321	−0.048	−0.155	0.679	−1.321	1.274	−0.726	−0.107	−0.107	1.155	−0.845
16	(荷载简图)	—	0.175	0.175	—	−0.095	−0.286	−0.095	−0.095	−0.095	0.810	−1.190	1.190	−0.810	0.095	0.095
17	(荷载简图)	0.274	—	—	—	−0.178	0.048	−0.012	0.822	−1.178	0.226	0.226	−0.060	−0.060	0.012	0.012
18	(荷载简图)	—	0.198	—	—	−0.131	−0.143	0.036	−0.131	−0.131	0.988	−1.012	0.178	0.178	−0.035	−0.035

附表 B-4　均布荷载和集中荷载作用下等跨连续梁的内力系数表——五跨梁

序号	荷载简图	跨内最大弯矩			支座弯矩				横向剪力									
		M_1	M_2	M_3	M_B	M_C	M_D	M_E	V_A	$V_{B左}$	$V_{B右}$	$V_{C左}$	$V_{C右}$	$V_{D左}$	$V_{D右}$	$V_{E左}$	$V_{E右}$	V_F
1		0.078	0.033	0.046	−0.105	−0.079	−0.079	−0.105	0.394	−0.605	0.526	−0.474	0.500	−0.500	0.474	−0.526	0.606	−0.394
2		0.100	—	0.085	−0.053	−0.040	−0.040	−0.053	0.447	−0.553	0.013	0.013	0.500	−0.500	−0.013	−0.013	0.553	−0.447
3		—	0.079	—	−0.053	−0.040	−0.040	−0.053	−0.053	−0.053	0.513	−0.487	0.000	0.000	0.487	−0.513	0.053	0.053
4		0.073	0.078	0.064	−0.119	−0.022	−0.044	−0.051	0.380	−0.620	0.598	−0.402	−0.023	−0.023	0.493	−0.507	0.052	0.052
5		0.098	0.055	—	−0.035	−0.111	−0.020	−0.057	−0.035	−0.035	0.424	−0.575	0.591	−0.049	0.487	−0.513	0.053	0.053
6		0.094	—	—	−0.067	0.018	−0.005	0.001	0.433	−0.567	0.085	0.085	−0.023	−0.023	0.006	0.006	−0.001	−0.001
7		—	0.074	—	−0.049	−0.054	0.014	−0.004	−0.049	−0.049	0.495	−0.505	0.068	0.068	−0.018	−0.018	0.004	0.004
8		—	—	0.072	0.013	−0.053	−0.053	0.013	0.013	0.013	−0.066	−0.066	0.500	−0.500	0.066	0.066	−0.013	−0.013

序号	荷载简图	跨内最大弯矩			支座弯矩				横向剪力									
		M_1	M_2	M_3	M_B	M_C	M_D	M_E	V_A	$V_{B左}$	$V_{B右}$	$V_{C左}$	$V_{C右}$	$V_{D左}$	$V_{D右}$	$V_{E左}$	$V_{E右}$	V_F
9		0.171	0.112	0.132	-0.158	-0.118	-0.118	-0.158	0.342	-0.658	0.540	-0.460	0.500	-0.500	0.460	-0.540	0.658	-0.342
10		0.211	-0.069	0.191	-0.079	-0.059	-0.059	-0.079	0.421	-0.579	0.020	0.020	0.500	-0.500	-0.020	-0.020	0.579	-0.421
11		0.039	0.181	-0.059	-0.079	-0.059	-0.059	-0.079	-0.079	-0.079	0.520	-0.480	0.000	0.000	0.480	-0.520	0.079	0.079
12		0.160	0.178	—	-0.179	-0.032	-0.065	-0.077	0.321	-0.679	0.647	-0.353	-0.034	-0.034	0.489	-0.511	0.077	0.077
13		0.207	0.140	0.151	-0.052	-0.167	-0.031	-0.086	-0.052	-0.052	0.385	-0.615	0.637	-0.363	-0.056	-0.056	0.586	-0.414
14		0.200	—	—	-0.100	0.027	-0.007	0.002	0.400	-0.600	0.127	0.127	-0.034	-0.034	0.009	0.009	-0.002	-0.002
15		—	0.173	—	-0.073	-0.081	0.022	-0.005	-0.073	-0.073	0.493	-0.507	0.102	0.102	-0.027	-0.027	0.005	0.005
16		—	—	0.171	0.020	-0.079	-0.079	0.020	0.020	0.020	-0.099	-0.099	0.500	-0.500	0.099	0.099	-0.020	-0.020

续表

序号	荷载简图	跨内最大弯矩			支座弯矩				横向剪力									
		M_1	M_2	M_3	M_B	M_C	M_D	M_E	V_A	$V_{B左}$	$V_{B右}$	$V_{C左}$	$V_{C右}$	$V_{D左}$	$V_{D右}$	$V_{E左}$	$V_{E右}$	V_F
17	（荷载简图）	0.240	0.100	0.122	−0.281	−0.211	−0.211	−0.281	0.719	−1.281	1.070	−0.930	1.000	−1.000	0.930	−1.070	1.281	−0.719
18	（荷载简图）	0.287	−0.117	0.228	−0.140	−0.105	−0.105	−0.140	0.860	−1.140	0.035	0.035	1.000	−1.000	−0.035	−0.035	1.140	−0.860
19	（荷载简图）	−0.047	−0.216	−0.105	−0.140	−0.105	−0.105	−0.140	−0.140	−0.140	1.035	−0.965	0.000	0.000	0.965	−1.035	0.140	0.140
20	（荷载简图）	0.227	0.209	—	−0.319	−0.057	−0.118	−0.137	0.681	−1.319	1.262	−0.738	−0.061	−0.061	0.981	−1.019	0.137	0.137
21	（荷载简图）	0.282	0.172	0.198	−0.093	−0.297	−0.054	−0.153	−0.093	−0.993	0.796	−1.204	1.243	−0.757	−0.099	−0.099	1.153	−0.847
22	（荷载简图）	0.274	—	—	−0.179	0.048	−0.013	0.003	0.821	−1.179	0.227	0.227	−0.061	−0.061	0.016	0.016	−0.003	−0.003
23	（荷载简图）	—	0.198	—	−0.131	−0.144	0.038	−0.010	−0.131	−0.131	0.987	−1.013	0.182	0.182	−0.048	−0.048	0.010	0.010
24	（荷载简图）	—	—	0.193	0.035	−0.140	−0.140	0.035	0.035	0.035	−0.175	−0.175	1.000	−1.000	0.175	0.175	−0.035	−0.035

参 考 文 献

[1] 中华人民共和国住房和城乡建设部,中华人民共和国国家质量监督检验检疫总局.GB 50010—2010 混凝土结构设计规范[S].北京:中国建筑工业出版社,2010.

[2] 中华人民共和国住房和城乡建设部,中华人民共和国国家质量监督检验检疫总局.GB 50009—2012 建筑结构荷载规范[S].北京:中国建筑工业出版社,2012.

[3] 中华人民共和国住房和城乡建设部.JGJ 3—2010 高层建筑混凝土结构技术规程[S].北京:中国建筑工业出版社,2010.

[4] 中华人民共和国住房和城乡建设部,中华人民共和国国家质量监督检验检疫总局.GB 50011—2010 建筑抗震设计规范[S].北京:中国建筑工业出版社,2010.

[5] 中华人民共和国住房和城乡建设部,中华人民共和国国家质量监督检验检疫总局.GB 50068—2001 建筑结构可靠度设计统一标准[S].北京:中国建筑工业出版社,2001.

[6] 张颂娟.钢筋混凝土结构[M].北京:北京邮电大学出版社,2015.

[7] 雷庆关.混凝土结构基本原理[M].武汉:武汉大学出版社,2014.

[8] 吴承霞.混凝土与砌体结构[M].2 版.北京:中国建筑工业出版社,2014.

[9] 宋玉普.新型预应力混凝土结构[M].北京:机械工业出版社,2006.

[10] 王振武,张伟.混凝土结构[M].3 版.北京:科学出版社,2011.

[11] 王祖华.混凝土与砌体结构[M].2 版.广州:华南理工大学出版社,2007.

[12] 徐伟,苏宏阳,金福安.土木工程施工手册[M].北京:中国计划出版社,2003.

[13] 杨太生.建筑结构基础与识图[M].3 版.北京:中国建筑工业出版社,2013.

[14] 叶列平.混凝土结构[M].2 版.北京:清华大学出版社,2006.

[15] 张小云.建筑抗震[M].3 版.北京:高等教育出版社,2015.

[16] 张学宏.建筑结构[M].3 版.北京:中国建筑工业出版社,2007.